# 场地污染土壤原理与控制技术

魏明宝 杜 君 主 编

中原农民出版社

·郑州·

**图书在版编目(CIP)数据**

场地污染土壤原理与控制技术/魏明宝,杜君主编.—郑州:
中原农民出版社,2017.9
ISBN 978 – 7 – 5542 – 1779 – 5

Ⅰ.①场… Ⅱ.①魏…②杜… Ⅲ.①场地 – 土壤污染控制
Ⅳ.①X53

中国版本图书馆 CIP 数据核字(2017)第 217682 号

**场地污染土壤原理与控制技术**

魏明宝 杜 君 主 编

马 闯 刘 楠 副主编

出版社:中原农民出版社

地址:河南省郑州市经五路 66 号　　　　　　邮编:450002

网址:http://www.zynm.com　　　　　　　　电话:0371 – 65788655

发行单位:全国新华书店　　　　　　　　　　传真:0371 – 65751257

承印单位:新乡市豫北印务有限公司

投稿邮箱:1093999369@ qq.com

交流 QQ:1093999369

邮购热线:0371 – 65788040

开本:710mm × 1010mm　　1/16

印张:20.5

字数:346 千字

版次:2017 年 9 月第 1 版　　　　　　　　　印次:2017 年 9 月第 1 次印刷

书号:ISBN 978 – 7 – 5542 – 1779 – 5　　　　定价:68.00 元

　　本书如有印装质量问题,由承印厂负责调换

# 前言

随着我国城市化的快速发展以及环保要求的提高和产业升级的需要,近年来各地都有大量污染企业关停或外迁。2014 年以来,仅浙江一个省就累计淘汰关停造纸、印染、化工企业近千家、搬迁入园 200 家。据不完全统计,2001~2012 年,全国有 10 多万家位于城市内的高污染、高耗能企业逐渐搬出中心城区。有关专家在北京、深圳和重庆等城市开展的搬迁场地调查表明,大约有 1/5 甚至更多的搬迁场地土壤被严重污染。这些因被用于生产、储存、堆放有毒有害物质,或因突发事故等,造成土壤、地下水污染,并产生人体健康、生态风险或危害的地块被形象地称之为"毒地"。2014 年 4 月发布的《全国土壤污染状况调查公报》显示,在调查的 81 块工业废弃地的 775 个土壤点位中,超标点位占 34.9%,主要污染物为锌、汞、铅、铬、砷和多环芳烃,主要涉及化工业、矿业、冶金业等行业。有业内专家表示,保守估算我国潜在污染场地数量在 50 万块以上,场地污染土壤急需修复和治理。

本书基于目前的形势,为满足广大读者对场地污染土壤治理先进、适用、有效技术的迫切需求,并根据作者在这一领域的理论探索、国外先进经验的借鉴以及具体工程案例,从土壤的来源、产生以及特性和土壤污染的危害着手,从场地土壤污染原理、场地土壤污染控制技术出发,并借鉴国外先进的污染场地修复技术经验,形成了土壤组成、土壤理化性质、土壤污染原理、场地污染土壤修复等一整套完整的处理与处置技术。

本书特别强调技术与工程实例之间的有机结合,用大量笔墨介绍了土壤的基础理化知识,力求读者能够理解土壤的概念,便于对场地污染土壤的污染原理和修复控制技术进行更深入地理解和思考。同时,为了使读者对本书大量理论有更深入的了解,列举国内比较成功的工程案例,以便读者能够更全面和完整地了解,从而为我国环境保护、农业、管理部门以及环境工程设计等不同领域人员,在场地污染土壤修复技术方面能够正确地应用。全书共八章,由郑州轻工业学院魏明宝副教授、河南省农业科学院杜君博士共同担任主编,郑州轻工业学院马闯博士、刘楠博士等共同完成。分工如下:第一章和第二章约6.5万字主要由杜君负责完成,其中新乡县农牧局文祥朋参与部分编纂工作,第三、第四、第五章和第六章第一节约6.5万字由马闯负责完成,第七章前六节约11万字由魏明宝负责完成,第六章第二、第三、第四、第五节以及第七章第七、第八、第九节和第八章约6.5万字由刘楠负责完成。

# 目 录

场地污染土壤原理与控制技术

目 录

003

# 第一章　土壤科学发展概况

　　土壤是地球陆地表面由矿物质、有机物质、水、空气和生物组成,具有肥力,能生长植物的未固结层,是大气层、水圈、岩石圈及生物圈的交界带。土壤界面体系中生命部分和非生命部分互相依存,紧密结合,共同构成了人类和其他生物生存环境的重要组成部分,对社会经济的可持续性发展及生态环境的平衡具有十分重要的意义。

# 第一节　土壤在人类农业生产中的重要性

　　土壤不仅是人类赖以生存的物质基础和宝贵财富的源泉,又是人类最早开发利用的生产资料。在人类历史上,由于土壤质量衰退曾给人类文明和社会发展留下了惨痛的教训。但是,长期以来居住在我们这个地球上的人们,对土壤在维持地球上多种生命的生息繁衍,保持生物多样性的重要性并不在意。直到20世纪中期以来,随着全球人口的增长和耕地锐减,资源耗竭,人类活动对自然系统的影响迅速扩大,人们对土壤的认识才不断加深,土壤与水、空气一样,既是生产食物、纤维及林产品不可替代的自然资源,又是保持地球系统的生命活性,维护整个人类社会和生物圈共同繁荣的基础。因此,保护土壤,特别是保护耕地土壤数量和质量,理所当然成为一个国家的重要方针。

## 一、土壤的生产功能

　　"民以食为天,食以土为本",精辟地概括了人类 – 农业 – 土壤之间的关系。农业是人类生存的基础,而土壤是农业的基础。

### (一)土壤是植物生长繁育和生物生产的基地

　　农业生产的基本特点是生产出有生命的生物有机体,其中最基本的任务是发展人类赖以生存的绿色植物的生产。绿色植物的生长发育的5个基本要素,即日光(光能)、热量(热能)、空气(氧及二氧化碳)、水分和养分。其中养分和水分通过根系从土壤中吸取。植物能立足自然界,能经受风雨的袭击,不倒伏,则是由于根系伸展在土壤中,获得土壤的机械支撑。这一切都说明,在自然界,植物的生长繁育必须以土壤为基地。一个良好的土壤应该使植物能吃得饱(养料供应充分)、喝得足(水分充分供应)、住得好(空气流通、温度适宜)、站得稳(根系伸展开、机械支撑牢固)。归纳起来,土壤在植物生长繁育中有下列不可取代的特殊作用:

#### 1. 营养库的作用

　　植物需要的营养元素除二氧化碳主要来自空气外,氮、磷、钾及中量、微量营养元素和水分则主要来自土壤。从全球氮、磷营养库的储备和分布看(表1–1),虽然海洋的面积占去地球陆地表面的2/3,但陆地土壤和生物系统储备的氮、磷总量要比水生生物和水体中的储量高得多,无论从数量和分配上,土壤营养库都十分重要。土壤是陆地生物所必需的营养物质的重要给源。

表1-1 全球氮、磷营养储备及分布

| 环境营养储备 | N($10^9$t) | P($10^6$t) |
|---|---|---|
| 大气 | $3.6 \times 10^6$ | — |
| 陆地生物 | $12.29 \times 10^2$ | $2 \times 10^3$ |
| 土壤 | $8.99 \times 10^2$ | $16 \times 10^4$ |
| 水域生物 | 0.97 | 138 |
| 沉积物 | $4 \times 10^6$ | $10^6$ |
| 水体 | $2 \times 10^4$ | $12 \times 10^4$ |
| 地壳 | $14 \times 10^6$ | $3 \times 10^{16}$ |

2. 养分转化和循环作用

土壤中存在一系列的物理、化学、生物和生物化学作用,在养分元素的转化中,既包括无机物的有机化,又包含有机物质的矿质化。既有营养元素的释放和散失,又有元素的结合、固定和归还。在地球表层系统中通过土壤养分元素的复杂转化过程,实现着营养元素与生物之间的循环和周转,保持了生物生命周期生息与繁衍。

3. 雨水涵养作用

土壤是地球陆地表面具有生物活性和多孔结构的介质,具有很强的吸水和持水能力。据统计,地球上的淡水总储量为0.39亿$km^3$,其中被冰雪封存和埋藏在地壳深层的水有0.349亿$km^3$。可供人类生活和生产的循环淡水总储量只有0.041亿$km^3$,仅占总淡水量的10.5%。在0.041亿$km^3$的循环淡水中,除循环地下水(占95.12%)和湖泊水(占2.95%)超过土壤水(1.59%)外,土壤储水量明显大于河水(0.03%)和大气水(0.34%)的储量。土壤的雨水涵养功能与土壤的总孔度、有机质含量等土壤理化性质和植被覆盖度有密切的关系。植物枝叶对雨水的截留和对地表径流的阻滞,根系的穿插和腐殖质层形成,能大大增加雨水涵养、防止水土流失的能力。

4. 生物的支撑作用

土壤是陆地植物的基础营养库,绿色植物在土壤中生根发芽,根系在土壤中伸展和穿插,获得机械支撑,土壤能够保证绿色植物地上部分稳定地站立于大自然之中。在土壤中还拥有种类繁多、数量巨大的生物群,地下微生物群也在这里生活和繁育。

5. 稳定和缓冲环境变化的作用

土壤处于大气圈、水圈、岩圈及生物圈的交界面,是地球表面各种物理、化学和生物化学过程的反应界面,是物质与能量交换、迁移等过程最复杂、最频繁的地带。这种特殊的空间位置,使得土壤具有抗外界温度、湿度、酸碱性、氧化还原性变化的缓冲能力。对进入土壤的污染物能通过土壤生物进行代谢、降解、转化、清除或降低毒性,起着"过滤器"和"净化器"的作用,为地上部分的植物和地下部分的微生物的生长繁衍提供一个相对稳定的环境。

狭义的农业生产包括植物生产(种植业)和动物生产(养殖业)两部分(两个生产车间)。从能量和有机质来源看,植物生产是由绿色植物通过光合作用,把太阳辐射能转变为有机质化学能,是动物及人类维持其生命活动所需能量和某些营养物质的唯一来源。动物生产则是对植物生产产品的进一步加工及增值,在更大程度上满足人类的需求。因此,人们把植物生产称为初级生产(也叫一级生产、基础生产),而把动物生产称为次级生产。从食物链的关系看,次级生产中又可分为若干级,如二级生产、三级生产等。每后一级的生产都以其前一级生产的有机物质作为其食料,整个动物界就是通过食物链的繁育、衍生而来的。由此可见,土壤不仅是植物生产的基地,也是动物生产的基地。如果没有植物生产繁茂,就不可能有动物生产和整个农业生产。

### (二)植物生产、动物生产和土壤利用管理三者的关系

农业生产既然以土壤为基地,所以要发展农业生产,就必须十分重视土壤资源的开发、利用、改良和保护,要在全面规划农、林、牧用地的基础上,把土壤资源的开发与改良、利用与保护结合起来。通过合理的耕作制度和方式,科学施肥、灌溉和一系列培肥土壤的管理措施,在保证土壤质量不下降、土壤生态环境不受破坏下,保证农业生产的持续、稳定的发展。通过"用地养地"把植物生产、动物生产和土壤管理3个环节结合起来,把植物生产的有机收获物用作动物生产所需的饲料,将植物残体和动物生产废弃物,通过微生物的利用、转化及循环培肥土壤,提高土壤肥力。

## 二、土壤环境特点及其功能

### (一)土壤环境

土壤环境(soil environment)即地球表面能够生长植物,具有一定环境容量及动态环境过程的地表疏松层连续体构成的环境。它区别于大气、河流、海洋、森林及生物群落等其他自然生态环境,是处于其他环境要素交汇地带的中

心环境要素,对人类(包括其他生物体)的生存与发展起着重要和基本的作用。土壤环境体系是由气(土壤气体)、液(土壤水溶液)、固(土壤颗粒,包括有机、无机物质和外源输入固体颗粒)三项构成的非均质各向异性的复合体系,其中由于基本的水、肥、气、热条件及生命活动为土壤环境体系的基本物质循环和转化提供条件,同时对各种人类活动输入的污染物的迁移和转化等过程起着重要的作用。

### (二)土壤环境特点

土壤是地球陆地表面的覆盖层,是地球系统中生物多样性最丰富、能量交换和物质循环最活跃的体系,是生态环境的核心要素。土壤环境主要具备以下特点:

#### 1. 具有生产力

土壤含有植物生长必需的营养元素、水分等适宜条件,是最为重要的生产力要素之一,对社会的稳定与发展起着至关重要的作用。同时,土壤亦可作为建筑物的基础和工程材料,为多用途的生产力要素。

#### 2. 具有生命力

土壤圈是地球各大圈层中生物多样性最高的部分,由于生命活动的存在,在土壤环境中不停地发生着快速的物质循环和能量交换。

#### 3. 具有环境净化能力

土壤是由气、液、固三相组成的非均质各向异性的复杂体系,对污染物具有一定的缓冲和净化能力,是具有吸附、分散、中和、降解环境污染物功能的复合体系。

#### 4. 为中心环境要素

由气、液、固三相组成的土壤环境体系是连接大气圈、水圈、岩石圈和生物圈的纽带,是自然环境的中心要素和环节,是一个开放的、具有生命力,对地球其他圈层起到深刻影响和作用的圈层。

### (三)土壤圈与其他圈层的关系

从圈层的观点出发,土壤圈作为与生态、水、气系统之间物质和能量交换的重要构成单元和核心环境子系统,与地球其他圈层共同作用、相互依存,对人类和其他生物的生存环境及其全球变化有着深远的影响。土壤所具有的表生生态环境维持、水分输送、耗氧输酸、物质储存与输移、物化-生物作用等功能是维持体系稳定性的重要保障。土壤圈与其他圈层的动态关系及其在地球表层系统中的地位和作用如图1-1所示。考虑土壤圈与其他圈层的动态作

用,其主要功能体现在以下几个方面:

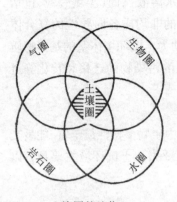

土壤圈的地位

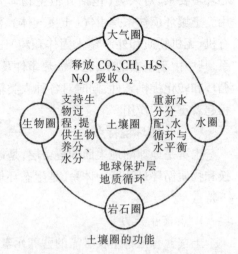

土壤圈的功能

**图1-1 土壤圈与其他圈层的动态关系及其在地球表层系统中的地位和作用**

1. 对大气圈的作用

土壤作为复杂庞大的多孔介质体系,与大气环境间普遍存在着频繁的水、气、热的交换,复合土壤环境中微生物、植物根系等生命活动的影响,使其在不同程度上影响着大气圈的化学组成、水分与热量平衡,对全球大气变化有明显的影响。土壤从大气中吸收 $O_2$,通过生物、化学等作用过程释放 $CO_2$、$CH_4$、和 $N_2O$ 等温室气体,已成为影响全球气候变化和全球变暖的重点关注对象之一。

2. 对水圈的作用

土壤环境的高度非均质性会影响降水在陆地环境和水体环境的重新分配,影响元素的生物地球化学行为以及水圈的水循环与水平衡,进而影响和改变地球各圈层的生物分布。

3. 对岩石圈的作用

岩石作为土壤的母质来源,覆盖其上的土壤圈作为地球的"皮肤",对岩石圈具有一定的保护作用,可减少各种外营力对其影响和作用。

4. 对生物圈的作用

土壤是各种动植物、微生物以及人类生存的最基本的环境和重要的栖息场所。土壤环境含有生物生长所必需的各种的营养成分、水分与适宜的物理条件,支持和调节生物过程,形成适应各种土壤类型的植被与生物群落,对地球生态系统的分布与稳定具有重要的作用。

#### （四）土壤环境功能

土壤的功能主要体现在其对人类和环境的作用，重要的土壤功能包括以下几个方面：①作为生态系统的组成部分，控制物质循环和能量的流动。②动植物和人类生命的基础。③基因储存库。④农产品繁育的基础。⑤建筑物稳定的基础。⑥聚积大气和水污染物的载体。⑦接收沉降物质和承载孔隙水的载体。⑧防止水、污染物或其他因子进入地下水的缓冲器。⑨堆放废弃物质，如城市生活垃圾、工业固体废物、疏浚物质等的载体。⑩历史遗留物和古生态遗物的储藏库。

此外，近年来由于持续受到人类生产、生活等活动的影响，显著改变了土壤与外部环境的物质和能量交换过程与强度，引起土壤特征要素的改变，使土壤环境的物质组成、结构、性质和功能等体系要素在与外部环境的物质和能量交换过程中发生变化，产生各种土壤环境问题，进而对其他环境子系统产生巨大作用与影响。因此，土壤环境的自净能力和其维持表生生态环境稳定的功能愈发重要，而其受到的冲击、影响及其恢复也是广大环境工作者普遍关心的科学与技术问题。

### 三、土壤的生态功能

生态系统包含着一个广泛的概念。任何生物群体与其所处的环境组成的统一体，都形成不同类型的生态系统。自然界的生态系统大小不一，多种多样的，小可小到一个庭院、池塘，一块草地，大可大到森林、湖泊、海洋，乃至包罗地球上一切生态系统的生物圈。陆地生态系统就是包罗整个地球陆地表层的"大系统"。

在陆地生态系统中，土壤作为最活跃的生命层，事实上，是一个相对独立的子系统。在土壤生态系统组成中，绿色植物是其生产者（Producers），通过光合作用，把太阳能转化为有机形态的储藏潜能。同时又从环境中吸收养分、水分和二氧化碳，合成并转化为有机形态的储存物质。消费者（Consumers），主要是食草或食肉动物，如土壤原生动物、蚯蚓、昆虫类、脊椎动物的啮齿类动物，如草原地区的鼢鼠、黄鼠、兔子，农田中的田鼠。它们以现有的有机质作食料，经过机械破碎，生物转化，这部分有机质除小部分的物质和能量在破碎和转化中消耗外，大部分物质和能量则仍以有机形态残留在土壤动物中。作为土壤生态系统的分解者（Decomposers），主要指生活在土壤中的微生物和低等动物，微生物有细菌、真菌、放线菌、藻类等，低等动物有鞭毛虫、纤毛虫等。它们以绿色植物与动物的残留有机体为食料从中吸取养分和能量,并将它们分解为无机化合物或改造成土壤腐殖质。

土壤生态系统的大小同样决定于研究目标及范围,如果只考虑某个土壤层或土壤剖面内物质和能量的输入、输出以及内部的转化过程,则生态系统可以规定在单个的土壤层或土壤剖面。如果以研究养分循环和农业管理对植物营养作用时,则可以将植物群落——农田土壤系统划定为一个生态系统。或者,可以更大范围、区域、国家甚至研究全球土壤变化。

土壤在陆地生态系统中起着极重要作用。主要包括:①保持生物活性,多样性和生产性。②对水体和溶质流动起调节作用。③对有机、无机污染物具有过滤、缓冲、降解、固定和解毒作用。④具有储存并循环生物圈及地表的养分和其他元素的功能。

### 四、土壤的社会功能

资源是自然界能为人类利用的物质和能量基础,是可供人类开发利用并具有应用前景和价值的物质。土壤资源可以定义为具有农、林、牧业生产力的各种类型土壤的总称。在人类赖以生存的物质生活中,人类消耗的80%以上的热量,75%以上的蛋白质和大部分的纤维都直接来自土壤。所以,土壤资源和水资源、大气资源一样,是维持人类生存与发展的必要条件,是社会经济发展最基本的物质基础。

土壤和土壤资源作为一个深受人类长期生产实践影响的独立的历史自然体,具有一系列的自然—经济特点。

#### (一)土壤资源数量的有限性

土壤资源与光、热、水、气资源一样被称作可再生资源。但从土壤的数量来看又是不可再生的,是有限的自然资源。在这个星球上,只有一个地球,就人类社会的历史而言,土壤的数量不会增加。而在地球表面形成1cm厚的土壤,约需要300年或更长的时间。所以,土壤不是取之不竭,用之不尽的资源。我国的土壤资源由于受海陆分布、地形地势、气候、水分配和人口增加、工业化扩展的影响,耕地土壤资源短缺,后备耕地土壤资源不足,人均耕地继续下降还将进一步延伸(表1-2)。土壤资源的有限性已成为制约经济、社会发展的重要特性,有限的土壤资源供应能力与人类对土壤(地)总需求之间的矛盾将日趋尖锐。

表1-2　中国土壤资源的总量,人均占有量及其与世界和部分国家比较

| 土地类型 | 中国各类土地总占有量(%) | 人均占有量(hm²) | | | | | 中国人均占有量与世界人均占有量比率(%) |
| --- | --- | --- | --- | --- | --- | --- | --- |
| | | 世界 | 中国 | 美国 | 巴西 | 印度 | |
| 土地陆地面积 | 7.1 | 2.77 | 0.91 | 3.92 | 6.28 | 0.43 | 32.9 |
| 耕地与园地面积 | 6.8 | 0.31 | 0.10 | 0.80 | 0.56 | 0.22 | 32.3 |
| 永久草地面积 | 9.0 | 0.66 | 0.27 | 1.01 | 1.22 | 0.02 | 40.9 |
| 森林和林地面积 | 3.2 | 0.84 | 0.13 | 1.11 | 4.15 | 0.09 | 15.5 |

### (二)土壤资源质量的可变性

土壤质地特征是肥力。土壤肥力是由母质向土壤演化过程中,在自然成土因素,或自然因素和人为因素共同作用下形成的。在成土过程中,植物、动物和微生物生物体,可以不断地繁衍与死亡;土壤腐殖质可以不断地合成和分解;土壤养分及其元素随着土壤水的运转,可以积聚或淋洗,这些过程(生物、物理、化学的过程)都处于周而复始的动态平衡中。土壤肥力就是在这些周而复始的循环和平衡中不断获得发育和提高的。只要科学地对土壤用养结合,不断补偿和投入,完全有可能保持土壤肥力的永续利用。随着科学技术进步,可使单位面积生物生产能力得到提高。

但从另一方面,在破坏性自然营力作用下,或人类违背自然规律,破坏生态环境,滥用土壤,高强度、无休止地向土壤索取,土壤肥力将逐渐下降和破坏,这就是土壤质量的退化。从全球范围看,存在着植被萎缩,物种减少,土壤侵蚀,肥力丧失,耕地过载的现象。在我国,由于人口的压力,因不合理开发利用造成的土壤资源的荒漠化、水土流失、土壤污染等问题严峻。从这一意义上讲,土壤资源不仅仅数量是有限的,质量也同样具有"有限性"的特性。

### (三)土壤资源空间分布上的固定性

俄国著名土壤学家道库恰耶夫于1877～1886年在俄国平原土壤调查报告中提出土壤形成因素学说,认为土壤是母岩、生物、气候、地形和陆地年龄(时间)等5种自然因素综合作用的结果。由于气候、生物植被在地球表面表现出一定规律性,使土壤资源在地面空间分布表现其相应的规律性,即覆盖在地球表面各种不同类型的土壤,在地面空间位置上有相对的固定性,在不同生物气候带内分布着不同的地带性土壤,如热带雨林带分布着砖红壤,热带稀树草带分布着红棕壤,亚热带常绿阔叶林带分布着红壤和黄壤,在温带落叶阔叶林带分布着棕壤,干旱草原带分布着黑钙土和栗钙土,荒漠草原带分布着棕钙

土、灰钙土,严寒带针叶林带分布着灰化土,苔原带分布着冰沼土等。土壤的这种地带性分布表现为水平地带性(纬度和经度地带性)和垂直地带性。土壤资源的分布与生物气候带相适应,随生物气候地带性规律而更替。

土壤资源的空间位置分布除地带性分布规律外,还受区域性地形、母质、水文、地质等条件的影响。例如,地形影响水热条件的再分配,山地不同坡向的水热条件不同,因而在阴坡、阳坡的不同空间位置上,就可能分布着不同类型的土壤。

人类的耕作活动改变了土壤的性状,也影响土壤的空间分布,如黄土高原长期使用土粪形成的塿土,干旱与半干旱地区长期灌溉发育的淤土,各地长期水耕农田发育的水稻土,都是人为耕作活动的结果。

土壤资源空间分布上具有的这种特定的地带、地域分布规律,使得人们对地表土壤可按土壤资源类型的相似性划分为若干土壤区域。将相似土壤划在同一区,与其他土壤分开,并按照划分出的单位来探讨土壤组合的特征及其发生和分布规律性,因地制宜地合理配置农、林、牧业,充分利用土壤资源、发挥土壤生产潜力,进行土壤资源区划和土壤资源评价。

## 第二节　土壤及土壤科学的发展

土壤学(Soil Science)是广义的土壤科学。从土壤学研究的对象和任务,可分为发生土壤学(Pedology)和农业土壤学(Edaphology)两个方面。发生土壤学认为,土壤是地壳表层岩石、矿物的风化产物(母质),在气候、生物、地形等环境条件和时间因素综合作用下形成的一种特殊的自然体。主要研究土壤自然体发生、组成、形态、特征、演化、分类和分布规律。农业土壤学则主要研究土壤的物质组成、性质及其与植物生长的关系,通过耕作施肥管理来提高土壤肥力和生产力等内容。随着土壤科学的不断发展,学科范围的日益扩大,土壤科学在全球环境保护、持续农业生产、人类健康等方面发挥越来越大的作用,又衍生出了环境土壤学(Environmental soil scienceis),它是土壤学和环境学的交叉、边缘学科,重点研究提高土壤持续生产能力、减少土壤污染和保护土壤品质等土壤环境问题。至于土壤圈(Pedosphere),是从与大气圈、水圈、岩石圈和生物圈的关系来研究土壤。

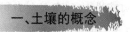

## 一、土壤的概念

什么是土壤？虽然土壤对每一个人并不陌生，但回答这个问题，不同学科的科学家有不同的认识：生态学家从生物地球化学观点出发，认为土壤是地球表层系统中，生物多样性最丰富，生物地球化学的能量交换、物质循环(转化)最活跃的生命层；环境科学家认为，土壤是重要的环境因素，是环境污染物的缓冲带和过滤器；工程专家则把土壤看作承受高强度压力的基地或作为工程材料的来源；对于农业科学工作者和广大农民，土壤是植物生长的介质，更关心影响植物生长的土壤条件，土壤肥力供给、培肥及持续性。

由于不同学科对土壤的概念存在着种种不同的认识，要想给土壤一个严格的定义是困难的。土壤学家和农学家传统地把土壤定义为"发育于地球陆地表面能生长绿色植物的疏松多孔结构表层"。在这一概念中重点阐述了土壤主要功能是能生长绿色植物，具有生物多样性，所处的位置在地球陆地的表面层，它的物理状态是由矿物质、有机质、水和空气组成的，具有孔隙结构的介质。了解下面几点，对于加深土壤概念的理解是必要的。

### (一)独立的历史自然体

土壤是生物、气候、母质、地形、时间等自然因素和人类活动综合作用下的产物。它不仅具有自己的发生发展的历史，而且是一个形态、组成、结构和功能上可以剖析的物质实体。地球表面土壤所以存在着性质的变异，就是因为在不同时间和空间位置上，上述成土因子的变异所造成的。例如，土壤的厚度，可从几厘米到几米的差异，这取决于风化强度和成土时间的长短，取决于沉积、侵蚀过程强度，也与自然景观的演化过程有密切的关系。

### (二)土壤剖面

由成土作用形成的层次称为土层(土壤发生层)，而完整的垂直土层序列称之为土壤剖面。土壤剖面的形成具体反映在土壤的成土过程，从而与地球表面其他形成物质的区别。道库恰耶夫把土壤剖面划为3个基本层：A层，地表最上端，腐殖质在这一层聚积；紧接其下B层，其特征是黏粒在这里淀积，称淀积层或过渡层；B层之下是C层，该层以不同程度风化物构成，可以相对未风化体，或深度风化物，常常是A、B层发育的母质。后来有的研究者把土层划分得更细，但总的来说仍未脱离A、B、C三层。

### (三)土壤物质组成

自然界土壤由矿物质、有机质(土壤固相)、土壤水分(液相)和土壤空气

（气相）三相物质组成的，这决定了土壤具有孔隙结构特性。土壤水含有可溶性有机物和无机物，有成土壤溶液。土壤空气主要由 $N_2$ 和 $O_2$ 组成，并含有比大气中高得多的 $CO_2$ 和某些微量气体。土壤三相之间是相互联系，相互制约，互相作用的有机整体，矿物土壤中固相容积与液相和气相容积一般各占一半，由于液相和气相经常处于彼此消长状态，即当液相容积增大时，气相占容积就减小，反之亦然，两者之间的消长幅度在 15% ~ 35%。按重量计，矿物质可占固相部分的 95% 以上，有机质占 5% 左右。

### 二、土壤肥力与土壤生产力

#### （一）肥力的一般概念

土壤肥力概念和土壤的概念一样，迄今尚未有完全统一的叫法。西方土壤学家传统地把土壤供应养分的能力看作肥力。美国土壤学会 1989 年出版的《土壤科学名词汇编》中把肥力定义为："土壤供应植物生长所必需养料的能力。"苏联土壤学家对土壤肥力的定义是："土壤在植物生活的全过程中，同时不断地供给植物以最大数量的有效养料和水分的能力。"我国土壤科学工作者，在《中国土壤学》第二版中（1987），对肥力作了以下的阐述："肥力是土壤的基本属性和质的特征，是土壤从营养条件和环境条件方面，供应和协调植物生长的能力。土壤肥力是土壤物理、化学和生物学性质的综合反映。"在这个定义中，所说的营养条件指水分和养分，为作物必需的营养因素；所说的环境条件指温度和空气，虽然温度和空气不属于植物的营养因素，但对植物生产有直接或间接的影响，称之环境因素或环境条件。定义中所说的"协调"解释为土壤中四大肥力因素，水、肥、气、热不是孤立的，而是相互联系和相互制约的。植物的正常生长发育，不仅要求水、肥、气、热四大肥力因素同时存在，而且要处于相互协调的状态。

对土壤肥力这样一个复杂问题，在概念的叙述上有一元论（养分）、二元论（养分和水分）、四元论（水、肥、气、热）之别是完全可以理解的。也不能简单地认为"一元论"或"二元论"是不完整的，一元论抓住"养分"这个主要因素，并没有减少对水、气、热的注意。

#### （二）自然肥力和人为肥力

土壤肥力有自然肥力和人为肥力的区别。自然肥力是指土壤在自然因子即五大成土因素（气候、生物、母质、地形和年龄）的综合作用下发育而来的肥力，它是自然成土过程的产物。人为肥力是耕作熟化过程发育而来的肥力，是在耕作、施肥、灌溉及其他技术措施等人为因素影响作用下所产生的结果。可见,只有从来不受人类影响的自然土壤才仅具有自然肥力。

自从人类从事农耕活动以来,自然植被为农作物所代替,森林或草原生态系统为农田生态系统所代替。随着人口膨胀、人均耕地减少,人类对土地利用强度的不断扩展,"人为因子"对土壤的演化起着越来越重要的作用,并成为决定土壤肥力发展方向的基本动力之一。"人为因子"对土壤肥力的影响集中反映在人类用地和养地两个方面,只用不养或不合理的耕作、施肥、排灌必然会导致土壤肥力的递减;用养结合,可以培肥土壤,保持土壤肥力的永续性。

**(三)潜在肥力与有效肥力**

从理论上讲,肥力在生产上都可以发挥出来而产生经济效果,但事实上在农业实践中,由于土壤性质、环境条件和技术水平的限制,只有其中的一部分在当季生产中能表现出来,产生经济效益,这一部分肥力叫"有效肥力",而没有直接反映出来的叫作"潜在肥力"。有效肥力和潜在肥力是可以相互转化的,两者之间没有截然的界限。例如大部分低洼积水的烂水田,虽然有机质含量较高,氮、磷、钾等养分元素的含量丰富,但其有效供应能力较低,对于这种土壤就应采取适当的改土措施,搞好农田基本建设,创造良好的土壤环境条件,以促进土壤潜在肥力转化为有效肥力。

**(四)土壤生产力**

土壤生产力和土壤肥力之间是两个既有联系又有区别的概念。土壤的生产力是由土壤本身的肥力属性和发挥肥力作用的外界条件所决定的,从这个意义上来看,肥力只是生产力的基础,而不是生产力的全部。所谓发挥肥力作用的外界条件指的就是土壤所处的环境,包括气候日照状况,地形及其相关联的排水和供水条件,有无毒质或污染物质的侵入等,也包括人为耕作、栽培等土壤管理措施。例如,寒冷阴湿的环境常常是冷浸迟发之地,处在这种环境条件下,即使土壤本身肥力的营养因素很优越,土壤生产力也必然不高。实际的调查也证明,肥力因素基本相同的土壤,如果处在不同的环境条件下,其表现出来的生产力彼此可能相差很大。土壤肥力因素的各种性质和土壤的自然、人为环境条件构成了土壤生产力。根据土壤生产力的概念,为了实现农业生产的高产、高效、优质,就必须十分强调农田基本建设,以改造土壤环境,其中包括平整地块,保证水源,修建渠道,开沟排水,筑堤防洪等农业工程项目和营造防护林等生物工程。

### 三、土壤质量与土壤环境问题

改革开放 30 多年以来,我国经济的快速发展,带来了社会的繁荣和进步,但同时由于经济发展的模式仍基本上遵循传统的工业化道路,资源耗损量大、生态破坏严重、污染物排放量大面广,从而导致生态、土壤和水环境形势日益严峻,区域或局部污染严重、土壤质量下降,成为制约社会经济可持续发展的重大资源与环境问题。

**(一)土壤质量**

土壤质量(soil quality)是与土壤利用和土壤功能有关的土壤内在属性;是衡量和反映土壤资源与环境特性、功能和变化状态的综合标志,它包含了土壤维持生产力、环境净化能力、对人类和动植物健康的保障能力;是指在由土壤所构成的天然或人为控制的生态系统中,土壤所具有的维持生态系统生产力和人与动植物健康而自身不发生退化及其他生态与环境问题的能力;是土壤特定或整体功能的总和。土壤质量概念的内涵不仅包括作物生产力、土壤环境保护,还包括食品安全及人类和动、植物健康。土壤质量概念类似于环境评价中的环境质量综合指标,从整个生态系统中考察土壤的综合质量。这一概念超越了土壤肥力的概念,超越了通常的土壤环境质量概念,它不只是把食品安全作为土壤质量的最高标准,还关系到生态系统的稳定性,地球表层生态系统的可持续性,是与土壤形成因素及其动态变化有关的一种固有的土壤属性。许多环境与土壤领域的专家与学者的普遍认同,土壤科学的研究除了应继续重视土壤肥力质量的研究外,还必须向土壤环境质量和土壤健康质量方面转移。

综上所述,土壤质量包括土壤肥力质量、土壤健康质量和土壤环境质量多个方面,这几个方面相互影响、相互依存、共同决定土壤质量。在环境土壤学相关研究领域中,更倾向于土壤环境质量的追踪、评估与控制。土壤环境质量是指在一定的时间和空间范围内,土壤自身性状对其持续利用以及对其他环境要素,特别是对人类或其他生物的生存、繁衍以及社会经济发展的"适应性",是土壤"优劣"的一种概念,是特定需要的"环境条件"的度量。它与土壤的健康或清洁状态,以及遭受污染的过程密切相关。一旦土壤环境质量遭到污染和破坏,我们必须对其进行适当地修复,以减少对其自身以及对大气、水和生物等其他环境子系统的污染和危害,即必须保持土壤环境适当的清洁和健康以维持合适的土壤环境质量水平。

土壤质量的研究是近年土壤学科与环境学科的重要研究领域,其评价和评估则成为研究土壤质量的重要依据和标准。理想的土壤质量评价指标体系应秉承下列原则:①公正、灵敏、有预测能力、有参考阈值。②其信息可转化、综合,并易于收集和交流。

由于土壤质量是土壤物理、化学和生物学等性质的综合,体系复杂,目前尚无统一的评估标准或指标体系。土壤质量评价指标体系应该从土壤系统组分、状态、结构、理化及生物学性质、功能以及时空等方面,加以综合考虑。土壤质量评价指标体系大致可分为两大类,一类是描述性指标,即定性指标;另一类是分析性定量指标,选择土壤的各种属性,进行定量分析,获取分析数据,然后确定数据指标的阈值和最适值。根据分析指标的性质,土壤质量的评价指标分为物理指标、化学指标和生物学指标 3 个方面。

1. 物理指标

土壤物理状况对植物生长和环境质量有直接或间接的影响。土壤物理指标包括土壤质地及粒径分布、土层厚度与根系深度、土壤容重和紧实度、孔隙度及孔隙分布、土壤结构、土壤含水量、田间持水量、土壤持水特性、渗透率和导水率、土壤排水性、土壤通气、土壤温度、障碍层次深度、土壤侵蚀状况、氧扩散率、土壤耕性等。

2. 化学指标

土壤中各种养分和土壤污染物质等的存在形态和浓度,直接影响植物生长和动物及人类健康。土壤质量的化学指标包括土壤有机碳和全氮、矿化氮、磷和钾的全量和有效量、CEC(土壤阳离子交换量)、土壤 pH、电导率(全盐量)、盐基饱和度、碱化度、各种污染物存在形态和浓度等。

3. 生物学指标

土壤生物是土壤生态系统中具有生命力的部分,是各种生物体的总称,包括土壤微生物、土壤动物和高等植物根系,是评价土壤质量和健康状况的重要指标之一。目前,许多生态与环境领域的研究均利用土壤微生物群落、土壤植物和蚯蚓等对土壤受污染或退化后的质量进行评估。但需要注意的是,土壤中许多生物可以改善土壤质量状况,也有一些生物如线虫、病原菌等会降低土壤质量。

**(二)土壤环境问题**

土壤作为重要的生产资料和环境要素,在人类活动广泛影响的情况下,其功能和各种物理、化学及生物学过程产生了不同程度的改变,致使土壤肥力质量、健康质量及环境质量下降,引发各种土壤质量问题。

土壤环境质量下降即土壤环境问题广义上包括土壤荒漠化、盐渍化、土壤侵蚀等土壤质量退化和土壤污染问题。其中,土壤污染及其修复等相关问题是其中关注较多、危害较大的土壤环境问题,也是目前广泛研究的领域和方向。本书后续的土壤环境问题、特点、危害及其修复、治理等相关的研究内容亦是从土壤污染的角度开展的。

1. 土壤荒漠化

土壤荒漠化(soil desertification)是指由于人为和自然因素的综合作用使土壤环境本身的自然循环状态受到影响和破坏,使得干旱、半干旱甚至半湿润地区自然环境退化(包括盐渍化、草场退化、水土流失、土壤沙化、狭义沙漠化、植被荒漠化、历史时期沙丘前移入侵等以某一环境因素为标志的具体的自然环境退化)的总过程。土壤荒漠化已成为世界范围的区域性土壤环境问题,由此引发了干旱、沙尘暴、河流断流、地下水位下降等一系列生态环境问题。有资料表明,过去1万年中15%的土地被人为诱发的土壤退化掠夺。

2. 土壤盐渍化

土壤盐渍化(soil salinization)是指土壤底层或地下水的盐分随毛管水上升到地表,水分蒸发后,使盐分积累在表层土壤中的过程,也指易溶性盐分在土壤表层积累的现象或过程,也称盐碱化。由于漫灌和只灌不排,导致地下水位上升,土壤底层或地下水的盐分随毛管水上升到地表,水分蒸发后,使盐分积累在表层土壤中,当使土壤含盐量太高(超过0.3%)时,即形成盐碱灾害。我国盐渍土或盐碱土的分布范围广、面积大、类型多,总面积约 $1 \times 10^8 \mathrm{hm}^2$,主要发生在干旱、半干旱和半湿润地区。

另外,现代农业中化肥的大量使用致使土壤板结,理化性质改变,甚至进一步演变成盐渍化,造成严重的土壤质量退化。

3. 土壤侵蚀

土壤侵蚀(soil erosion)的本质是使土壤肥力下降,理化性质变劣,土壤利用率降低,生态环境恶化。除自然侵蚀之外,在人类改造利用自然、发展经济过程中,移动了大量土体,而不注意水土保持,直接或间接地加剧了侵蚀,增加了河流的输沙量。如矿山开采、毁坏树林、过度放牧、地下水过度开采、农用化学品过度施用等造成土壤质量下降,引发土壤侵蚀、水土流失等。我国是世界上土壤侵蚀最为严重的国家之一,研究土壤侵蚀机制,有效对其进行监控和治理已经成为全球关注的焦点。

### 4. 土壤污染

土壤污染(soil pollution)是人类生产和生活造成的土壤严重的环境问题,随着现代人类社会的生产和生活节奏的加快,现代农业农药、化肥施用及污灌造成农业环境污染严重,约1/5的耕地受到污染;另一方面,城市交通、现代工业排放、生活源等各种类型和途径污染物的大量排放,致使土壤环境的污染加剧,已成为不可忽视的生态与环境问题。

## 四、土壤科学的发展及主要观点

人类自开始农耕以来就开始接触和认识土壤。现有的考古资料初步确认,大约18 000年以前,人类就开始种植农作物。在古希腊和罗马时代,人们对土壤的认识只是一些淳朴而简单的经验总结。我国夏代《尚书》的禹贡篇,距今有4 100多年的历史,其中所概述的九州土壤的一些特征、地理分布及肥力等级,是世界上最早的土壤专门论著,也是世界古代土壤科学发展上的伟大创举。然而,土壤学作为一门独立学科的形成、发展比较晚,直到18世纪以来,逐步产生形成了几个比较有影响的代表学派或观点。

### (一)农业化学土壤学派

从17世纪以来,随着西方工业化和科学技术的进程,物理、化学等基础学科的发展对土壤学发展产生了巨大的影响。在西欧出现了农业化学土壤学观点,创始人是著名德国化学家李比希(J. F. Liebi. 1803～1873)。他在1840年出版了名为《化学在农业和植物生理上应用》专著,提出大田产量随施入土壤的矿物质养料数量的多少而相应的变化。土壤是植物养料的储藏库,植物靠吸收土壤和肥料中的矿物质养料而滋养。植物长期吸收消耗土壤中的矿物质养料,会使土壤库的矿物质养料储藏量越来越少,为了弥补土壤库储量减少,可以通过施用化学肥料和轮载等方式如数归还土壤,以保持土壤肥力永续不衰。这一观点把土壤看作提供植物生长所必需的水分、养分和起物理支撑作用的介质,被称之为土壤"营养库"概念。土壤学界把李比希的这一学说称之为矿物质营养学说。

农业化学土壤学观点开辟了用化学理论、方法来研究土壤并解决农业生产问题的新领域,并进一步发展了土壤分析化学、土壤化学和农业化学等分支学科,大大促进了土壤科学的发展,并对植物生理学以及整个生物科学和农业科学产生了极为重要的影响。同时,矿物质营养学说还迅速推动化工、化肥工业的发展,在化工化肥发展史上具有划时代的重要意义。直至今日,该学说仍被作为化肥工业和化肥应用的最重要的理论依据。

但是，由于时代的局限性，农业化学土壤学观点也有许多不足之处。该观点过分地应用纯化学理论来看待复杂的土壤肥力问题，简单、机械地把土壤作为植物的"养料库"。因为土壤除含矿物质外，还含有有机质、微生物和土居动物等活性物质，正是这些活性物质对提高土壤肥力起着积极作用，如固氮微生物对土壤氮素供应就有举足轻重的贡献。植物本身也不只是单向地从土壤中吸收、消耗矿物质养料，植物与土壤间的复杂的能量交换和物质转化关系，也为土壤提供有机物料。所以今天来看农业化学土壤学的观点，难免有一些局限性、片面性，甚至带某种形而上学的色彩。但这决不会动摇到该观点在土壤科学发展史上的地位及对整个农业科学的重要贡献。

### （二）农业地质土壤学观点

农业化学土壤学观点侧重研究土壤供应植物养料的能力，把土壤看作发生化学和生物化学反应的介质，他们很少了解土壤是地理景观的一部分，因此提出某些片面结论在所难免。农业化学土壤学观点的弱点暴露后，到 19 世纪后半叶，德国地质学家法鲁（F. A. Fallow）、李希霍芬（F. V. Richthofen）、拉曼（E. Ramann）等用地质学观点来研究土壤，形成了农业地质土壤学观点。他们把土壤形成过程看作岩石的风化过程，认为土壤是岩石经过风化而形成的地表疏松层，即岩石风化的产物。土壤类型决定于掩饰的风化类型，土壤是变化、破碎中岩石。

农业地质土壤学观点揭示了风化作用在土壤形成过程中的重要性。但他们只强调了土壤与岩石、母质之间的相互联系的一方面，却混淆了土壤与岩石、母质的本质区别方面，把风化过程当作成土过程，把风化产物看作土壤。按照这一观点，必然得出风化进程中的矿物质，不可避免地受到淋溶作用而逐渐较少的片面结论。但农业地质土壤学观点在土壤学发展史上，同样起到了积极作用，开辟了从矿物学研究土壤的新领域，加深了对土壤的基本"骨架"矿物质的研究。

### （三）土壤发生学派

19 世纪 70 ~ 80 年代，俄罗斯学者道库恰耶夫创立了土壤发生学观点。该观点认为，土壤形成过程是岩石风化过程和成土过程所推动的。道氏在 1883 年出版的著名的《俄罗斯黑钙土》一书中，认为土壤有它自己的发生和发育历史，是独立的历史自然体。影响土壤发生和发育因素可概括为母质、气候、生物、地形及陆地年龄等 5 个，提出了五大成土因素学说。还提出地球上土壤的分布具有地带性规律,创立土壤地带性学说。同时,它对土壤分类提出了创造性的见解,拟定了土壤调查和编制土壤图的方法。

道库恰耶夫的土壤发生学理论,从俄罗斯转至西欧,再由西欧传到美国,对国际土壤学的发展产生深刻的影响。他的继承者威廉斯在其学说基础上,创立土壤的统一形成学说。指出土壤是以生物为主导的各种成土因子长期、综合作用的产物。物质的地质大循环和生物小循环矛盾的统一是土壤形成的实质。土壤本质特点是具有肥力,并提出团粒结构是土壤肥力的基础,制定了草田轮作制,这种观点被称为土壤生物发生学派。

土壤发生学理论对美国的土壤学科发展也产生过很深刻的影响。美国土壤科学的奠基者马伯特提出的第一个土壤分类系统体现了发生学的基本学术观点。直到 21 世纪 40 年代,H. 詹尼出版了《土壤成土因素》一书,试图用函数定量对土壤和环境因子之间的联系进行相关分析,提出的土壤形成与 5 种成土因素的函数关系为:$s = f(cl, o, r, p, t \cdots)$,式中 $s$ 表示土壤,$cl$、$o$、$r$、$p$、$t$ 分别表示气候、生物、地形、母质和时间。函数中的成土因子都是独立变数,任何一个地区,其中某一个因子可能变化很大,而其他因子可能变化很小,从这个意义上说,可以定量地对土壤与环境之间的发生学联系进行多相关分析。以后他进一步将土壤成土因子公式,扩大和提升到现代生态系统基础上,1983 年他在《土壤资源、起源与性状》专著中,把成土因素看作状态因子,构建了状态因子函数式。

### (四)土壤学发展的新观点

近代土壤学大约已经历了一个半世纪,在这一过程中,"什么是土壤?"这样一个看起来既简单又复杂的问题,一直激励着土壤学科工作者为之而去探索和奋斗。当今土壤学面临的问题已发生新的变化,具体表现在应用范围日益扩大,复杂性日益增加。例如对面临的农业现代化,我们就不能只顾满足追求作物的"高产",而要求达到"高产、高效、优质"即"二高一优"的目标。就是说今天的土壤利用既要充分地增加土壤生产力,又要最大限度地减少土壤污染,必须在经济效益、环境污染、持续农业的多种矛盾中做出抉择。在这些新出现的复杂矛盾和问题推动下,土壤学的创新研究出现了一些新观点。

#### 1. 土壤圈概念

土壤圈的概念,早在 1938 年英国著名土壤学家 S. Matson 根据物质循环的观点,对它的含义作了概括。特别是 1990 年,Arnold 对土壤圈的定义、结构、功能及其地球表面系统中的地位作了阐述和发展。土壤圈是地球表层系统中处于四大圈(气、水、生物、岩石)交界面上最富有生命活力的土壤连续体或覆盖层。这一概念拓展了土壤学的研究领域,过去土壤学侧重于土壤本身(固相、液相、气相)的组成与性质,而土壤圈概念则从圈层角度来研究全球土壤结构,成因和演化规律,从以土体内的能量交换和物质流动为主的研究,扩展到探索土壤与生物、大气、水、岩石圈之间的物质能量循环,研究土壤系统内部及其界面上产生的各种过程和机制。从而使土壤学能真正介入地球系统科学,参与全球变化和生态环境建设。

2. 土壤生态系统概念

道库恰耶夫的土壤发生学,实际上已包含着生态系统的内涵。但直到20世纪60年代后,土壤生态系统的概念才被确立,土壤生态系统是以土壤为研究核心的生态系统,可分为研究土壤生物的生态系统和研究土壤性状与环境关系的土壤生态系统两类。土壤生态系统随陆地生态的发展而演变,土壤的变化又影响陆地生态系统,甚至海洋湖泊生态的演变和发展。全面认识土壤生态系统重要性,才能全面认识土壤各因素之间的关系。只有把土壤作为一个独立的生态系统来研究,才能弄清其结构与功能内在联系及发生发育演变的趋势,为土壤的合理利用和土壤资源质量再生提供依据。

**(五)我国土壤学的发展概述**

我国农业历史悠久,劳动人民在长期的生产实践中,对土壤的知识有丰富的经验积累。世界上土壤分类和肥力评价的最早记载是,我国夏代《尚书》的禹贡篇,书中根据土壤性质分土壤为"壤""黄壤""白壤""赤植垆""白坟""黑坟""坟垆""涂泥""清黎"等九类,并依其肥力高低,划分为三等九级。约在公元前3世纪在《周礼》中,阐述了"万物自生焉则曰土",分析了土壤与植物的关系,又说明了"土"和"壤的本身意义",指出"土者是地之吐生物者也,壤则以人所耕而树艺焉则曰壤",这种把土与壤联系起来的观点是最早对土壤概念的一种朴素的解释。此后,《管子》地贡篇、《吕氏春秋》任地篇、《白虎通》《汜胜之书》《齐民要术》《民桑辑要》《农政全书》《王祯农书》等著作中,对土壤知识有更广泛全面的论述。

但我国近代土壤科学研究起步较晚,20世纪20年代开始,一些留学归国人员陆续到大学从事土壤教学和研究工作。1930年才开始在国家地质调查所设立土壤研究室。此后在某些高校相继建立土壤研究所(室)并设置土壤专业,培养土壤专业技术人才。1930～1949年,我国土壤科学受欧美土壤学派影响较大,结合土壤调查和肥料试验,对土壤分类系统和土壤性质方面开展了研究,出版了土壤专报、土壤季刊、编译《中国土壤概要》等专著,1941年拟定了中国最早的土壤分类系统。1950年后,我国土壤科学研究紧紧围绕国家的经济建设,结合农、林、牧规划和发展,广泛开展土壤资源综合考察、农业区划、流域治理、低产田改良、水土保持及改土培肥。于1958年、1978年先后开展两次全国性的土壤普查,对摸清我国的土壤资源,特别耕地土壤做了较详细的调查,编写了各地区以至全国的土壤志,绘制了土壤图。

与此同时,在基础研究方面,已形成了一支拥有10多个学科分支的专业队伍,其中一些研究工作在国际的同类研究中很有特色,如营养元素的再循环、土壤电化学性质、人为土壤分类、水稻土肥力等,目前在国际上还处于领先地位。20世纪70年代后,我国还出版了一些颇有影响的专著如《中国土壤》(1978,第一版)、《水稻土电化学》(1984)、《农业百科全书》(土壤卷,1996)和(农化卷,1994)等。但我国的土壤学研究因起步较晚,及受多种因子的限制,总体来看,在解决国民经济建设的重大问题和学科理论的创新发展上,与发达国家比较仍有较大差距。当今的土壤学除研究土壤自身性质和形成规律外必须考虑经济,特别是社会可持续发展对土壤的需要。中国的土壤科学工作者,面对全球具有挑战性难题,为解决13亿人的吃饭问题,无疑做出了卓越的贡献。但我们要清醒地认识到,我们面对的不仅是人多地少的这样一个不可逾越的国情,更艰难的是要在这最有限的土壤资源上,高速发展经济,既要最大限度地提高土壤生产力,又要保护环境不受污染,生态不受破坏。随着这些难题的解决,必将大大推动我国土壤科学的发展。

## 第三节　土壤学科体系、研究内容和方法

土壤学在学科体系中的归宿,过去有两种划法。由于土壤学在农业中的特殊重要地位,长期致力于服务农业的研究,并在满足人类需求的粮食、纤维、油料、饲料等方面的巨大成功,把土壤学归属于农业科学。另一方面,土壤作为地球表层系统中自然成土因素和人为因素综合作用的产物,是一个独立的历史自然体,而把它划入地球科学。这两种划分都有各自的依据,所以我国的学位制规定土壤学科的研究生可以授予农学博士,又可授予理学博士学位。

在自然科学中,土壤学已发展成为一门独立的学科,它的研究对象是一个具有生命活力的、动态变化的复杂自然系统,具有高度的非线性和变动性。它在自身发展中已形成了许多分支学科,并在研究方法和技术上已形成自己的

特色。

科学分支或分支学科代表一个学科的发展水平和研究领域。国际上土壤学科的分支,根据历届国际土壤学会,较成熟的学科分支包括土壤物理、土壤化学、土壤生物学、土壤矿物学、土壤肥力和植物营养、土壤发生分类和制图及土壤技术等 7 个分支科学。另外,还设有盐渍土、土壤微形态学、水土保持,土壤与环境等专业委员会。我国土壤科学的分支学科受国际土壤学科的影响较大,几乎覆盖了国际土壤科学的全部基础分支学科。现将土壤学的主要基础分支学科介绍如下:

### (一)土壤物理

土壤物理是研究土壤中物理现象和过程的土壤学分支。主要研究土壤物理性质和水、气、热运动及其调控的原理,其研究内容包括土壤水分、土壤质地、土壤结构、土壤力学性质、土壤溶质移动及土壤 – 植物 – 大气连续体(SPAC)中的水分运行和能量转移等,它的研究领域见图 1 – 2。

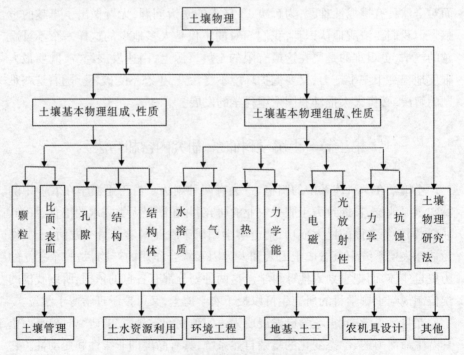

**图 1 – 2　土壤物理体系和主要研究内容**

### （二）土壤化学

土壤化学是研究土壤化学组成、性质及其土壤化学反应过程的分支学科。重点研究土壤胶体的组成、性质，及土壤固液界面发生的系列化学反应。为开展土壤培肥、土壤管理、土壤环境保护提供理论依据，它的研究领域如图 1−3。

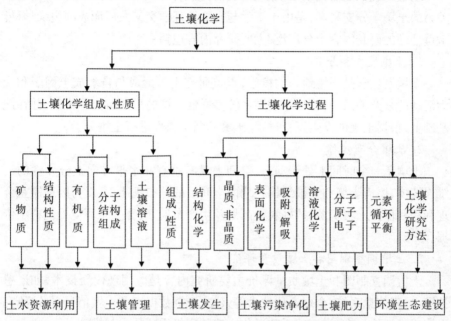

**图 1−3 土壤化学体系和主要研究内容**

### （三）土壤微生物

土壤微生物室研究土壤中微生物区系、多样性及其功能和活性的土壤学分支。包括它们的种类、数量、形态、分类、分布规律和生理代谢特征，以及与土壤形成、物质循环、植物生长和环境保护的关系。研究内容一般覆盖以下 9 个方面，即土壤微生物生态，土壤微生物与土壤物质循环（陆地 N、P、S、C 素循环），土壤酶活性，土壤微生物与土壤生物固氮作用，根际微生物与菌根，土壤微生物之间的相互作用，农业措施对微生物的影响，土壤微生物与土壤的污染防治，有益微生物的农业应用。

### （四）土壤生物化学

土壤生物化学是研究土壤中的有机质组成、结构及生物化学转化过程的土壤学分支学科，主要的研究内容包括：土壤腐殖质形成、特性，及其对土壤肥力的影响；土壤碳、氮、磷、硫的生物转化（有机碳、氮矿化作用和腐殖化作用);土壤酶活性;有机生物制剂包括有机农药、杀虫剂、除草剂的生物降解及其对环境污染的影响等。

### (五)土壤地理

土壤地理学是研究土壤发生、演变、分类、分布规律及其与地理环境之间关系的土壤学分支科学,是由土壤学与自然地理学交叉发展而成的边缘学科。土壤地理的研究内容十分广泛,主要研究内容包括:

#### 1. 土壤发生和分类

土壤发生学是土壤地理的核心,重点研究土壤形成与自然成土因子和人为活动的复杂关系,回答地球表层系统多样性土壤的形成特点和机制,并在此基础上,根据土壤的发生发育过程、土壤诊断学属性进行土壤分类。

#### 2. 土壤分布规律

土壤是一个时间上处于动态、空间上具有垂直和水平方向上分异性的三维连续体,搞清土壤和土被结构在地面空间上的分布规律,可以为因地制宜合理利用和保护土壤资源,搞好农业区划及生产布局,改善生态环境提供科学依据。

#### 3. 土壤调查制图和土壤质量评价

土壤调查制图和土壤质量评价主要研究内容是应用现代新技术,如遥感技术、地理信息系统、全球定位技术等,建立土壤数据库和土壤信息系统;研究土壤质量评价标准、指标体系和退化土壤的恢复重建技术与措施。

除了上述基础土壤学分支学科外,国内外在盐渍土、森林土壤、土壤侵蚀和水土保持、土壤微形态、土壤环境污染与防治、土壤肥力与生态、土壤遥感与信息技术等领域的研究也很活跃,并设立了专业委员会。如图 1-4 所示,ISSS:International Society of Soil Sciences(1924~1998)(世界土壤学科的大融合——国际土壤学会),IUSS(1998~　):International Union of Soil Sciences。

| 部门 | 委员会 |
| --- | --- |
| 第1部门　土壤的时空演变 | 委员会1.1 土壤形态及微形态 |
| | 委员会1.2 土壤地理 |
| | 委员会1.3 土壤发生 |
| | 委员会1.4 土壤分类 |

| 部门 | 委员会 |
|---|---|
| 第2部门 土壤性质与过程 | 委员会2.1 土壤物理 |
| | 委员会2.2 土壤化学 |
| | 委员会2.3 土壤生物 |
| | 委员会2.4 土壤矿物 |
| 第3部门 土壤利用与管理 | 委员会3.1 土壤评价与土地利用规划 |
| | 委员会3.2 水土保持 |
| | 委员会3.3 土壤肥力与植物营养 |
| | 委员会3.4 土壤工程与技术 |
| | 委员会3.5 土壤退化控制、修复与重建 |
| 第4部门 土壤在社会持续发展及环境中的作用 | 委员会4.1 土壤与环境 |
| | 委员会4.2 土壤、食物保障与人类健康 |
| | 委员会4.3 土壤与土地利用变化 |
| | 委员会4.4 土壤教育与公众福利 |
| | 委员会4.5 土壤历史、哲学和社会学 |

**图1-4 国际土壤联合会新组织机构**

注:2002年8月14~21日在泰国曼谷举行的第17届世界土壤学大会确定的国际土壤联合会(IUSS)新组织结构。

另外,在自然科学中,土壤学已成为一门独立的学科,在研究方法和技术上已形成自己的特色。它的研究对象是一个具有生命活力、动态变化的复杂自然系统,具有高度的非线性和变动性,如图1-5所示。

## 二、土壤学与相邻学科的关系

近代土壤科学的发展史告诉我们,土壤科学作为一门独立的自然科学,最早是在化学与植物矿物质营养的基础上建立起来的。其后随着成土因素学说的创立,将土壤作为地球表面的"实体",即一个独立的历史自然体。进而发展为"连续体""土链""土被""三维连续体"。可以认为土壤科学从开始创建,就涉及地学、生物学、生态学、化学、物理学等多学科领域,是一门多学科互相渗透、交叉的综合性很强的学科。

土壤学与地质学、水文学、生物学、气象学有着密切的关系。这是由土壤

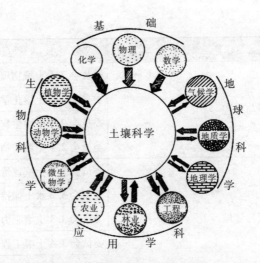

**图1-5  土壤科学的动态变化关系图**

在地理环境中的位置和功能所决定的。土壤作为地球表层系统的重要组成部分,它的形成、发育与地质、水文、生物和近地表大气息息相关。

土壤学与农学、农业生态学有着不可分割的关系。因为土壤是绿色植物生长的基地,农学中的栽培学、耕作学、肥料学、灌溉排水等,都以土壤学为基础的,土壤学是农业基础学科的一部分。

土壤学与环境科学联系密切。因为环境的核心是地球表层系统中的"圈层",而土壤是地球上多种生命的繁衍、生息的场所。从环境科学的角度看,土壤不仅是一种资源,还是人类生存环境的重要组成要素。土壤除具有肥力、能生产绿色植物外,还具有对环境污染物质的缓冲性、同化和净化性能等客观属性,土壤的这些性能在稳定和保护人类生存环境中起着极重要的作用。所以,土壤学与环境科学的交叉结合就形成了一门新的土壤分支学科——环境土壤学。

现代土壤科学,无论从自身的学科基础理论的创新,还是解决实际应用问题,其复杂性日益增加,应用范围在不断扩大。在基础土壤的研究方面,必须与地学、生物学、数学、化学、物理学等基础学科结合,来发展土壤物理、土壤化学、土壤地理、土壤微生物学基础分支学科。在应用土壤研究方面,现代土壤科学在持续农业生产、环境保护、区域治理、全球变化等方面正发挥越来越重要的作用,这就需要土壤学与农学、环境学、生态学、气象学、区域自然地理以及社会经济学等多科学之间的合作。

### 三、土壤科学相关产业

土壤科学及其相关分支的发展引发出来肥料企业、环保企业、农业机械企业和信息企业等几大产业体系,土壤科学的相关产业关系见图1-6。

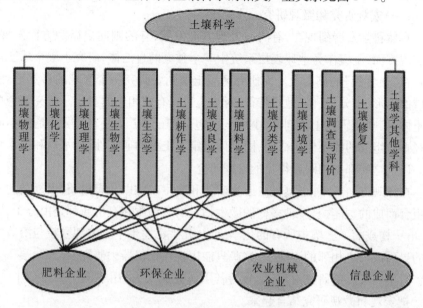

图1-6　土壤科学相关产业关系

**(一)肥料企业**

肥料企业是主要运用土壤肥料学、土壤化学、土壤物理、土壤生物学、土壤改良学等土壤科学技术,主要应用于化肥、有机肥、土壤改良剂等的加工制作。

**(二)环保企业**

环保企业是主要采用土壤修复、土壤生态、土壤改良等土壤科学技术,主要应用于土地复垦、土壤水环境治理等。

**(三)农业机械企业**

农业机械企业是主要采用土壤耕作学、土壤物理学等土壤科学技术,主要应用于播种机、收割机等农业机械的生产。

**(四)信息企业**

信息企业是主要采用土壤地理学、土壤分类学、土壤调查与评价、土壤制图等土壤科学技术,主要应用于地理信息系统软件的编制。

## 四、土壤学的研究方法

基于土壤学的本身学科性质及研究领域的拓展,土壤学研究方法具有以下特点:

### (一)宏观研究和微观研究

自然科学发展到现在,有的向宏观方面发展,有的则向更微观方面发展。在宏观方面,土壤作为地球表层系统中一个独立的自然体,研究土壤全球变化则站在"土壤圈"的高度上。而研究区域土壤则要研究一个区域的自然地理,区域的地形、水分、气候、地质特征,对成土过程有着相应的影响。研究某个单一土体时,则要研究土壤剖面,土壤剖面包括若干土层,每个土层又是由不同粒径颗粒组成的团聚体构成的,团聚体决定了土壤的通气性、持水性和排水状况。以上这些都是肉眼看得见的宏观研究。

在微观方面,一种土壤是由原生矿物和次生矿物以及有机质,以复杂的方式组合而成的,并含有多种多样的微生物。而矿物质和有机质都是由分子、原子、电子构成的。土壤中所有的化学反应,几乎都发生于土壤细颗粒与溶液之间的界面或与之相邻的溶液中,这些只能用现代化仪器去研究。

对不同尺度的研究对象,划分为若干研究层次,采用不同的技术(图1-7)。把宏观和微观研究结合起来。

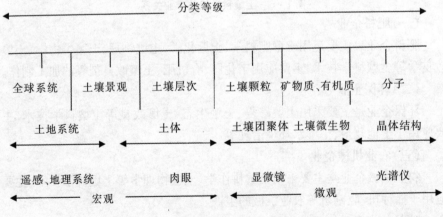

**图1-7 不同尺度宏观和微观研究方法**

### (二)综合、交叉研究

土壤科学在研究方法上还必须综合交叉。因为人类社会对土壤的需求增加,土壤学面临的矛盾是一些直接关系到社会发展的重大问题,农业可持续发展、粮食安全问题、环境保护、区域治理和全球变化等,都直接与土壤学有密切的联系。例如,研究农业的可持续性问题,首先必须考虑土壤肥力的永续性问题,因而就需要土壤学(包括土壤物理、化学、生物、矿物、分类、制图等)与农业科学、环境科学、生态学、社会经济学进行综合交叉、相互渗透。多学科的合作是今后土壤学研究方法上更新思路的一个趋势。

**(三)野外调查与实验室研究结合**

自然土壤具有时空变化特点,是一个时间上处于动态,空间上具有异向性的三维连续体。因而土壤学有实验科学和野外科学的双重特点。野外调查有传统的调查制图;还有应用遥感技术,即用航片、卫片进行土壤解释判读,转绘出土壤分布图;定位、半定位田间试验观察等。实验室研究有室内的理化定量化分析,实验室模拟研究等,以及如何把野外、实验室和模型研究结果应用到自然土壤中去,这是富有极重要意义的。

**(四)新技术的应用**

从土壤学各分支学科应用的研究技术看,土壤学的研究手段也有较大的更新。遥感技术、数字化技术、地理信息系统(GIS)技术已较成功地被应用于建立土壤信息技术、土壤数据库等。一些现代生物技术和方法已被土壤相关分支学科所采用或正在开发。而一些理化分析的新仪器、新设备如各种光谱仪、电子显微镜等现代仪器,已普遍地在土壤实验室中应用。

# 第二章 土壤组成与理化性质概述

土壤环境体系是由生物—土壤—水—环境复合界面上不断进行的物质循环和能量流动,具备生态系统的主体特征。因此,可将土壤生态系统定义为土壤生物与其所在的土壤环境相互作用而形成的物质循环与能量流动的统一整体。由土壤介质供给微生物所需的食物与能量,这些物质与能量主要源于植物的光合作用与新陈代谢。因为植物根系吸取了土壤的矿物质营养与水分,通过同化作用转化为自身的组成成分,其死后的残体亦可为土壤动物与微生物所粉碎、分解与消耗,将有机物储存的物质与能量部分地转化为有效养分与热能释放出来,一部分有机物则转化为腐殖质储存在土壤中,从而使土壤变得更肥沃。肥沃的土壤又为植物和微生物创造更好的生长与发育环境。如此循环发展,土壤与植物之间相互作用、相互促进、相互制约的紧密关系不断改善了土壤生态系统的功能,同时也改善了植物的生长条件,从而促进植物固定与利用更多的太阳辐射能,提高生态系统的初级生产力,微生物活性的提高则会加速生态系统分解作用。植物生物量增加,就为整个生物界的生存繁育提供了物质和能量基础。所以,土壤生态系统就是整个生态系统中最基础、最关键的环节,对生物的生存起着决定性的作用。

# 第一节　土壤组成概述及其环境生态意义

土壤生态系统包括土壤生物、土壤矿物质、土壤有机质、土壤水溶液及土壤气体5个部分,其中土壤矿物质与有机质构成土壤的固相部分,与土壤水相及气相等粒间物质共同构成土壤的非均质各向异性的三相结构(图2-1)。在土壤生态系统中,土壤生物为土壤生态系统的核心,其他4部分则构成土壤生物所处的动态环境,同时土壤植物根系与微生物、植物根系与动物、土壤微生物之间又相互影响、互为环境,以上各部分共同作用,进行不间断地物质与能量的迁移与转化,构成动态的土壤生态系统,形成了土壤环境中各种生物化学过程及环境污染物在土壤环境体系中的迁移和转化。

土壤生态系统 {
固相物质 {
矿物质:占固相质量的95%左右,总体积的38%左右
有机质:占固相质量的5%左右,总体积的12%左右
}
粒间物质 {
气相:组成与大气有差异,取决于生物活性及气体交换的难易程度
液相:粒间水分及溶解于其中的多种溶解性物质
}
生物体 {
包括各类昆虫、线虫、节肢动物、植物根系、土壤微生物。
一般1g肥沃土壤中生物体数量可达数10亿
}
}

**图2-1　土壤生态系统的构成**

## 一、土壤矿物质

土壤矿物质是土壤固相部分的主体,一般占到土壤固相总质量的95%左右,构成土壤的"骨骼",其中粒径小于$2\mu m$的矿物质胶体作为土壤体系中最活跃的部分,对土壤环境中元素的迁移、转化和生物、化学过程起着重要的作用,影响土壤的物理、化学与生物学性质和过程。因此,研究土壤矿物质的组成及其分布对于鉴定土壤质地、分析土壤性质、考察土壤环境中物质的迁移转化有着重要的意义和作用,而且和土壤的污染与自净能力也密切相关。

### (一)元素组成

土壤的化学组成很复杂,几乎包括地壳中的所有元素(表2-1)。其中O、Si、Al、Fe、Ca、Mg、K、C、Ti 10种元素占土壤矿物质总量的99%以上,这些元素中以O、Si、Al、Fe四种元素含量最多,四者共占地壳中所有元素的88.7%以上[根据克拉克第(1924)、菲尔斯曼(1939)和泰勒(1964)的估计,地壳的化学元素组成与表2-1稍有不同,但总的趋势是一致的],但植物必需营养元素含量低且分布很不平衡。

表 2 - 1　地壳和土壤的平均化学组成(成量分数)(单位:%)

| 元素 | 地壳 | 土壤 | 元素 | 地壳 | 土壤 |
|------|------|------|------|------|------|
| O | 47.0 | 49.0 | Mn | 0.10 | 0.085 |
| Si | 29.0 | 33.0 | P | 0.093 | 0.08 |
| Al | 8.05 | 7.13 | S | 0.09 | 0.085 |
| Fe | 4.65 | 3.80 | C | 0.023 | 2.0 |
| Ca | 2.96 | 1.37 | Cu | 0.01 | 0.1 |
| Na | 2.50 | 1.67 | Zn | 0.005 | 0.005 |
| K | 2.50 | 1.36 | B | 0.003 | 0.001 |
| Mg | 1.37 | 0.60 | Mo | 0.003 | 0.000 3 |

注:本表来源于维诺格拉多夫,1950,1962。

**(二)矿物质组成**

土壤矿物质按岩石风化程度及来源可分为原生矿物质和次生矿物质。其中原生矿物质是由岩石直接风化而来,未改变晶格结构和化学性质的部分;而原生矿物质进一步风化、分解,则形成化学构成和性质均发生变化的次生矿物质。原生矿物质和次生矿物质相互搭配,构成了土壤样品中不同粒径及组成的组分,共同决定了土壤的粒级、结构及基本性质。

1. 原生矿物质

在风化过程中没有改变化学组成而遗留在土壤中的一类矿物成为原生矿物质。原生矿物质以硅酸盐和铝酸盐为主,如石英、长石、云母、辉石、角闪石等,主要为土壤的沙粒和粉沙粒等粒径较大的组分,对土壤环境中污染物的吸附等迁移过程影响较小,其含量高低对土壤质地及因此决定的土壤修复技术的效果和适用性可能有不同程度的影响。

2. 次生矿物质

原生矿物质经物理、化学风化作用,组成和化学性质发生变化,形成的新矿物质称次生矿物质。次生矿物质以黏土矿物质为主,同时也包括结晶层状硅层状硅酸盐矿物质,此外还有 Si、Al、Fe 氧化物及其水合物,如方解石、高岭石等。其中,层状硅酸盐和含水氧化物类是构成土壤黏粒的主要成分。因此,土壤学上将此两类矿物质称为次生黏粒矿物质(对土壤而言简称黏粒矿物质,对矿物质而言简称黏土矿物质),它是土壤矿物中最活跃的组分,其具有的荷电性和高吸附性使其成为土壤环境中污染物质的集中分布成分,亦可作为物理分离等修复技术按土壤组分分而治理的依据。

3. 主要成土矿物质及其性质

（1）石英　一般为白色透明，含有杂质时呈其他颜色。石英是最主要的造岩矿物，分布最广，为酸性岩浆的主要成分，在沉积岩石中常呈不透明或半透明晶粒，烟灰色，油脂光泽。石英的伴生矿物是云母、长石。石英硬度大，化学性质稳定，不易风化，岩石风化后，石英形成沙粒，含沙粒多的土壤含盐极少，形成的母质养分一般贫乏，酸性也较强。

（2）正长石　晶体短柱状，肉红色、浅黄色、浅黄红色等，玻璃光泽，完全解离，硬度6.0。正长石在岩石中呈晶粒，长方形的小板状，板面具有玻璃光泽。伴生矿物质为石英、云母等。正长石易风化，风化后形成黏土矿物质高岭石等，可为土壤提供大量钾养分。正长石类矿物一般含氧化钾16.9%。

（3）斜长石　常呈板状晶体，白色或灰白色，玻璃光泽，完全解离，硬度6.0~6.5。伴生矿物质主要是辉石和角闪石。斜长石比正长石容易风化，风化产物主要是黏土矿物质，能为土壤提供K、Na、Ca等矿物质养分。

（4）云母　云母根据化学成分不同分为白云母和黑云母。

白云母，常见片状、鳞片状。白云母无色透明或浅色（浅黄、浅绿）透明。极完全解离，薄片具有弹性，珍珠光泽，硬度2.0~3.0。白云母较难风化，风化产物为细小的鳞片状，强烈风化后能形成高岭石等黏土矿物质，对土壤中农药等污染物有较强的吸附性。

黑云母为深褐色或黑色，其他性质同白云母。黑云母主要分布在花岗岩、片麻岩中，伴生矿物质是石英、正长石等。黑云母较白云母易于风化，风化物为碎片状，因此黑云母很少能看见。

（5）角闪石　角闪石呈细长柱状，深绿色至黑色，玻璃光泽，完全解离，硬度5.0~6.0。角闪石主要分布在岩浆和变质岩中的片麻岩和片岩中。在岩石中呈针状或纤维状。伴生矿物质为正长石、斜长石和辉石，角闪石易风化，风化产物为黏土矿物质。

（6）辉石　呈短柱状、致密块状，棕至暗黑色，条痕灰色，中等解离，硬度5.5。辉石多呈晶粒状，伴生矿物为角闪石、斜长石、辉石等，较角闪石难风化，风化物为黏土矿物质，富含Fe。

（7）橄榄石　橄榄石呈粒状集合体出现，橄榄绿色，玻璃光泽或油脂光泽。橄榄石为超基性岩的主要组成矿物质，伴生矿物质为斜长石、辉石，不与石英共生，易风化，风化产物有蛇纹石、滑石等。蛇纹石呈绿色，玻璃光泽或油脂光泽,断口上有时呈蜡状光泽,相对密度2.5,硬度2.0~4.0。

(8)方解石 方解石为次生矿物质,呈菱面体,半透明,乳白色,含杂质时呈灰色、黄色、红色等,完全解离,玻璃光泽,与稀盐酸反应生成 $CO_2$ 气泡。方解石分布很广,是大理岩、石灰岩的主要矿物,常为砂岩、砾岩的胶结物,也可在基性喷出岩气孔中出现。方解石的风化主要是受含 $CO_2$ 的水的溶解作用,形成重碳酸盐随水流失,石灰岩地区的溶洞就是这样形成的。

(9)绿泥石 绿泥石种类多,成分变化大,结晶体呈片状、板状,一般呈鳞片状存在。暗绿色至绿黑色。完全解理,玻璃光泽至珍珠光泽。绿泥石由黑云母、角闪石、辉石变质而成。存在于变质岩中,如绿泥片岩。绿泥石较难风化,风化物为细粒。

(10)白云石 白云石呈弯曲的马鞍状、粒状、致密块状等,灰白色,有时带微黄色,玻璃光泽,性质与方解石相似,但较稳定,与冷盐酸反应微弱,只能与热盐酸反应,粉末遇稀盐酸起反应,这是与方解石的主要区别。白云石是组成白云岩的主要矿物质,也存在于石灰岩中。白云石风化物是土壤 Ca、Mg 养分的主要来源。

(11)磷灰石 磷灰石呈致密块状、土状等,灰白、黄绿、黄褐等色,不完全解离,硬度5.0。在矿物质上加钼酸铵,再加一滴硝酸即有黄色沉淀生成,这是鉴别磷灰石的主要方法。磷灰石以次要矿物质存在于岩浆岩和变质岩中。磷灰石较难风化,风化产物是土壤磷养分的重要来源。

(12)石膏 石膏呈板状、块状,无色或白色,玻璃光泽,硬度2.0,是干旱炎热气候条件下的盐湖沉积。常作为土壤改良剂。

总之,矿物质作为构成土壤的基本物质,又是植物矿物营养的源泉,是全面影响土壤肥力高低的一个重要因素。土壤中的矿物质来自岩石的风化物,而岩石又是由矿物质组成的。不同的矿物质构成不同的岩石。不同的岩石经过风化作用,形成土壤的矿物质,所以矿物质能影响土壤的理化性质和土壤养分状况,同时,土壤矿物质对体系中污染物的分布与迁移转化有重要的影响。

**(三)土壤矿物质的环境生态意义**

1. 提供植物、微生物等土壤生物体生命活动所需的营养元素

土壤矿物质按其含量的高低分为常量元素与微量元素,其含量和性质会决定土壤中生物体生命活动的强弱。

2. 造成土壤元素背景值差别

矿物质含量高低是决定土壤元素背景值的内在因素,其决定的不同地区

土壤环境中元素的丰缺可能会造成天然的水土病,属于环境健康领域的重要研究内容。另外,土壤原有矿物质含量与人为或自然源对土壤环境的输入相结合,共同影响土壤环境中各元素的含量高低,对土壤生态环境质量共同造成影响。

### 3. 影响土壤修复技术的选择

土壤中 Fe、Mn 等作为固有的矿物质组分,不作为土壤污染物进行调控,同时还可影响土壤修复技术的选择,如选择化学氧化技术则高锰酸钾($MnO_2$)作氧化剂时其被还原产生的 $MnO_2$ 不会成为土壤的二次污染物,同样含铁化合物可作为芬顿氧化体系的添加剂而不对土壤产生二次污染。

## 二、土壤有机质

土壤有机质是土壤发育过程的重要标志,对土壤性质影响重大,是土壤固相的重要组成成分之一。广义上,土壤有机质是指各种形态存在于土壤中的所有含碳的有机物质,包括土壤中的各种动、植物残体,微生物及其分解和合成的各种有机物质。狭义上,土壤有机质一般是指有机残体经微生物作用形成的一类特殊、复杂、性质比较稳定的高分子有机化合物(腐殖酸)。

土壤有机质是土壤固相的组成成分,一般占到土壤总重的 5% 左右。尽管有机质含量只占固相总量的很小一部分,但它对土壤的形成与发育、土壤肥力、环境保护及农林业可持续发展等方面都有着极其重要的意义。一方面,它含有植物生长需要的各种元素,也是土壤微生物活动的能量来源,对土壤物理、化学和生物学性质都有着深远的影响;另一方面,土壤有机质对重金属、农药等各种有机、无机污染物的行为都有显著的影响。另外,土壤有机质对全球碳平衡起着重要的作用,被认为是影响全球温室效应的重要因素。

### (一)土壤有机质的来源

#### 1. 微生物

微生物是最早出现在母质中的有机质,虽然这部分来源相对较少,但微生物是最早的土壤有机质来源,也是土壤发育过程中的重要作用因素。

#### 2. 植物

地面植被残落物和根系是土壤有机质的主要来源,如树木、灌丛、草类及其残落物,每年都向土壤提供大量有机残体,对森林土壤尤为重要。森林土壤对农业土壤而言具有大量的凋落物和庞大的树林根系等特点。我国林业土壤每年归还土壤的凋落物干物质量按气候植被带划分,从高到低依次为热带雨林、亚热带常绿阔叶林和落叶阔叶林、暖温带落叶阔叶林、温带针阔混交林、寒温带针叶林。热带雨林凋落物干物质量可达 16 700kg/($km^2$·a)，而荒漠植物群落物干物质量仅为 530kg/($km^2$·a)。

3. 动物

蚯蚓、蚂蚁、鼠类、昆虫等的残体和分泌物，亦是土壤有机质的来源之一，这部分来源虽然很少，但对土壤有机质的转化也是非常重要的。

4. 施入土壤的有机类物质

人为施入土壤中的各种有机肥料(厩肥、堆沤肥、腐殖酸肥料、污泥以及土杂肥等)，工农业和生活废渣等土壤添加物或改良剂，还有各种微生物制品等，对土壤尤其是现代农业土壤中有机质的改变有重要的影响。

5. 进入土壤的有机污染物

通过人与自然途径进入土壤环境的有机污染物如石油烃类、氯代烃、POP$_s$ 等也是土壤有机质来源的特殊种类。尤其对于污染严重的土壤样品，有机污染物可能是土壤有机质的主要来源。如有研究表明，我国油田开发造成的落地原油可使个别地区土壤中石油烃含量达到 10%，由此带来土壤有机质含量达到 15% 以上。

**(二)土壤有机质的组成**

1. 物质组成

土壤有机质主要包括以下几个部分：

(1)未分解的动植物残体　它们仍保留着原有的形态等特征。

(2)分解的有机质　经微生物的分解，已使进入土壤中的动、植物残体失去了原有的形态等征。有机质已部分或全部分解，并且相互缠结，呈褐色。它包括有机质分解产物和新合成的简单有机化合物。

(3)腐殖质　特殊性有机质，指有机质经微生物分解后再合成的一种褐色或暗褐色的大分子胶体物质，与土壤矿物质土粒紧密结合，是土壤有机质存在的主要形态类型，占土壤有机质总量的 85% ~90%。

2. 化学组成

各种动、植物残体的化学成分和含量因动植物种类、器官、年龄等不同而有很大的差异。一般情况下，动植物残体主要的有机化合物有碳水化合物、木质素、蛋白质、树脂、蜡质等。

(1)碳水化合物　碳水化合物是土壤有机质中最重要的有机化合物，碳水化合物的含量大，占有机质总量的 15% ~27%，包括糖类、纤维素、半纤维素、果胶质、甲壳质等。

糖类有葡萄糖、半乳糖、六碳糖、木糖、阿拉伯糖、氨基半乳糖等。虽然各土类间植被、气候条件等差异悬殊,但上述各糖的相对含量都很相近,在土壤剖面分布上,无论绝对含量或相对含量均随深度而降低。

纤维素和半纤维素为植物细胞壁的主要成分,木本植物残体含量较高,两者均不溶于水,也不易化学分解和微生物分解,是土壤有机质中性质较稳定的部分。

(2)木质素　木质素是木质部的主要组成部分,是一种芳香性的聚合物,较纤维素含有更多的碳。木质素在林木中的含量约占30%,木质素的化学构造尚未完全清楚,关于木质素中是否含氮的问题目前尚未阐明。木质素作为土壤有机质中最稳定的组分,难被细菌分解,但在土壤中可不断被真菌、放线菌所分解。[14]C研究所指出,有机物质的分解顺序为:葡萄糖 > 半纤维素 > 纤维素 > 木质素。

(3)含氮化合物　动植物残体中主要含氮物质是蛋白质,它是构成原生质和细胞核的主要成分,在各植物器官中的含量变化很大,见表2-2。

表2-2　不同植物、器官中蛋白质含量

| 植物与器官种类 | 蛋白质含量(%) |
| --- | --- |
| 针叶、阔叶 | 3.5~9.2 |
| 苔藓 | 4.5~8.0 |
| 禾本科植物茎秆 | 3.5~4.7 |

蛋白质由各种氨基酸构成,其蛋白质的平均氮含量为10%,其主要组成元素除此之外为C、H、O,某些蛋白质还含有S(0.3%~2.4%)或P(0.8%)。

一般含氮化合物易为微生物分解,生物体中常有一少部分比较简单的可溶性氨基酸可为微生物直接吸收,但大部分的含氮化合物需要经过微生物分解后才能被利用。

(4)脂溶性物质　树脂、蜡质、脂肪等有机化合物均不溶于水。而溶于醇、醚及苯中,都是复杂的化合物。

脂溶性物质有很多种,主要都是多元酚的衍生物,易溶于水,易氧化,与蛋白质结合形成不溶性的,不易腐烂的稳定化合物。木本植物木材及树皮中富含脂溶性物质,而草本植物及低等生物中则含量很少。

**(三)土壤有机质的含量**

土壤学中把耕层土壤有机质含量在20%以上土壤称有机质土壤,20%以下土壤则为矿物质土壤。

土壤有机质含量与气候、植被、地形、土壤类型、农耕措施密切相关,如表2-3和表2-4所列,草甸土可高达20%或30%以上,但漠境土和沙质土壤不足0.5%。目前,我国土壤有机质含量普遍偏低,耕层有机质大多数在5%以下,东北土壤有机质较多,华北、西北大多在1%左右,个别在1.5%~3.5%,旱地土壤有机质也较少。

表2-3　中国某些自然土壤有机质含量

| 土类 | 有机质含量（%） | 统计的标本数 | 土类 | 有机质含量（%） | 统计的标本数 |
|---|---|---|---|---|---|
| 棕色森林土 | 2.64~19.3 | 74 | 砖红壤、赤红壤 | 2.32~2.98 | 24 |
| 褐土 | 1.03~10.69 | 22 | 高山草甸土、亚高山草甸土 | 4.81~21.96 | 26 |
| 黄壤 | 2.71~20.5 | 32 | 高山草原土、亚高山草原土 | 1.38~6.66 | 10 |
| 红壤 | 0.52~1.95 | 47 | 黄棕壤、黄褐土 | 2.07~7.05 | 32 |
| 黑土、黑钙土 | 2.14~16.4 | 29 | | | |

表2-4　不同地区旱地和水田耕层土壤有机质含量

| 地区 | 有机质含量（%） | | 地区 | 有机质含量（%） | |
|---|---|---|---|---|---|
| | 旱地 | 水田 | | 旱地 | 水田 |
| 东北平原 | 4.45 | 4.96 | 南方红壤丘陵 | 1.65 | 2.52 |
| 黄淮海平原 | 0.99 | 1.27 | 珠江三角洲平原 | 2.01 | 2.73 |
| 长江中下游平原 | 1.74 | 2.74 | | | |

**（四）土壤腐殖质**

除未分解的动、植物组织和土壤生命体等以外的土壤中有机化合物的总称。土壤腐殖质不是一种纯化合物,而是代表一类有着特殊化学和生物特性、构造复杂的高分子化合物。由此可知,腐殖质是土壤中有机质存在的一种特殊形式,是土壤有机质存在的主要形态。土壤腐殖质作为与土壤矿物质主体结合紧密的部分,其提取和分析难度较大,很难对其化学组分进行分析。因此,通常按其提取的难易进行人为操作定义上的划分,将土壤腐殖质分为胡敏酸、富啡酸和胡敏素3种组分。其相对分子质量常在几至几百万之间变动,一般情况下,土壤腐殖质中富啡酸平均相对分子质量最小,胡敏素平均相对分子质量最大,而胡敏酸则处于二者之间。

腐殖质作为土壤有机胶体的主体,对土壤的吸附性、稳定性等具有重要的影响。腐殖质吸水能力很强,对于保持土壤水分含量有一定作用;由于腐殖质中含有羧基、酚羟基、醚基、酮基等多种酸性、中性及碱性官能团,使其表现出多种性质,如离子交换、对金属离子的配位作用、氧化—还原性及生理活性等。可见,腐殖质不仅是土壤养分的主要来源,而且对土壤的物理、化学和生物学性质都有重要影响,是重要的土壤肥力指标。

**(五)土壤有机质的转化**

土壤有机质在水分、空气和土壤生物的共同作用下,发生极其复杂的转化过程,这些过程综合起来可归结为两个对立的过程,即土壤有机质的矿物质化过程和腐殖化过程。

1. 矿物质化过程

土壤有机质在生物作用下,分解为简单的无机化合物 $CO_2$、$H_2O$、$NH_5$ 和矿物质养分($P$、$S$、$K$、$Ca$、$Mg$ 等简单化合物或离子),同时释放出能量的过程。

土壤有机质的矿化过程分为化学的转化过程、动物的转化过程和微生物的转化过程。有机化合物进入土壤后,一方面在微生物酶的作用下发生氧化反应,彻底分解而最终释放出 $CO_2$、水和能量,所含 $N$、$P$、$S$ 等营养元素在一系列特定反应后,释放成为植物可利用的矿物质养料,同时释放出能量。这一过程为植物和土壤微生物提供了养分和活动能量,并直接或间接地影响着土壤性质,同时也为合成腐殖质提供了物质基础。

(1)化学的转化过程  降水可将土壤有机质中可溶性的物质淋出。这些物质包括简单的糖、有机酸及其盐类、氨基酸、蛋白质无机盐等。占 5% ~ 10% 水溶性物质淋溶的程度决定于气候条件(主要是降水量)。淋溶出的物质可促进微生物生长增殖,从而促进其残余有机物的分解。此过程对森林土壤尤为重要,因森林常有下渗水流可将地表有机质(枯落物)中可溶性物质带进地下供林木根系吸收。

(2)动物的转化过程  从原生动物到脊椎动物,大多数以植物及植物残体为食。在森林土壤中,生活着大量的各类动物,如温带针阔混交林下每公顷蚯蚓可达 258 万条,可见动物对有机质的转化起着极为重要的作用。

1)机械转化  动物将植物或残体碎解,或将植物残体进行机械地搬迁及与土粒混合,可促进有机物被微生物分解。

2)化学转化  经过动物吞食的有机物(植物残体)中未被动物吸收的部分,经过肠道,以排泄物或粪便的形式排到体外,此类分解或半分解过程促进了有机质的转化。

(3)微生物的转化过程  土壤有机质的微生物的转化过程是土壤有机质转化的最重要、最积极的进程。

1)微生物对不含氮有机物的转化  不含氮的有机物主要指碳水化合物，主要包括糖类、纤维素、半纤维素、脂肪、木质素等。其中，单糖简单易分解，而多糖类则较难分解；淀粉、半纤维素、纤维素、脂肪等分解缓慢，木质素最难分解，但在表性细菌的作用下可缓慢分解。

葡萄糖在好气条件下，在酵母菌和醋酸细菌等微生物作用下，生成简单的有机酸（醋酸、草酸等）、醇类、酮类。这些中间产物在空气流通的土壤环境中继续氧化，最后完全分解成二氧化碳和水，同时放出热量。

2)微生物对含氮有机物的转化  土壤中含氮有机物可分为两种类型：一是蛋白质型，如各种类型的蛋白质；二是非蛋白质型，如几丁质、尿素和叶绿素等。土壤中含氮有机物在土壤微生物的作用下，最终分解为无机态氮（$NH_4^+ - N$和$NO_3^- - N$）。

3)微生物对含磷有机物的转化  土壤有机态的磷经微生物作用，分解为无机态可溶性物质后，才能被植物吸收利用。

土壤表层有 26%~50% 的磷是以有机磷状态存在的，主要有核蛋白、核酸、磷脂、核素等，这些物质在多种腐生性微生物作用下，分解的最终产物为正磷酸及其盐类，可供植物吸收利用。在嫌气条件下，很多嫌气性土壤微生物能引起磷酸还原作用，产生亚磷酸，并进一步还原成磷化氢。

4)微生物对含硫有机物的转化  土壤中含硫的有机化合物如含硫蛋白质、胱氨酸等，经微生物的腐解作用产生硫化氢。硫化氢在通气良好的条件下，在硫细菌的作用下氧化成硫酸，并和土壤中的盐基离子生成硫酸盐，不仅消除硫化氢的毒害作用，而且能成为植物易吸收的硫养分。

在土壤通气不良条件下，已经形成的硫酸盐也可以还原成硫化氢，即发生反硫化作用，造成硫素散失，当硫化氢积累到了一定程度时，对植物根素有毒害作用，应尽量避免。

另外，土壤酶在有机质转化过程中亦具有重要的作用。土壤中的酶的来源有 3 个方面：一是植物根系分泌酶，二是微生物分泌酶，三是土壤动物区系分泌释放酶。土壤中已发现的酶有 50~60 种。研究较多的有氧化还原酶、转化酶和水解酶等，酶是有机体代谢的动力，因此可以想象酶在土壤有机质转化过程中所起的巨大作用。

综上所述,进入土壤的有机质是由不同种类的有机化合物组成,即有一定生物构造的有机整体。其在土壤中的分解和转化过程不同于单一有机化合物,表现为整体性的动力学特点。植物残体中各类有机化合物的大致含量范围是:可溶性有机化合物(糖分、氨基酸)5% ~ 10%,纤维素 15% ~ 60%,半纤维素 10% ~ 30%,蛋白质 2% ~ 15%,木质素 5% ~ 30%。它们的含量差异对植物残体的分解和转化有很大影响。

2. 腐殖化过程

土壤腐殖质的形成过程称为腐殖化作用。腐殖化作用是一系列极其复杂过程的总称,其中主要是由微生物为主导的生化过程,但也可能有一些纯化学的反应。整个作用现在还很不清楚,近年的研究虽提供了一些新的论据,但均非定论。目前,一般的看法是,腐殖化作用可分为两个阶段。

第一阶段,产生腐殖质分子的各个组成成分。如多元酚、氨基酸、多肽等有机物质。

第二阶段,由多元酚和含氮化合物缩合成腐殖质单体分子。此缩合过程,首先是多元酚在多酚氧化酶作用下氧化为醌;然后醌和含氮化合物(氨基酸)缩合,最后腐殖质单体分子继续缩合成高级腐殖分子。

土壤有机质转变为腐殖质的过程,可用腐殖化系数表示:

$$腐殖化系数 = \frac{植物残体某时间段后的残留量}{原进入土壤的量}$$

矿化与腐殖化作为土壤环境中有机物在微生物作用下相反的两个变化方向,二者共同决定了有机物在土壤中的变化方向与最终产物。在土壤有机污染物的微生物降解过程中,更需要关注腐殖化对有机物的作用,尤其是腐殖化带来的转化中间产物的络合及相互作用,对土壤环境的毒理学特性可能产生重要的影响,对有机污染土壤生物修复技术的评估具有重要的意义,是有机污染土壤体系中物质迁移转化过程的重要因素。

3. 影响土壤有机质转化的因素

(1)土壤特性 气候和植被在较大范围内影响土壤有机质的分解和积累,而土壤质地在局部范围内影响土壤有机质的含量。

(2)土壤 pH 土壤 pH 通过影响微生物的活性而影响有机质的降解。大多数细菌活动的最适 pH 在中性附近(pH = 6.5 ~ 7.5),放线菌的最适 pH 略偏碱,真菌则最适于酸性条件下(pH = 3 ~ 6)活动。pH 过低( < 5.5)或过高( > 8.5)对一般的微生物都不大适宜。

(3)土壤温度 0℃以下,有机质分解速率很小;0～35℃,提高温度可促进有机质的分解,温度每升高10℃,土壤有机质量分解速率提高2～3倍;一般土壤微生物最适宜的温度范围为25～35℃,超过这一范围,微生物的活动会受到明显的抑制,从而使微生物主导下的有机质分解速率降低。

(4)土壤水分和通气状况 土壤微生物的活动需要适宜的含水量,但过多水分导致进入土壤的氧气减少,从而改变土壤有机质的分解过程的产物。因此,适宜的土壤孔隙度及土壤质地是保证土壤具有综合较优的水分和通气状况的前提,从而有利于土壤中有机质的转化。

(5)植物残体的特性 新鲜多汁的有机质较干枯秸秆易于分解;有机质的细碎程度影响其与外界因素的接触面,密实有机质的分解速度比疏松有机质缓慢;有机质C/N比对其分解速率影响很大,土壤中的有机质经过微生物的反复作用后,在一定条件下,C/N或迟或早会稳定在一定的数值;S、P等作为微生物活动必需的营养元素,当缺乏时也会抑制土壤有机质的分解。

### (六)土壤有机质的作用及其环境生态意义

#### 1. 土壤有机质的作用

(1)植物营养的主要来源 有机质含有极为丰富的氮、磷、钾和微量元素,可为植物生长提供营养元素。有机质分解后产生的二氧化碳是供给植物光合作用的原料,是生态系统初级生产力的基础。

(2)刺激根系的生长 腐殖质物质可在很稀的浓度($1 \times 10^{-6} \sim 1 \times 10^{-3}$)下以分子态进入植物体,可刺激根系的发育,促进植物对营养物质的吸收。

(3)改善土壤的物理状况 促进土壤团粒结构的形成,是良好的土壤胶结剂。

(4)具有高度保水、保肥能力 腐殖质是一种土壤胶体,有巨大的比表面积,有巨大的吸收代换能力。黏土颗粒的吸水率为50%～60%,而腐殖质的吸水率为500%～600%,是目前土壤改良中常用的保水、保肥剂。

(5)具有络合作用 腐殖质能和磷、铁、铝离子形成络合物或螯合物,避免难溶性磷酸盐的沉淀,提高有效养分的数量。另外,腐殖质还可通过络合、螯合等作用对重金属进行固定,在土壤和底泥等介质的修复中近年得到了应用。

(6)促进微生物的活动 为微生物提供营养物质。

(7)提高土壤温度的作用 有机质为暗色物质,一般是棕色到黑褐色,吸热能力强,可改善土壤状况。

## 2. 土壤有机质的环境生态意义

基础土壤学中重点关注土壤有机质在土壤肥力保持及其影响等方面的作用,而环境土壤学则更看重土壤有机质的生态与环境效应。

（1）有机质对农药等有机污染物的固定作用 土壤有机质对农药等有机污染物有强烈的亲和力,对有机污染物在土壤中的生物活性、残留、生物降解、迁移和蒸发等过程有重要的影响;极性有机污染物可以通过离子交换、氢键、范德华力、配位体交换、阳离子桥等各种不同机制与土壤有机质结合;对于非极性有机污染物则可以通过分配机制与之结合;可溶性腐殖质能增加农药从土壤向地下水的迁移;腐殖物质还能作为还原剂改变农药的结构;一些有毒有机化合物与腐殖物质结合后,可使其毒性降低或消失。

（2）有机质对重金属的固定与吸附 土壤环境体系中,土壤有机胶体腐殖质会与金属元素形成腐殖物质－金属离子复合体,从而固定和吸附一定量的重金属离子,对土壤中重金属离子的毒性和生物有效性有重要的影响。同时,重金属离子的存在形态也受腐殖物质的配位反应和氧化还原反应的影响,从而影响土壤溶液体系中重金属离子的浓度,对其迁移和转化产生一定的影响。有机质除对土壤体系中重金属的作用外,腐殖酸对无机矿物也有一定的溶解作用,对土壤环境的营养水平、物质迁移等均有一定的影响。

（3）土壤有机质对全球碳平衡的影响 土壤有机质是全球碳平衡过程中非常重要的碳库,土壤有机质的总碳量在$(14 \sim 15) \times 10^{17} g$,为陆地生物总碳量的 2.5～3 倍;每年因土壤有机质分解释放到大气的总碳量为 $68 \times 10^{15} g$,而全球每年因焚烧燃料释放到大气的碳仅为 $6 \times 10^{15} g$,是土壤呼吸作用释放碳量的 8%～9%。从全球看,土壤有机碳水平的变化,对全球气候变化的影响不亚于人类活动向大气排放的影响。

### 三、土壤水溶液

土壤液相作为充填在固相物质孔隙中的重要部分,包括土壤水分和溶解在水相体系的无机离子、有机组分等,是土壤的重要组成部分之一,在土壤形成过程中起着极其重要的作用。因为形成土壤剖面的土层内各种物质的转移,主要是以溶液的形式进行的,也就是说,这些物质随同液态土壤水一起运动。同时,土壤水分在很大程度上参与了土壤内进行的许多物质的迁移转化过程,如矿物质风化、有机化合物的合成和分解等。不仅如此,土壤水是作物吸水的最主要来源,它也是自然界水循环的一个重要环节,处于不断地变化和运动中,势必影响到作物的生长和土壤中许多化学、物理和生物学过程。

**（一）土壤水的类型和性质**

土壤学中的土壤水是指在一个大气压下,在105℃条件下能从土壤中分离出来的水分。土壤中液态水数量最多,与植物的生长关系最为密切。液态水类型的划分是根据水分受力的不同来划分的,这是水分研究的形态学观点。在土壤学中,一般按照存在状态将土壤液态大致分为如下几种类型,见图2-2。

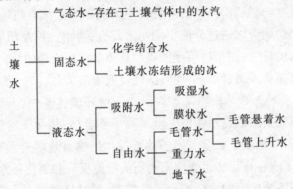

**图2-2　土壤水分构成**

**1. 吸湿水**

干土从空气中吸着水汽所保持的水称为吸湿水。把烘干土放在常温、常压的大气之中,土壤的重量逐渐增加,直到与当时空气湿度达到平衡为止,并且随着空气湿度的高低变化而相应的做增减变动。

土壤的吸湿性是由土粒表面的分子引力作用所引起的,一般来说,土壤中吸湿水的多少,取决于土壤颗粒表面积大小和空气相对湿度。由于这种作用力非常大,最大可达1万个大气压,所以植物不能利用此水,称之为紧束缚水。

**2. 膜状水**

土粒吸足了吸湿水后,还有剩余的吸引力,可吸引一部分液态水成水膜状附着在土粒表面,这种水分称为膜状水。

重力不能使膜状水移动,但其自身可从水膜较厚处向水膜较薄处移动,植物可以利用此水。但由于这种水的移动非常缓慢(0.2~0.4mm/d),不能及时供给植物生长需要,植物可利用的数量很少。当植物发生永久萎蔫时,往往还有相当多的膜状水。

**3. 毛管水**

毛管水属于土壤自由水的一种,其产生主要是土壤中毛管力吸持的结果。

根据土层中地下水与毛管水是否相连,可分为毛管悬着水和毛管上升水两类。

4. 重力水

降水或灌溉后,不受土粒和毛管力吸持,而在重力作用下向下移动的水,称为重力水。植物能完全吸收重力水,但由于重力水很快就流失(一般两天就会从土壤中移走),因此利用率很低。

5. 地下水

在土壤中或很深的母质层中,具有不透水层时,重力水就会在此层之上的土壤孔隙中聚积起来,形成水层,这就是地下水,即狭义地下水,指的是含水层中可以运动的饱和地下水,而广义的地下水则是包括所有地面以下,赋存于土壤和岩石空隙中的水。地下水往往具有水质好、分布广、便于开采等特征,是生活饮用水、工农业生产用水的重要水源。

在干旱条件下,土壤水分蒸发快,如地下水位过高,就会使水溶性盐类向上集中,使含盐量增加到有害程度,即所谓的盐渍化;在湿润地区,如地下水位过高,就会使土壤过湿,植物不能生长,有机残体不能分解,形成沼泽化。

**(二)土壤水分含量及其有效性**

1. 土壤水分含量

土壤水分含量,又称土壤含水量、土壤湿度,有时也称为土壤含水率,是表征土壤水分状况的重要指标。

(1)土壤质量含水量  土壤质量含水量即土壤中水分的质量与干土的比例,又称为重量含水量。土壤质量含水量相当于对于干燥无水的土壤颗粒中添加水分,其水分所占的干土的比例。其计算公式为:

$$土壤质量含水量(\%) = \frac{水分质量}{干土质量} \times 100 = \frac{湿土质量 - 干土质量}{干土质量} \times 100$$

式中,"干土"指的是在105℃条件下烘干的土壤,是计算土壤质量含水量的通用基准。值得注意的是,环境土壤学、污染土壤修复等相关领域关于水分含量、污染物含量、营养物含量等很多表示含量和浓度的公式及内容,经常用干土作为基准,以去除土壤水分含量对各指标的影响,以便于统一和比较。

(2)土壤容积含水量  土壤容积含水量为土壤总容积中水分所占的比例,又称容积湿度。它表示土壤中水分占据土壤孔隙的程度和比例,可度量土壤孔隙中水分与空气含量相对值。其计算公式为:

$$土壤容积含水量(\%) = \frac{水分容积}{总容积} \times 100 = \frac{水质量 \times 土壤密度(容重)}{水密度 \times 烘干土重} \times 100$$

## 2. 土壤水分的有效性

土壤水分的有效性是指土壤水能否被植物吸收利用及其难易程度。不能被植物吸收利用的水称为无效水,能被植物吸收利用的水称为有效水。

土壤学中水分的有效范围主要是土壤萎蔫系数至田间持水量间的水分,其中土壤萎蔫系数是指植物发生永久萎蔫时土壤中尚存留的水分含量,它用来表明植物可利用土壤水的下限,土壤含水量低于此值,植物将枯萎死亡。而田间持水量是指在地下水较深和排水良好的土壤上充分灌水或降水后,允许水分充分下渗,并防止其水分蒸发,经过一定时间,土壤剖面所能维持的较稳定的土壤水含量(土水势或土壤水吸力达到一定数值),是大多数植物可利用的土壤水上限。土壤萎蔫系数和田间持水量与土壤性质密切,一般情况下:黏土 > 壤土 > 沙土。因此,土壤最大有效水分含量即为田间持水量与土壤萎蔫系数的差值。

## 3. 影响土壤水分状况的因素

(1)气候　降水量和蒸发量是两个相互矛盾的重要因素,在一定条件下,难以人为控制。因此,气候可以从宏观上影响甚至决定土壤的水分。

(2)植被　植被的蒸腾消耗土壤的水分,而植被可以通过降低地表径流来增加土壤水分。

(3)地形和水文条件　地形和水文条件作为间接生态因子,通过保持水分的难易等影响土壤的水分含量。地形地势的高低,影响土壤的水分。在园林绿化生产中,要注意平整土地。对易遭水蚀的地方,要注意修成水平梯田。在植物修复过程中,也可参考进行大田实验,以保证土壤的水分。

(4)土壤的物理性质　土壤质地、土壤结构、土壤密实度、有机质含量都对土壤水分的入渗、流动、保持、排除以及蒸发等,产生重要的影响。在一定程度上,决定着土壤的水分状况。与气候因素相比,土壤物理性质是比较容易改变的而且是行之有效的。

(5)人为影响　主要是通过灌溉、排水等措施,调节土壤的水分含量。

(6)污染物含量及组成　通过各种人类活动等途径进入土壤环境体系的污染物特别是有机污染物由于其辛醇－水分配系数高,憎水性强,较易吸附于土壤颗粒或滞留在土壤孔隙中阻碍土壤颗粒上水分的吸附和土壤孔隙中水分的吸持与通透,从而降低土壤水分的含量。

### 四、土壤气体

#### (一)土壤气体的数量与组成

土壤气体作为土壤的重要组成之一,对土壤微生物活动、营养物质、土壤污染物质的转化以及植物的生长发育都有重要的作用。土壤气体来源于大气,但组成上与大气有差别,近地表差别小,深土层差别大。土壤气体与大气组成的关系参见表 2-5。由于土壤生物(根系、土壤动物、土壤微生物)的呼吸作用和有机质的分解等原因,土壤气体的 $CO_2$ 含量一般高于大气,为大气含量的 5~20 倍;同时,由于生物消耗,土壤气体中的 $O_2$ 含量则明显低于大气。土壤通气不良时,或当土壤气体中的新鲜有机质状况以及温度和水分状况有利于微生物活动时,都会进一步提高土壤气体中 $CO_2$ 的含量和降低 $O_2$ 的含量。同时,当土壤通气不良时,微生物对有机质进行厌氧性分解,产生大量的还原性气体,如 $CH_4$、$H_2S$ 等,而大气中一般还原性气体极少。此外,在土壤气体的组成中,经常含有与大气污染相同的污染物质。土壤气体和组成不是固定不变的,土壤气体与土壤水分同时存在于土体孔隙内,在一定容积的土壤中,在孔隙度不变的情况下,两者所占的容积比数量、土壤气体随土壤水分而变化,而且呈相应的消长关系。

表 2-5　土壤气体与大气组成的关系

| 种类 | $O_2$(%) | $CO_2$(%) | $N_2$(%) | 其他气体(%) |
| --- | --- | --- | --- | --- |
| 近地大气组成 | 20.94 | 0.03 | 78.05 | 0.98 |
| 土壤气体组成 | 18.00~20.03 | 0.15~0.65 | 78.80~80.24 | 0.98 |

#### (二)土壤气体的运动

土壤气体的运动又称为土壤气体更新,指的是土壤气体与近地层大气的交换过程。

##### 1. 土壤气体的对流

土壤气体的对流是指土壤与大气间由总压力梯度推动的气体的整体流动,也称为质流。土壤与大气间的对流总是由高压区向低压区流动。

土壤气体对流可以下式描述:

$$q_v = -\left(\frac{k}{\eta}\right)\nabla p$$

式中:$q_v$——空气的容积对流量(单位时间通过单位横截面积的空气容积);

$k$——通气孔隙透气率；

$\eta$——土壤气体的黏度；

$\nabla p$——土壤气体压力的三维梯度。

负号表示方向。

2. 土壤气体的扩散

扩散是促使土壤与大气间气体交换的最重要物理过程。在此过程中，各个气体成分按照它们各自的气压梯度而流动。由于土壤中的生物活动总是使 $O_2$ 和 $CO_2$ 的分压与大气保持差别，所以对 $O_2$ 和 $CO_2$ 这两种气体来说，扩散过程总是持续不断进行的。因此，土壤学中把这种土壤从大气中吸收 $O_2$，同时排出 $CO_2$ 的气体扩散作用，称为土壤呼吸。

土壤气体扩散的速率与土壤性质的关系可用 Penman 公式表示：

$$\frac{dp}{dt} = \frac{D}{\beta} AS \frac{p_1 - p_2}{L_e}$$

式中：$dp/dt$——扩散速率（p 为气体扩散量，t 为时间）；

$D_0$——气体在大气中的扩散系数；

$A$——气体通过的截面积；

$S$——土壤孔隙度；

$L_e$——空气通过的实际距离；

$p_1 \setminus p_2$——分别为在距离 $L_e$ 两端的气体分压；

$\beta$——比例常数。

上式说明土壤气体的扩散速率与扩散截面积中的空隙部分的面积（AS）以及分压梯度成正比，与空气通过的实际距离成反比。因此，土壤大孔隙的数量、连续性和充分程度是影响气体交换的重要条件。土壤大孔隙多，互相连通而又未被充水，就有利于气体的交换。但如果土壤被水所饱和或接近饱和，这种气体交换就难以进行。

### （三）土壤通气性的生态和环境意义

1. 对植物的直接影响

土壤气体为植物的呼吸作用提供必需的氧气。在通气良好的条件下，土壤中的根系长、颜色浅、根毛多，根的生理活动旺盛。缺氧时，根系短而粗、色暗、根毛大量减少，生理代理受阻。当土壤气体中氧的浓度低于 10% 时，根系发育就受到影响。低于 5% 时，大部分的植物根系就会停止发育。

2. 对土壤微生物生命活动和养分转化的影响

通气良好时，好气微生物活动旺盛，有机质分解迅速、彻底，植物可吸收利用较多的速效养分;通气不良时,有机质分解和养分释放慢,还会产生有毒的还原物质(如 $H_2S$ 等)。

3. 对土壤中污染物迁移转化的影响

土壤气体可以为微生物、植物、原生动物等污染物生物转化的功能主体提供生命活动必需的氧气,影响甚至决定其生命活动水平,从而改变土壤中污染物的生物转化与降解周期。如污染土壤生物修复过程中,通气可在一定程度上提高有机污染物的生物降解速率。

### 五、土壤生物

土壤生物作为土壤生态系统的核心部分,其数量、活性、种群组成、多样性构成了土壤发育及其特点的核心要素。同时,在污染土壤生物修复过程中作为功能主体,其区系组成更是决定了土壤环境体系中污染物的去除效率和机制。土壤生物主要包括土壤动物、土壤微生物及高等植物根系。

#### (一)土壤动物及其生态环境意义

土壤动物指长期或一生中大部分时间生活在土壤或地表凋落物层中的动物。它们直接或间接地参与土壤中物质和能量的转化,是土壤生态系统中不可分割的组成部分。土壤动物通过取食、排泄、挖掘等生命活动破碎生物残体,使之与土壤混合,为微生物活动和有机物质进一步分解创造了条件。土壤动物活动使土壤的物理性质(通气状况)、化学性质(养分循环)以及生物化学性质(微生物活动)均发生变化,对土壤形成及土壤肥力发展起着重要作用。近年来,随着土壤动物在环境生态毒理学分析中的应用,其对生态环境的指示乃至修复功能也受到了关注。

1. 原生动物

原生动物是生活于土壤和苔藓中的真核单细胞动物,属原生动物门,相对于原生动物而言,其他土壤动物门类均为后生动物。原生动物结构简单、数量巨大,只有几微米至几毫米,而且一般每克土壤中有 $1 \times (10^4 \sim 10^5)$ 个原生动物,在土壤剖面上分布为上层多,下层小。已报道的原生动物有 300 种以上,按其运动形式可把原生动物分为 3 类:变形虫类(靠假足移动)、鞭毛虫类(靠鞭毛移动)、纤毛虫类(靠纤毛移动)。从数量上以鞭毛虫类最多,主要分布在森林的枯落物层;其次为变形虫类,通常能进入其他原生动物所不能到达的微小孔隙;纤毛虫类分布相对较少。原生动物以微生物、藻类为食物,在维持土壤微生物动态平衡上起着重要作用,可使养分在整个植物生长季节内缓慢释放,有利于植物对矿物质养分的吸收。

2. 土壤线虫

线虫属线形动物门的线虫纲,是一种体形细长(1mm左右)的白色或半透明无节动物,是土壤中最多的非原生动物,已报道各类达1万多种,每平方米土壤的线虫个体数达$1 \times (10^5 \sim 10^6)$条。线虫一般喜湿,主要分布在有机质丰富的潮湿土层及植物根系周围。线虫可分为腐生型线虫和寄生虫线虫,前者的主要取食对象为细菌、真菌、低等藻类和土壤中的微小原生动物。腐生型线虫的活动对土壤微生物的密度和结构起控制和调节作用,另外通过捕食多种土壤病原真菌,可防止土壤病害的发生和传播。寄生型线虫的寄主主要是活的植物体的不同部位,寄生的结果通常导致植物发病。线虫是多数森林土壤中湿生小型动物的优势类群。

3. 蚯蚓

土壤蚯蚓属环节动物门的寡毛纲,是被研究最早(自1840年达尔文起)和最多的土壤动物。蚯蚓体圆而细长,其长短、粗细因种类而异,最小的长0.44mm,宽0.13mm;最长的达3 600mm,宽24mm。身体由许多环状节构成,体节数目是分类的特征之一,蚯蚓的体节数目相差悬殊,最多达600多节,最少的只有7节,目前全球已命名的蚯蚓有2 700多种,中国已发现有200多种。蚯蚓是典型的土壤动物,主要集中生活在表土层或枯落物层,因为它们主要捕食大量的有机物和矿物质土壤,因此有机质丰富的表层,蚯蚓密度最大,平均最高可达每平方米170多条。土壤中枯落物类型是影响蚯蚓活动的重要因素,不具蜡层的叶片是蚯蚓容易取食的对象(如榆、柞、椴、槭、桦树叶等)。因此,此类树林下土壤中蚯蚓的数量比含蜡叶片的针叶林土壤要丰富得多(柞树林下,每公顷294万条蚯蚓,而云杉林下仅每公顷61万条)。蚯蚓通过大量取食与排泄活动富集养分,促进土壤团粒结构的形成,并通过掘穴、穿行改善土壤的通透性,提高土壤肥力。因此,土壤中蚯蚓的数量是衡量土壤肥力的重要指标。

土壤中主要的动物还包括蠕虫、蛞蝓、蜗牛、千足虫、蜈蚣、蚂蚁、蜘蛛及昆虫等。

### (二)土壤微生物及其生态环境意义

土壤微生物是指生活在土中借用光学显微镜才能看到的微小生物。包括细胞核构造不完善的原核生物,如细菌、蓝细菌、放线菌,和具完善细胞核结构的真核生物,如真菌、藻类、地衣等。土壤微生物参与土壤物质转化过程,在土壤形成和发育、土壤肥力演变、养分有效化和有毒物质降解等方面起着重要作用。土壤微生物种类繁多、数量巨大,其中以细菌量为最大,占 70% ~ 90%。在每克肥土中可含 25 亿个细菌,70 万个放线菌,40 万个真菌,5 万个藻类以及 3 万个原生动物。土壤微生物主要包括细菌、真菌、放线菌和藻类等,其特点主要是在土壤环境中数量高、繁殖快。土壤中的微生物分布十分不均匀,受空气、水分、黏粒、有机质和氧化还原物质分布的制约。另外,土壤微生物在土壤生态系统的物质循环起着重要的分解作用,具体包括分解有机质、合成腐殖质等,对土壤总的代谢活性至关重要。土壤细菌、真菌等微生物对有机污染物的降解和对重金属的转化或固定已成为土壤生物修复的重要研究内容。

　　由于植物残体是土壤微生物主要营养和能量的来源,因而肥沃土壤和有机质丰富的森林土壤微生物数量常较多,缺乏有机质的土壤微生物数量较少。表 2 - 6 是我国几种土壤的微生物数量。

表 2 - 6　我国不同土壤微生物数量(单位:万/g)

| 土壤 | 植被 | 细菌 | 放线菌 | 真菌 |
|------|------|------|--------|------|
| 黑土 | 林地 | 3 370 | 2 410 | 17 |
| | 草地 | 2 070 | 505 | 10 |
| 灰褐土 | 林地 | 438 | 169 | 4 |
| 黄绵土 | 草地 | 357 | 140 | 1 |
| 红壤 | 林地 | 144 | 6 | 3 |
| | 草地 | 100 | 3 | 2 |
| 砖红壤 | 林地 | 189 | 10 | 12 |
| | 草地 | 64 | 14 | 7 |

### 1. 土壤细菌

　　(1)土壤细菌的一般特点　土壤细菌是一类单细胞、无完整细胞核的生物。它占土壤微生物总数的 70% ~ 90%,每克土中 100 万个以上细菌。细菌菌体通常很小,直径为 0.2 ~ 0.5 μm,长度约几微米,因而土壤细菌所占土壤体系重量并不高,但由于其数量庞大,变异性与适应性好,故对土壤生态系统中污染物的转化有重要作用。细菌的基本形态有球状、杆状和螺旋状 3 种,相应的细菌种类则为球菌、杆菌和螺旋菌。

　　土壤细菌中与有机物转化有关的常见属有节杆菌属(*Arthrobacter*)、芽孢杆菌属(*Bacillus*)、假单胞菌属(*Pseudomonas*)、土壤杆菌属(*Agrobacterium*)、产碱杆菌属(*Alcaligenes*)和黄杆菌属(*Flavobacterium*)。

（2）土壤细菌的主要生理群　土壤中存在各种细菌生理群,其中主要的有纤维分解细菌、固氮细菌、氨化细菌、硝化细菌和反硝化细菌等。它们在土壤元素循环中起着主要作用。

2. 土壤真菌

土壤真菌是指生活在土壤中菌体多呈分枝丝状菌丝体,少数菌丝不发达或缺乏菌丝的具有真正细胞核的一类微生物。土壤真菌数量为每克土含 2 万 ~ 10 万个繁殖体,虽数量比土壤细菌少,但由于真菌菌丝体长,真菌菌体远比细菌大。据测定,每克表土中真菌菌丝体长度 10 ~ 100m,每公顷表土中真菌菌体质量可达 500 ~ 5 000kg。因而在土壤中细菌与真菌的菌体质量比较接近,可见土壤真菌也是构成土壤微生物生物量的重要组成部分。

土壤真菌是常见的土壤微生物,它适宜酸性,在 pH 低于 4.0 的条件下,细菌和放线菌已难以生长,而真菌却能很好增殖。所以,在许多酸性森林土壤中真菌起了重要作用。我国土壤真菌种类繁多、资源丰富,分布最广的有青霉属(*Penicillium*)、曲霉属(*Aspergillus*)、木霉属(*Trichoderma*)、镰刀菌属(*Fusarium*)、毛霉属(*Mucor*)和根霉属(*Rhizopus*)。

土壤真菌属好氧性微生物,通气良好的土壤中多,通气不良或渍水的土壤中少;土壤剖面表层多,下层少。土壤真菌为化能有机营养型,以氧化含碳有机物质获取能量,是土壤中糖类、纤维类、果胶和木质素等含碳物质分解的积极参与者。

3. 土壤放线菌

土壤放线菌是指生活于土壤中呈丝状单细胞、革兰阳性的原核微生物。土壤放线菌数量仅次于土壤细菌,通常是细菌数量的 1% ~ 10%,每克土中有 10 万个以上放线菌,占了土壤微生物总数的 5% ~ 30%,其生物量与细菌接近。常见的土壤放线菌主要有链霉菌属(*Streptomyces*)、诺卡菌属(*Nocardia*)、小单孢菌属(*Micromonospora*)、游动放线菌属(*Actinoplanes*)和弗兰克菌属(*Frankia*)等。其中,链霉菌属占了 70% ~ 90%。

土壤中的放线菌和细菌、真菌一样,参与有机物质的转化。多数放线菌能够分解木质素、纤维素、单宁和蛋白质等复杂有机物。放线菌在分解有机物质过程中,除了形成简单化合物以外,还产生一些特殊有机物,如生长刺激物质、维生素、抗生素及挥发性物质等。

### 4. 土壤藻类

土壤藻类是指土壤中的一类单细胞或多细胞、含有各种色素的低等植物。土壤藻类构造简单，个体微小，并无根、茎、叶的分化。大多数土壤藻类为无机营养型，可由自身含有的叶绿素利用光能合成有机物质，所以这些土壤藻类常分布在表土层中。也有一些藻类可分布在较深的土层中，这些藻类常是有机营养型，它们利用土壤中有机物质为碳营养，进行生长繁殖，但仍保持叶绿素器官的功能。

土壤藻类可分为蓝藻、绿藻和硅藻 3 类。蓝藻亦称蓝细菌，个体直径为 $(0.5 \sim 60) \times 10^{-3} \mu m$，其形态为球状或丝状，细胞内含有叶绿素 a、藻蓝素和藻红素。绿藻除了含有叶绿素外还含有叶黄素和胡萝卜素。硅藻为单细胞或群体的藻类，它除了有叶绿素 a、叶绿素 b 外，还含有 β 胡萝卜素和多种叶黄素。

土壤藻类可以和真菌结合成共生体，在风化的母岩或瘠薄的土壤上生长，积累有机质，同时加速土壤形成。有些藻类可直接溶解岩石，释放出矿物质元素，如硅藻可分解正长石、高岭石、补充土壤钾素。许多藻类在其代谢过程中可分泌出大量黏液，从而改良了土壤结构性。藻类形成的有机质比较容易分解，对养分循环和微生物繁衍具有重要作用。在一些沼泽化林地中，藻类进行光合作用时，吸收水中的二氧化碳，放出氧气，从而改善了土壤的通气状况。

### 5. 地衣

地衣是真菌和藻类形成的不可分离的共生体。地衣广泛分布在荒凉的岩石、土壤和其他物体表面，地衣通常是裸露岩石和土壤母质的最早定居者。因此，地衣在土壤发生的早期起重要作用。

### (三)高等植物根系

高等植物根系作为土壤生物的重要组成部分，是植物吸收水分和养分的主要器官，另外土壤中的重金属、有机物等污染物亦是通过植物根系的吸收、转运到达植物地上部分，对植物的生长发育起着不可忽视的作用，同时对土壤系统中污染物的富集和去除也扮演了重要的角色，植物修复已成为目前世界范围内广泛使用的绿色生物修复技术。另外，在土壤生态系统的生成和发育过程中，植物根系和微生物、土壤动物等共同作用，在水分的参与下，形成了特定的土壤水、肥、气、热条件，对土壤的生产力和净化能力都有重要的影响。

# 第二节　土壤性质概述

## 一、土壤物理性质

从物理学的观点看,土壤是一个极其复杂的、三相物质的分散系统。它的固相基质包括大小、形状和排列不同的土粒,这些土粒的相互排列和组织,决定着土壤结构与孔隙的特征,水、土壤气体和溶解其中的物质就在孔隙中保存和传导。土壤三相物质的组成和它们之间强烈的相互作用,表现出土壤的各种物理性质。

### (一)土壤质地

将土壤的颗粒组成区分为几种不同的组合,并给每个组合一定的名称,这种分类命名称为土壤质地。如沙土、沙壤土、轻壤土、中壤土、重壤土、黏土等。

1. 土壤土粒与粒级

土粒:土壤固体物质的大小和形态各异,称为矿物质土粒,简称土粒。土粒包括单粒和复粒。

单粒:相对稳定的土壤矿物的基本颗粒,不包括有机质单粒。

复粒(团聚体):由若干单粒团聚而成的次生颗粒为复粒或团聚体。

粒级:按一定的直径范围,将土划分为若干组。

土壤中单粒的直径是一个连续的变量,只是为了测定和划分的方便,进行了人为分组。土壤中颗粒的大小不同,成分和性质各异;根据土粒的特性并按其粒径大小划分为若干组,使同一组土粒的成分和性质基本一致,组间则差异较明显。

(1)粒级划分标准　如何把土粒按其大小分级,分成多少粒级,各粒级间的分界点(当量粒径)定在哪里,至今尚缺公认的标准。在许多国家,各个部门采用的土粒分级制也不同,常见的几种土壤粒级制列于表2-7。由表2-7可见,各种粒级制都把大小颗粒分为石砾、沙粒、粉粒(曾称粉砾)和黏粒(包括胶粒)4组。

表 2 - 7　土壤的粒级制

| 当量粒径(mm) | 中国制(1987) | 卡庆斯基制(1957) | | 美国农业部制(1951) | 国际制(1930) |
|---|---|---|---|---|---|
| 3 ~ 2 | 石砾 | 石砾 | | 石砾 | 石砾 |
| 2 ~ 1 | | | | 较粗沙粒 | 粗沙 |
| 1 ~ 0.5 | 粗沙粒 | 物理性沙粒 | 粗沙粒 | 粗沙粒 | |
| 0.5 ~ 0.25 | | | 中沙粒 | 中沙粒 | |
| 0.25 ~ 0.2 | 粗沙粒 | | 细沙粒 | 细沙粒 | 细沙 |
| 0.2 ~ 0.1 | | | | | |
| 0.1 ~ 0.05 | | | | 极细沙粒 | |
| 0.05 ~ 0.02 | 粗粉粒 | 物理性黏粒 | 粗粉粒 | 粉粒 | 粉粒 |
| 0.02 ~ 0.01 | | | | | |
| 0.01 ~ 0.005 | 中粉粒 | | 中粉粒 | | |
| 0.005 ~ 0.002 | 细粉粒 | | 细粉粒 | | |
| 0.002 ~ 0.001 | 粗黏粒 | | | | |
| 0.001 ~ 0.000 5 | 细黏粒 | | 粗黏粒 | 黏粒 | 黏粒 |
| 0.000 5 ~ 0.000 1 | | | 细黏粒 | | |
| <0.0001 | | | 胶质黏粒 | | |

注:引自朱祖祥,1983。

(2)各粒级组的性质

石砾:主要成分是各种岩屑,由母岩碎片和原生矿物粗粒组成,其大小和含量直接影响耕作难易。

沙粒:由母岩碎屑和原生矿物细粒(如石英等)所组成,比表面积小,养分少,保水保肥性差,通气性好,无胀缩性。

粉粒:其矿物组成以原生原物为主,也有次生矿物质,氧化硅及铁硅氧化物的含量分别在60%~80%及5%~18%。粉粒颗粒的大小和性质介于沙粒和黏粒之间,有微弱的黏结性、可塑性、吸湿性和胀缩性。

黏粒:主要成分是黏土矿物质,主要由次生铝硅酸盐组成,是各级土粒中最活跃的部分,常呈片状,颗粒很小、比表面积大,养分含量高,保肥保水能力强,通气性较差。黏粒矿物质的类型和性质能反映土壤形成条件形成过程的特点。

## 2. 土壤质地分类

（1）国际制　根据沙粒（0.02 ~ 2mm）、粉沙粒（0.002 ~ 0.02mm）和黏粒（小于0.002mm）的含量确定，用三角坐标图。如图 2 - 3 所示。

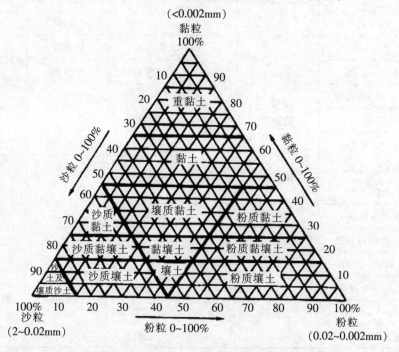

图 2 - 3　国际制土壤质地分类三角坐标图

（2）美国农业部制　美国农业部制把土壤分为 12 种质地。1938 年前，美国农业部土壤质地分类以 5μm 为黏粒上限，之后则接受 Atterberg 分类制以 2μm 作为黏粒界限，与大多数土壤质分类体系统一了黏粒标准，其他粒级的大小限度则不变（图 2 - 4）。

（3）俄罗斯卡庆斯基制　卡庆斯基制的基本分类中将土壤分为 3 组共 9 个质地（表 2 - 8），其主要特点包括：①将土粒分为物理性黏粒和物理性沙粒两级。②按物理性黏粒和物理性沙粒的数量进行质地分类，而非如国际制中按沙粒、粉粒、黏粒三个粒级的相对量进行分级。③考虑到土壤质地类型的不同，对不同土壤有不同的分组尺度。卡庆斯基制的详细分类则是在基本分类的基础上进一步把 9 个质地细分为 39 个质地类别。

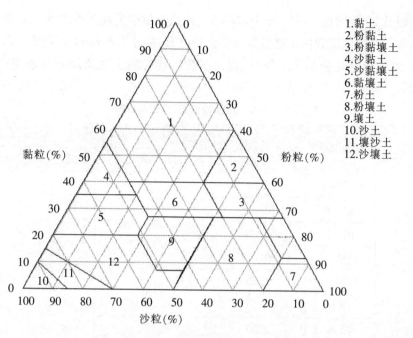

1.黏土
2.粉黏土
3.粉黏壤土
4.沙黏土
5.沙黏壤土
6.黏壤土
7.粉土
8.粉壤土
9.壤土
10.沙土
11.壤沙土
12.沙壤土

图 2-4　美国制土壤质地分类三角坐标图

表 2-8　卡庆斯基础土壤质地分类制（简化方案，1958）

| 质地分类 | | 物理黏粒（<0.01）含量（%） | | | 物理沙粒（>0.01）含量（%） | | |
|---|---|---|---|---|---|---|---|
| 类别 | 质地名称 | 灰化土类 | 草原土及红黄壤土 | 碱化及强碱化土 | 灰化土类 | 草原土及红黄壤土 | 碱化及强碱化土 |
| 沙土 | 松沙土 | 0~5 | 0~5 | 0~5 | 100~95 | 100~95 | 100~95 |
| | 紧沙土 | 5~10 | 5~10 | 5~10 | 95~90 | 95~90 | 95~90 |
| 壤土 | 沙壤土 | 10~20 | 10~20 | 10~15 | 90~80 | 90~80 | 90~85 |
| | 轻壤土 | 20~30 | 20~30 | 15~20 | 80~70 | 80~70 | 85~80 |
| | 中壤土 | 30~40 | 30~45 | 20~30 | 70~60 | 70~55 | 80~70 |
| | 重壤土 | 40~50 | 45~60 | 30~40 | 55~50 | 55~40 | 70~60 |
| 黏土 | 轻黏土 | 50~65 | 60~75 | 40~50 | 40~35 | 40~25 | 60~50 |
| | 中黏土 | 65~80 | 75~85 | 50~65 | 25~20 | 25~15 | 50~35 |
| | 重黏土 | >80 | >85 | >65 | <20 | <15 | <35 |

　　（4）中国土壤质地分类　中国现代土壤质地分类研究始于20世纪30年代，熊毅提出一个较完整的质地分类方法，将土壤分为沙土、壤土、黏壤土和黏

土 4 组共 22 个质地。1978 年中国科学院南京土壤研究所和西北水土保持研究所等单位拟定了我国土壤质地分类暂行方案,共分为 3 组 11 种质地。邓时琴于 1986 年对此分类做了修改,提出了我国现行的土壤质地分类系统(表 2－9)。

表 2－9　中国土壤质地分类(邓时琴,1986)

| 质地组 | 质地名称 | 颗粒组成(%)(粒径:mm) | | |
| --- | --- | --- | --- | --- |
| | | 沙粒(0.05～1) | 粗粉粒(0.01～0.05) | 细黏土(＜0.001) |
| 沙土 | 极重沙土 | ＞80 | | ＜30 |
| | 重沙土 | 70～80 | | |
| | 中沙土 | 60～70 | | |
| | 轻沙土 | 50～60 | | |
| 壤土 | 沙粉土 | ≥20 | ≥40 | |
| | 粉土 | ＜20 | | |
| | 沙壤 | ≥20 | ＜40 | |
| | 壤土 | ＜20 | | |
| | 沙黏土 | ≥50 | | ≥30 |
| 黏土 | 轻黏土 | | | 30～35 |
| | 中黏土 | | | 35～40 |
| | 重黏土 | | | 40～60 |
| | 极重黏土 | | | ＞60 |

3. 土壤质地与土壤肥力性状关系

(1)土壤质地与土壤营养条件的关系

| 肥力性状 | 沙土 | 壤土 | 黏土 |
| --- | --- | --- | --- |
| 保持养分能力 | 小 | 中等 | 大 |
| 供给养分能力 | 小 | 中等 | 大 |
| 保持水分能力 | 小 | 中等 | 大 |
| 有效水分含量 | 少 | 多 | 中～少 |

(2)土壤质地与环境条件的关系

| 环境条件 | 沙土 | 壤土 | 黏土 |
| --- | --- | --- | --- |
| 通气性 | 易 | 中等 | 不易 |

| 环境条件 | 沙土 | 壤土 | 黏土 |
|---|---|---|---|
| 透水性 | 易 | 中等 | 不易 |
| 增温性 | 易 | 中等 | 不易 |

另外,土壤中石砾对土壤肥力有一家的影响。

## (二)土壤结构

自然界中土壤固体颗粒很少完全呈单粒状态存在,多数情况下,土粒(单粒和复粒)会在内外因素综合作用下相互团聚成一定形状和大小且性质不同的团聚体(亦即土壤结构体),由此产生土壤结构。

土壤结构体:土壤中的各级土粒或其中的一部分互相胶结,团聚而形成的大小、形状、性质不同的土团、土块、土片等。

土壤结构性:土壤中的单粒和结构体的数量、大小、形状、性质及其相互的排列和相应孔隙状况等的综合特征。

1. 土壤结构类型

土壤结构体的划分主要依据它的形态、大小和特性等。目前国际上尚无统一的土壤结构分类标准。最常用的是根据形态、大小等外部性状来分类,较为精细的分类则结合外部性状与内部特性(主要是稳定性、多孔性)同时考虑,常有以下几类:

(1)块状结构和核状结构 土粒相互黏结成为不规则的土块,内部紧实,轴长在5cm以下,而长、宽、高三者大致相似,称为块状结构。可按大小再分为大块状、小块状、碎块状及碎屑状结构。碎块小且边角明显的则叫核状结构,常见于黏重的小、底土中,系由石灰质或氢氧化铁胶结而成,内部十分紧实。如红壤下层由氢氧化铁胶结而成的核状结构,坚硬而且泡水不散。

(2)棱柱状结构和柱状结构 土粒黏结成柱状体,纵轴大于横轴,内部较紧实,直立于土体中,多现于土壤下层。边角明显的称为棱柱状结构,棱柱体外常由铁质胶膜包着;边角不明显,则叫柱状结构体,常出现于半干旱地带的心土和底土中,以柱状碱土碱化层中的最为典型。

(3)片状结构(板状结构) 其横轴远大于纵轴发育,呈扁平状,多出现于老耕地的犁底层。在表层发生结壳或板结的情况下,也会出现这类结构。在冷湿地带针叶林下形成的灰化土的漂灰层中可见到典型的片状结构。

(4)团粒结构 包括团粒和微团粒。团粒为近似球形的较疏松的多孔小土团,直径为0.25~10mm。直径在0.25mm以下的则为微团粒,这种结构体在表土中出现,具有水稳性(泡水后结构体不易分散)、力稳性(不易被机械力破坏)和多孔性等良好的物理性能,是农业土壤的最佳结构形态。

2. 土壤结构形成的因素

(1)土粒数量和大小 需要一定数量和直径足够小的土粒,土粒越细,数量越多,黏结力越大。

(2)使土粒聚合的阳离子 不同种类离子的聚合能力不同,$Fe^{3+}$、$Al^{3+}$、$Ca^{2+}$、$Mg^{2+}$、$H^+$、$NH^{4+}$、$K^+$、$Na^+$聚合能力逐渐减小。

(3)胶结物质 主要是各种土壤胶体。无机胶体包括黏土矿物质、含水的氧化铁、氧化铝、氧化硅等。有机胶体包括腐殖质、多糖(线性的高分子聚合体)、葡萄糖等。

(4)外力的推动作用 主要是促使较大土壤颗粒破碎成细小颗粒,或促进小颗粒之间的黏结。起外力推动作用的因素有 3 个方面:第一,土壤生物,如进行根系的生长(穿插、挤压、分泌物及根际微生物)、动物的活动;第二,大气变化,如干湿、冻融交替;第三,人为活动,如耕作、施肥。

3. 土壤结构与土壤肥力

森林土壤的表层,如没有被破坏,都有良好的团粒结构,还有粒状、块状结构。具有团粒结构或粒状的土壤,透气性、渗水性和保水性好,有利于根的生长。质地为沙土、沙壤土、轻壤土的土壤,土壤结构的影响较小;而质地为黏土、重壤土、中壤土或沉积紧实的沙土,土壤结构的影响较大。

土壤结构可以改变质地对土壤孔隙的影响。多年施用有机肥可使沙土团聚成块,增加土壤保水能力,可使黏土疏松多孔。

**(三)土壤孔性**

土壤孔隙性质(简称孔性)是指土壤孔隙总量及大、小孔隙分布。其好坏决定于土壤的质地、松紧度、有机质含量和结构等。土壤结构是指土壤固体颗粒的结合形式及其相应的孔隙性和稳定度。可以说,土壤孔性是土壤结构性的反映,结构好则孔性好,反之亦然。

1. 土壤比重与土壤容重

土壤孔隙的数量及分布,可分别用孔隙度和分级孔度表示。土壤孔度一般不直接测定,而以土壤容重和土壤比重计算而得。土壤分级孔度,亦即土壤大小孔隙的分配,包含其连通情况和稳定程度。

(1)土壤比重 单位体积的土壤固体物质干重与4℃时同体积水的质量之比,无量纲。其数值大小主要决定于土壤的矿物质组成,有机质含量对其也有一定影响。在土壤学中,一般把接近土壤矿物质相对密度(2.6~2.7)的数值 2.65 作为土壤表层的平均比重值。

（2）土壤容重　单位原状土壤体积的烘干土重,称为土壤容重,单位为 $g/cm^3$。土壤矿物质、土壤有机质含量和孔隙状况是影响容重的重要因素。

一般矿质土壤的容重为 $1.33g/cm^3$,沙土中的孔隙数量少,总的孔隙容积较小,容重较大,一般为 $1.2 \sim 1.8g/cm^3$;黏土的孔隙容积较大,容重较小,一般为 $1.0 \sim 1.5g/cm^3$;壤土的容重介于沙土与黏土之间。有机质含量越高,土壤容重越小。而质地相同的土壤,若有团粒结构形成则容重减小;无团粒结构的土壤,容重大。此外,土壤容重还与土壤层次有关,耕层容重一般在 $1.10 \sim 1.30g/cm^3$,随土层增深,容重值也相应变大,可达 $1.40 \sim 1.60g/cm^3$。实际土壤的容重可以以测量结果表示,常以实际土壤中取样获得的定容积(如 $100cm^3$)土壤的重量来表示。

土壤容重 $(g/cm^3)$ = 土壤质量(g)/土壤体积 $(cm^3)$

2. 土壤孔隙度

单位原状土壤体积中土壤孔隙体积所占的百分率称为土壤孔隙度。总孔隙度不直接测定,而是计算出来。

总孔隙度 = (1 - 土壤容重/土壤比重) × 100%

3. 孔隙的类型分级

孔隙的真实直径是很难测定的,土壤学所说的直径是指与一定土壤吸力相当的孔径,与孔隙的形状和均匀度无关。根据孔隙的粗细分为 3 类。

（1）非毛管孔隙　孔隙直径大于 0.02mm,水受重力作用自由向下流动,植物幼小的根可在其中顺利伸展,气体、水分流动。

（2）毛管孔隙　孔隙直径在 0.02 ~ 0.002mm,毛管力发挥作用,植物根毛(<0.01)可伸入其中,原生动物和真菌菌丝体也可进入,水分传导性能较好,同时可以保存水分,水分可以被植物利用。

（3）非活性毛管孔隙　孔隙直径小于 0.002mm,即使细菌(0.001 ~ 0.05mm)也很难在其中居留,这种孔隙的持水力极大,同时水分移动的阻力也很大,其中的水分不能被植物利用(有效水分含量低)。

4. 适宜的土壤孔隙状况

土壤中大小孔隙同时存在,土壤总孔隙度在 50% 左右,而毛管孔隙在 3% ~40%,非毛管孔隙在 10% ~20%,非活性毛管孔隙很少,则比较理想;若总孔隙大于 70%,则过分疏松,难于立苗,不能保水;若非毛管孔隙小于 10%,不能保证空气充足。通气性差,水分也很流通(渗水不好)。

### (四)物理机械性与耕性

**1. 土壤的物理机械性**

土壤物理机械性是多项土壤动力学性质的统称,它包括黏结性、黏着性、可塑性以及其他受外力作用(如农机具的剪切、穿透和压板等作用)而发生形变的性质。

(1)黏结性 指土粒之间相互吸引黏合的能力。也就是土壤对机械破坏和根系穿插时的抵抗力。在土壤中,土粒通过各种引力而黏结起来,就是黏结性。不过由于土壤中往往含有水分,土粒与土粒的黏结常常是通过水膜为媒介的。同时,粗土粒可以通过细土粒(黏粒和胶粒)为媒介黏结在一起,甚至通过各种化学胶结剂为媒介而黏结在一起,也归之于土壤黏结性。土壤黏结性的强弱,可用单位面积上的黏结力($g/cm^2$)来表示。一般黏粒含量高、含水量大、有机质缺乏的土壤,黏结性强。

(2)黏着性 土壤黏附外物的性能,黏着性在土壤湿润时产生,随含水量增加而升高,但是土壤颗粒与外物之间通过水膜所产生的吸引力作用而表现的性质。水分过多时,黏着性则下降。土壤黏着力的大小以 $g/cm^2$ 等表示。影响土壤黏着性大小的主要是活性表面大小和含水量多少这两方面。

(3)可塑性 土壤在适宜水分范围内,可被外力塑造成各种形状,在外力消除后和干燥后,仍能保持此性状的性能。土壤可塑性是片状黏粒及其水膜造成的。黏粒是产生黏结性、黏着性和可塑性的物质基础,水分条件是表现强弱的条件。一般认为,过干的土壤不能任意塑形,泥浆状态的土壤虽能变形,但不能保持变形后的状态。因此,土壤只有在一定含水量范围内才具有可塑性。

**2. 土壤耕性**

土壤耕性是指由耕作所表现出来的土壤物理性质,它包括:①耕作时土壤对农具操作的机械阻力,即耕作的难易问题。②耕作后与植物生长有关的土壤物理性状,即耕作质量问题。因此,对土壤耕性的要求包括耕作阻力尽可能小,以便于作业和节约能源;耕作质量高,耕翻的土壤要松碎,便于根的穿插和有利于保温、通气和养分转化;适耕期尽可能长。

由于耕性是土壤力学性质在耕作上的综合反映,所以凡是影响土壤力学性质的因子,如土壤质地、有机质含量、土壤结构性及含水量等,必定影响着土壤的耕作。

### (一)土壤胶体特性及吸附性

#### 1. 土壤胶体及其种类

土壤胶体是指土壤中粒径小于 $2\mu m$ 或小于 $1\mu m$ 的颗粒,为土壤中颗粒最细小而最活跃的部分。按成分和来源,土壤胶体可分为无机胶体、有机胶体和有机无机复合胶体三类。

(1)无机胶体 无机胶体包括成分简单的晶质和非晶质的硅、铝的含水氧化物,成分复杂的各种类型的层状硅酸盐(主要是铝硅酸盐)矿物。常把此两者统称为土壤黏粒矿物,因其同样都是岩石风化和成土过程的产物,并同样影响土壤属性。

含水氧化物主要包括水化程度不等的铁和铝的氧化物及硅的水化氧化物。其中又有结晶型与非晶质无定形之分,结晶型的如三水铝石($Al_2O_3 \cdot 3H_2O$)、水铝石($Al_2O_3 \cdot H_2O$)、针铁矿($Fe_2O_3 \cdot 3H_2O$)、褐铁矿($2Fe_2O_3 \cdot 3H_2O$)等;非晶质无定形的如不同水化度的 $SiO_2 \cdot nH_2O$、$Fe_2O_3 \cdot nH_2O$、$Al_2O_3 \cdot nH_2O$、和 $MnO_2 \cdot nH_2O$ 及它们相互复合形成的凝胶、水铝英石等。

(2)有机胶体 主要是腐殖质,还有少量的木质素、蛋白质、纤维素等。腐殖质胶体含有多种官能团,属两性胶体,但因等电点较低,所以在土壤中一般带负电,因而对土壤中无机阳离子特别是重金属等的吸附性能影响巨大。但它们不如无机胶体稳定,较易被微生物利用和分解。

(3)有机—无机复合体 土壤的有机胶体很少单独存在,大多通过多种方式与无机胶体相结合,形成有机—无机胶体复合体,其中主要是二价、三价阳离子(如 $Ca^{2+}$、$Mg^{2+}$、$Fe^{3+}$、$Al^{3+}$ 等)或官能团(如-OH、R-OH 等)与带负电荷的黏粒矿物和腐殖质的连接作用。有机胶体主要以薄膜状紧密覆盖于黏粒矿物表面上,还可能进入黏粒矿物的晶层之间。土壤有机质含量越低,有机—无机胶体复合越高,一般变动范围为 $50\% \sim 90\%$。

#### 2. 土壤胶体的特性

土壤胶体是土壤中最活跃的部分,其构造由微粒核及双电层两部分构成。这种构造使土壤胶体产生表面特性及电荷特性,表现为具有较大的表面积并带有电荷,能吸附各种重金属等污染物,有较大的缓冲能力,对土壤中元素的保持和耐受酸碱变化以及减轻某些毒性物质的危害有重要的作用。此外,受其结构的影响,土壤胶体还有分散、絮凝、膨胀、收缩等特性,这些特性与土壤结构的形成及污染物在土壤中的行为均有密切的关系。而它所带的表面电荷则是土壤具有一系列化学、物理化学性质的根本原因。土壤中的化学反应主要为界面反应,这是由于表面结构不同的土壤胶体所产生的电荷,能与溶液中的离子、质子、电子发生相互作用。土壤表面电荷数量所决定的表面电荷密度,则影响着对离子的吸附强度。所以,土壤胶体特性影响着重金属、有机污染物等在土壤介质表面或溶液中的积聚、迁移和转化,是土壤对污染物有一定自净作用和环境容量的重要原因。

3. 土壤吸附性

土壤是永久电荷表面共存的体系,可吸附阳离子,也可吸附阴离子。土壤胶体表面通过静电吸附的离子能与溶液中的离子进行交换反应,也能通过共价键与溶液中的离子发生配位吸附。因此,土壤学中,将土壤吸附性定义为:土壤固相和液相界面上离子或分子的浓度大于整体溶液中该离子或分子浓度的现象,此时为正吸附;在一定条件下也会出现与正吸附正好相反的现象,即称为负吸附,是土壤吸附性能的另一种表现。土壤吸附性是重要的土壤化学性质之一。它取决于土壤固相物质的组成、含量、形态以及酸碱性、温度、水分状况等条件及其变化,影响着土壤中物质的形态、转化、迁移和生物有效性。

按产生机制的不同可将土壤吸附性分为交换吸附、专性吸附、负吸附等不同类型。

(1)交换吸附  带电荷的土壤表面借静电引力从溶液中吸附带异号电荷或极性分子。在吸附的同时,有等当量的同号另一种离子从表面上解吸而进入溶液,其实质是土壤固液相之间的离子交换反应。

(2)专性吸附  相对于交换吸附而言,是非静电因素引起土壤对离子的吸附。土壤对重金属离子专性吸附的机制有表面配合作用和内层交换说;对于多价含氧酸根等阴离子专性吸附的机制则有配位体交换说和化学沉淀说。这种吸附仅发生在水合氧化物型表面(也即羟基化表面)与溶液的界面上。

(3)负吸附  与上述两种吸附相反,土壤表面排斥阴离子或分子的现象,表现为土壤固液相界面上,离子或分子的浓度低于整体溶液中该离子或分子的浓度。其机制是静电因素引起的,即阴离子在负电荷表面的扩散双电层中受到相斥作用;是土壤力求降低其表面能以达体系的稳定,因此凡会增加体系表面能的物质都会受到排斥。在土壤吸附性能的现代概念中的负吸附仅指离子的作用,分子负吸附则常归入土壤物理性吸附的范畴。

### (二)土壤酸碱性

土壤酸碱性与土壤的固相组成和吸附性能有着密切的关系,是土壤的一个重要化学性质,其对植物生长和土壤生产力以及土壤污染与净化都有较大的影响。

**1. 土壤 pH**

土壤酸碱度常用土壤溶液的 pH 表示。土壤 pH 常被看作土壤性质的主要变量,它对土壤的许多化学反应和化学过程都有很大的影响,对土壤中的氧化还原、沉淀溶解、吸附、解吸和配位反应起支配作用。土壤 pH 对植物和微生物所需养分元素的有效性也有显著的影响。在 pH > 7 情况下,一些元素,特别是微量金属阳离子如 $Zn^{2+}$、$Fe^{3+}$ 等的溶解度降低,植物和微生物会受到由于此类元素的缺乏而带来的负面影响;pH < 5.5 时,铝、锰及众多重金属的溶解度提高,对许多生物产生毒害;更极端的 pH 预示着土壤中将出现特殊的离子和矿物质,例如 pH > 8.5,一般会有大量的溶解性 $Na^+$ 存在,而往往会有金属硫化物存在。

土壤 pH 对土壤中养分存在形态和有效性、土壤理化性质和微生物活性具有显著影响。微生物原生质的 pH 接近中性,土壤中大部分微生物在中性条件下生长良好,pH = 5 以下一般停止生长。

**2. 土壤酸度**

(1)土壤活性酸　土壤中的水分不是纯净的,含有各种可溶的有机、无机成分,有离子态、分子态,还有胶体态的。因此土壤活性酸度是土壤溶液中游离的 $H^+$ 引起的,常用 pH 表示,即溶液中氢离子浓度的负对数。土壤酸碱性主要根据活性酸划分:pH 在 6.6 ~ 7.4 为中性。我国土壤 pH 一般在 4 ~ 9,在地理分布上由南向北 pH 逐渐增大,大致以长江为界。长江以南的土壤为酸性和强酸性,长江以北的土壤多为中性或碱性,少数为强碱性。

(2)潜性酸　土壤胶体上吸附的氢离子或铝离子,进入溶液后才会显示出酸性,称之为潜性酸,常用 1 000g 烘干土中氢离子的摩尔数表示。

潜性酸可分为交换性酸和水解性酸两类。

1)交换性酸　用过量中性盐(氯化钾、氯化钠等)溶液,与土壤胶体发生交换作用,土壤胶体表面的氢离子或铝离子被浸提剂的阳离子所交换,使溶液的酸性增加。测定溶液中氢离子的浓度即得交换性酸的数量。

2)水解性酸　用过量强碱弱酸盐($CH_3COONa$)浸提土壤,胶体上的氢离子或铝离子释放到溶液中所表现出来的酸性。$CH_3COONa$ 水解产生 NaOH, pH可达8.5，$Na^+$可以把绝大部分的代换性的$H^-$和$Al^{3+}$代换下来，从而形成醋酸，滴定溶液中醋酸的总量即得水解性酸度。

交换性酸是水解性酸的一部分，水解能置换出更多的氢离子。要改变土壤的酸性程度，就必须中和溶液中及胶体上的全部交换性$H^-$和$Al^{3+}$。在酸性土壤改良时，可根据水解性酸来计算所要施用的石灰的量。

（3）土壤酸的来源

1）土壤中$H^+$的来源　由$CO_2$引起（土壤气体、有机质分解、植物根系和微生物呼吸）；土壤有机体的分解产生有机酸，硫化细菌和硝化细菌还可产生硫酸和硝酸；生理酸性肥料（硫酸铵、硫酸钾等）。

2）气候对土壤酸化的影响　大多雨潮湿地带，盐基离子被淋失，溶液中的氢离子进入胶体取代盐基离子，导致氢离子积累在土壤胶体上。而我国东北和西北地区的降水量少，淋溶作用弱，导致盐基积累，土壤大部分则为石灰性、碱性或中性土壤。

3）铝离子的来源　黏土地矿物铝氧层中的铝，在较强的酸性条件下释放出来，进入土壤胶体表面成为代换性的铝离子，其数量比氢离子数量大得多，土壤表现为潜性酸。长江以南的酸性土壤主要是由铝离子引起的。

3. 土壤碱度

土壤碱性反应及碱性土壤形成是自然成土条件和土壤内在因素综合作用的结果。碱性土壤的碱性物质主要是钙、镁、钠的碳酸盐和重碳酸盐，以及胶体表面吸附的交换性钠。形成碱性的反应的主要机制是碱性物质的水解反应，如碳酸钙的水解、碳酸钠的水解及交换性钠的水解等。

和土壤酸度一样，土壤碱度也常用土壤溶液（水浸液）的pH表示，据此可进行碱性分级。由于土壤的碱度在很大程度上取决于胶体吸附的交换性$Na^+$的饱和度，称为土壤碱化度，它是衡量土壤碱度的重要指标。

$$碱化度（\%）= \frac{交换性钠（mmol/kg）}{阳离子交换量（mmol/kg）} \times 100$$

土壤碱化与盐化有着发生学上的联系。盐土在积盐过程中，胶体表面吸附有一定数量的交换性钠，但因土壤溶液中的可溶性盐浓度较高，阻止交换性钠水解。所以，盐土的碱度一般都在pH 8.5以下，物理性质也不会恶化，不显现碱土的特征。只有当盐土地脱盐到一定程度后，土壤交换性钠发生解吸，土壤才出现碱化特征。但土壤脱盐并不是土壤碱化的必要条件。土壤碱化过程是在盐土积盐和脱盐频繁交替发生时，促进钠离子取代胶体上吸附的钙、镁离子,从而演变为碱化土壤。

### 4. 土壤酸碱性的环境意义

土壤酸碱性对土壤微生物的活性、对矿物质和有机质分解起重要作用。它可通过对土壤中进行的各种化学反应的干预作用而影响组分和污染物的电荷特性,沉淀-溶解、吸附解吸和配位-解离平衡等,从而改变污染物的毒性。同时,土壤酸碱性还通过土壤微生物的活性来改变污染物的毒性。

土壤溶液中的大多数金属元素(包括重金属)在酸性条件下以游离态或水化离子态存在,毒性较大,而在中、碱性条件下易生成难溶性氢氧化物沉淀,毒性大为降低。以污染元素 Cd 为例,在高 pH 和高 $CO_2$ 条件下,Cd 形成较多的碳酸盐而使其有效度降低。但在酸性(pH = 5.5)土壤中在同一总可溶性 Cd 的水平下,即使增加 $CO_2$ 分压,溶液中 $Cd^{2+}$ 仍可保持很高水平。土壤酸碱性的变化不但直接影响金属离子的毒性,而且也改变其吸附、沉淀、配位反应等特性,从而间接地改变其毒性。土壤酸碱性也显著影响含氧酸根阴离子(如 Cr、As)在土壤溶液中的形态,影响它们的吸附、沉淀等特性。在中性和碱性条件下,Cr(Ⅲ)可被沉淀为 $Cr(OH)_3$。在碱性条件下,由于 $OH^-$ 的交换能力大,能使土壤中可溶性砷的含量显著增加,从而增加了砷的生物毒性。

此外,有机污染物在土壤中的积累、转化、降解也受到土壤酸碱性的影响和制约。例如,有机氯农药在酸性条件下性质稳定,不易降解,只有在碱性土壤环境中呈离子状态,移动性大,易随水流失,而在酸性条件下呈分子态,易为土壤吸附而降解半衰期增加;有机磷和氨基甲酸酯农药虽然大部分在碱性环境中易于分解,但地亚农(一种有机磷杀虫剂)则更易发生酸性水解反应。

### (三)土壤氧化性和还原性

与土壤酸碱性一样,土壤氧化性和还原性是土壤的又一重要化学性质。电子在物质之间的传递引起氧化还原反应,表现为元素价态变化。土壤中参与氧化还原反应的元素有 C、H、N、O、Fe、Mn、As、Cr 及其他一些变价元素,较为重要的是 O、Fe、Mn、S 和某些有机化合物,并以氧和有机还原性物质较为活泼,Fe、Mn、S 等的转化则主要受氧和有机质的影响。土壤中的氧化还原反应在干湿交替下进行得最为频繁,其次是有机物质的氧化和生物机体的活动。土壤氧化还原反应影响着土壤形成过程中物质的转化、迁移和土壤剖面的发育,控制着土壤元素的形态和有效性,制约着土壤环境中某些污染物的形态、转化和归趋。因此,土壤氧化还原性在环境土壤学中具有十分重要的意义。

### 1. 土壤氧化还原体系及其指标

土壤具有氧化还原性的原因在于土壤中多种氧化还原物质共存。土壤气体中的氧和高价金属离子都是氧化剂，而土壤有机物以及在厌氧条件下形成的分解产物和低价金属离子等为还原剂。由于土壤成分众多，各种反应可同时进行，其过程十分复杂。

土壤氧化还原能力的大小可用土壤的氧化还原电位（$E_h$）来衡量，主要为实测的 $E_h$ 值，其大小的影响因素涉及土壤通气性、微生物活动、易分解有机质的含量、植物根系的代谢作用、土壤的 pH 等多方面。一般旱地土壤的 $E_h$ 为 $+400 \sim +700mV$；水田的 $E_h$ 为 $-200 \sim +300mV$。根据土壤 $E_h$ 值可以确定土壤中有机物和无机物可能发生的氧化还原反应的环境行为。

土壤中氧是主要的氧化剂，通气性良好、水分含量低的土壤的电位值较高，为氧化性环境；渍水的土壤电位值较低，为还原性环境。此外，土壤微生物的活动、植物根系的代谢及外来物质的氧化还原性等亦会改变土壤的氧化还原电位值。从土壤污染的研究角度出发，特别注意污染物在土壤中由于参与氧化还原反应所造成的对迁移性与毒性的影响。氧化还原反应还可影响土壤的酸碱性，使土壤酸化或碱化，pH 发生改变，从而影响土壤组分及外来污染元素的行为。

### 2. 土壤氧化性和还原性的环境意义

从环境科学角度看，土壤氧化性和还原性与有毒物质在土壤环境中的消长密切相关。

（1）有机污染物　在热带、亚热带地区间歇性阵雨和干湿交替对厌氧、好氧细菌的增殖均有利，比单纯的还原或氧化条件更有利于有机农药分子的降解。特别是有环状结构的农药，因其环开裂反应需要氧的参与，如 DDT 的开环反应、地亚农的代谢产物嘧啶环的裂解等。

有机氯农药大多在还原环境下才能加速代谢。例如，六六六（六氯环己烷）在旱地土壤中分解很慢，在蜡状芽孢菌参与下，经脱氯反应后快速代谢为五氯环己烷中间体，后者在脱去氯化氢后生成四氯环己烯和少量氯苯类代谢物。分解 DDT 适宜的 $E_h$ 值为 $0 \sim +250mV$，艾氏剂只有在 $E_h < -120mV$ 时才快速降解。

（2）重金属　土壤中大多数重金属污染元素是亲硫元素，在农田厌氧还原条件下易生成难溶性硫化物，降低了毒性和危害。土壤中低价硫 $S^{2-}$ 来源于有机质，100g 土壤中可达 20mg。当土壤转为氧化状态如落水或干旱时，难溶硫化物逐渐转化为易溶硫酸盐,其生物毒性增加。如黏土中添加 Cd 和 Zn 等的情况下淹水 5~8 周后,可能存在 CdS。在同一土壤含 Cd 量相同的情况下,若水稻在全生育期淹水种植,即使土壤含 Cd100mg/kg,糙米中 Cd 浓度约 1mg/kg(Cd 食品卫生标准为 0.2mg/kg)。但若在幼枝形成前后此水稻田落水搁田,则糙米含 Cd 量可高达 5mg/kg,其主要原因是在土壤淹水条件下,使生成了硫化镉(CdS)的毒性降低的缘故。

### (四)土壤体系缓冲性

缓冲体系本意指体系抵抗 pH 变化的能力,对于土壤缓冲体系亦包括土壤抵抗 pH 变化的能力,由吸附作用、交换作用形成。土壤缓冲性能的形成,同时包括土壤环境抵抗其他离子变化的能力。由此扩展,进入土壤的重金属、氟化物、硫化物、农药、石油烃等均会在土壤胶体上发生不同程度的吸附。因此,造成土壤溶液中相应离子和元素浓度降低的现象,对土壤微生物、植物根系及土壤动物的毒害及食物链后续的高端生物的毒性有所降低,相当于对各种外来污染物的浓度及其作用效应有一定的抵抗能力,故土壤缓冲体系除包括 pH 外,对于氧化—还原电位、污染特性等均有不同程度的缓冲作用。因此,土壤缓冲体系为土壤环境体系特有的,与土壤组成直接相关的,对土壤净化有重要贡献的物理、化学过程。

一般土壤缓冲能力的大小顺序为:腐殖质土壤 > 黏土 > 沙土。

## 三、土壤生物学性质

如前所述,土壤生物由土壤微生物、土壤植物根系及土壤动物组成,而植物根系及土壤微生物分泌的酶是土壤最为活跃的有机成分之一,驱动着土壤的代谢过程,对土壤圈中养分循环和污染物质的净化具有重要的作用。因此,土壤生物学性质从包括酶学特性在内的 4 个方面进行论述。

### (一)土壤酶特性

酶是驱动生物体内生化反应的催化剂,在土壤学、环境学、农林学及其相关学科中普遍采用土壤酶活性值的大小来灵敏地反映土壤中生化反应的方向和强度,是重要的土壤生物学性质之一。土壤中进行的各种生化反应,除受微生物本身活动的影响外,实际上是各种相应的酶参与下完成的。酶作为催化剂具有催化活性高、专一性强等特点,同时由于酶的本质为蛋白质,故其催化需要温和的温度、pH 等外部条件。土壤酶的特性对于土壤的形成与发育、土壤肥力的保持等具有重要的作用,可综合反映土壤的理化特性。同时,受酸碱污染、温度变化及重金属等可能造成蛋白质变性的因素的影响，可使土壤酶活性受到不同程度的抑制，因此，其活性的大小还可表示土壤污染程度的高低。

土壤酶主要来自微生物、土壤动物和分泌胞外酶。在土壤中已经发现的酶有 50~60 种，研究较多的包括氧化还原酶、转化酶和水解酶等，旨在对土壤环境质量进行酶活性表征。20 世纪 70 年代开始，国内外学者将土壤酶应用到土壤污染的研究领域，至目前为止，提出的污染土壤酶监测指标主要有土壤脲酶、脱氢酶(TTC)、转化酶、磷酸酶等，近年来，有环境工作者采用荧光素双醋酸酯(FDA)酶活性来表征污染土壤总酶活性的大小，考察污染物对土壤中生物总体的抑制情况。

**1. 土壤酶的存在形态**

土壤酶较少游离在土壤溶液中，主要是吸附在土壤有机质和矿质胶体上，以复合物状态存在。土壤有机质吸附酶的能力大于矿物质，土壤微团聚体中酶活性比大团聚体的高，土壤细粒级部分比粗粒级部分吸附的酶多。酶与土壤有机质或黏粒结合，固然对酶动力学性质有影响，但它也因此受到保护，增强它的稳定性，防止被蛋白酶或钝化剂降解。

**2. 土壤环境与土壤酶活性**

酶是有机体的代谢动力，因此酶在土壤中起重要作用，其活性大小及变化可作为土壤环境质量的生物学表征之一。土壤酶活性受多种土壤环境因素的影响。

(1)土壤理化性质与土壤酶活性　不同土壤中酶活性的差异，不仅取决于酶的存在量，而且也与土壤质地、结构、水分、温度、pH、腐殖质、阳离子交换量、黏粒矿物质及土壤中 N、P、K 含量等相关。土壤酶活性与土壤 pH 有一定的相关性，如转化酶的最适 pH 为 4.5~5.0，在碱性土壤中受到程度不同的抑制；而在碱、中、酸性土壤中都可检测到磷酸酶的活性，最适 pH 是 4.0~6.7 和 8.0~10；脲酶在中性土壤中活性最高；脱氢酶则在碱性土中的活性最大。土壤酶活性的稳定性也受土壤有机质的含量和组成及有机矿质复合体组成、特性的影响。此外，轻质地的土壤酶活性强；小团聚体的土壤酶活性较大团聚体的强；而渍水条件引起转化酶的活性降低，但却能提高脱氢酶的活性。

(2)根际土壤环境与土壤酶活性　由于植物根系生长作用释放根系分泌物于土壤中，使根际土壤酶活性产生很大变化，一般而言，根际土壤酶活性要比非根际土壤大。同时，不同植物的根际土壤中，酶的活性亦有很大差异。例如，在豆科作物的根际土壤中，脲酶的活性比其他根际土壤高；三叶草根际土壤中蛋白酶、转化酶、磷酸酶及接触酶的活性均比小麦根际土壤高。此外,土壤酶活性还与植物生长过程和季节性的变化有一定的相关性,在作物生长最旺盛期,酶的活性也最活跃。

(3)外源土壤污染物质与土壤酶活性　许多重金属、有机化合物包括杀虫剂、杀菌剂等外源污染物均对土壤酶活性有抑制作用。重金属与土壤酶的关系主要取决于土壤有机质、黏粒等含量的高低及它们对土壤酶的保护容量和对重金属缓冲容量的大小。

**(二)土壤微生物特性**

土壤中普遍分布着数量众多的微生物,但其分布十分不均匀,受空气、水分、黏粒、有机质和氧化还原物质分布的制约。对于有机污染土壤,由于有机污染物所产生的环境压力,会使微生物群落发生变异,数量和活性发生改变,适于有机污染土壤环境并以其为碳源的微生物就可能逐渐成为优势群落。如李广贺等人研究表明,通过对污染包气带土壤中微生物的分离、培养和生物学鉴定得出石油污染土壤中的主要优势菌为球菌、长杆菌和短杆菌。研究得到3株优势菌分别为黄假单细孢菌(Xanthomonas)、芽孢杆菌(Bacillus)和柄杆菌属(Caulobacter),对石油具有显著的降解能力。

土壤微生物是土壤有机质、土壤养分转化和循环的动力。同时,土壤微生物对土壤污染具有特别的敏感性,它们是代谢降解有机农药等有机污染物和恢复土壤环境的最先锋者。土壤微生物特性,特别是土壤微生物多样性是土壤的重要生物性质之一。

土壤微生物性质主要包括其数量、活性和种群三大方面,三者的特性和状态即构成土壤微生物的种群多态性。活性表征微生物的作用强度,其表征多采用土壤酶活性的测定值,如土壤体系质总体生物化学转化速度的高低,土壤总酶活性,亦可表示土壤微生物降解速率快慢的参数,尤其是与土壤污染降解能力直接相关的脲酶活性、脱氢酶活性等。数量作为微生物活性的一个方面,一般情况下土壤微生物数量越多,其活性也越大,二者的相关性系数与微生物种群构成有重要的关系,微生物种群构成越为单一,二者的符合程度越高。

土壤微生物多样性与土壤生态稳定性密切相关,因此研究土壤微生物群落结构及功能多样性,是应用分子生物学学科研究的前沿领域之一。近年来,人们借助 BIOLOG 分析技术、细胞壁磷脂酸分析技术和分子生物学方法等对污染土壤微生物群落变化也进行了一些研究,结果表明土壤中残留的有毒有机污染物不仅能改变土壤微生物生理生化特征,而且也能显著影响土壤微生物群落结构和功能多样性。如通过 BIOLOG 分析技术研究发现,农药污染将导致土壤微生物群落功能多样性的下降,减少了能利用有关碳底物的微生物数量,降低了微生物对单一碳底物的利用能力。而采用随机扩增的多态 DNA (Random Amplifed Polymorphic DNA,RAPD)分子遗传标记技术的研究表明,农药厂附近农田土壤微生物群落 DNA 序列的相似程度不高、均匀度下降,但其 DNA 序列丰富度和多样性指数却有所增加,也即表明农药污染很可能会引起土壤微生物群落 DNA 序列本身发生变化,如 DNA 变异、断裂等。

**(三)土壤动物特性**

与土壤酶特性及微生物特性一样,土壤动物特性也是土壤生物学性质之一。土壤动物特性包括土壤动物组成、个体数或生物量、种类丰富度、群落的均匀度、多样性指数等,是反映环境变化的敏感生物学指标。

生活于土壤中的动物受环境的影响,反过来土壤动物的数量和群落结构的变异能指示生态系统的变化。土壤动物多样性被认为是土壤肥力高低及生态稳定性的有效指标。土壤中某些种类的土壤动物可以快速灵敏地反映土壤是否被污染以及污染的程度。例如,分布广、数量大、种类多的甲螨,有广泛接触有害物质的机会,所以当土壤环境发生变化时有可能从它们种类和数量的变化反映出来。另外,线虫常被看作生态系统变化和农业生态系统受到干扰的敏感指示生物。土壤动物多样性的破坏将威胁到整个陆地生态系统的生物多样性及生态稳定性,因此应加强土壤动物多样性的研究和保护。

当前研究多侧重于应用土壤动物进行土壤生态与环境质量的评价方面,如依据蚯蚓对重金属元素具有很强的富集能力这一特性,已普遍采用蚯蚓作为目标生物,将其应用到了土壤重金属污染及毒理学研究上。对于通过农药等有机污染物质的土壤动物监测、富集、转化和分解,探明有机污染物质在土壤中快速消解途径及机制的研究,虽然刚刚起步,但备受关注。有些污染物的降解是几种土壤动物及土壤微生物密切协同作用的结果,所以土壤动物对环境的保护和净化作用将会受到更大的重视。

**(四)土壤植物根际区效应及其生态环境意义**

根际(Rhizosphere)是指植物根系活动的影响在物理、化学和生物学性质上不同于土体的动态微域,是植物—土壤—微生物与环境交互作用的场所,对土壤环境性质及污染物的迁移转化等均有重要的影响。在根际环境中,植物根系通过根细胞或组织脱落物、根系分泌物向土壤输送有机物质,这些有机物质一方面对土壤养分循环、土壤腐殖质的积累和土壤结构的改良起着重要作用,另一方面作为微生物的营养物质,大大刺激了根系周围土壤微生物的生长,使根系周围土壤微生物数量明显增加。反过来,微生物将有机养分转化成无机养分活性的增强,可强化植物对养分的吸收利用,从而达到根际区生态环境中植物—微生物的互利共生作用,大大提高土壤生态系统的生态功能,包括污染土壤环境中的分解与净化功能。表 2 – 10 列举了根细胞、组织脱落物和根系分泌物的物质类型及其营养作用。

表 2 – 10　根产物中有机物质的种类及其在植物营养中的作用

| 根产物中有机物质的种类 | | 在植物营养中的作用 |
|---|---|---|
| 低分子有机化合物 | 糖类、有机酸、氨基酸、酚类化合物 | 养分活化与固定;微生物的养分和能源 |
| 高分子黏胶物质 | 多糖、酚类化合物、多聚半乳糖醛酸 | 抵御铁、铝、锰的毒害 |
| 细胞或组织脱落物及其溶解产物 | 根冠细胞、根毛细胞内含物 | 微生物能源;间接影响植物营养状况 |

　　由于根限区理化及生物学性质的不断变化,导致土壤结构和微生物环境也随之变化,从而使污染物的滞留与消除不同于非根际的一般土体。根际中根分泌物提供的特定碳源及能源使根际微生物数量和活性明显增加,一般为非根际土壤的 5 ~ 20 倍,最高可达 100 倍;植物根分类型(直根、丛根、须根)、年龄、不同植物的根、根毛的多少等,都可影响根际微生物对特定有机污染物的降解速率。根向根际环境中分泌的低分子有机酸(如乙酸、草酸、丙酸、丁酸等)可与 Hg、Cr、Pb、Cu、Zn 等进行配位反应,由此导致土壤中此类重金属生物毒性的改变。可见,根际效应主动营造的土壤根际微生物种群及活性的变化,成为土壤重金属及有机农药等污染物根际快速消解的可能机制,并由此促使相关研究者对其进行深入探索,推动了环境土壤学、环境微生物等相关学科的不断前进。

# 第三章　土壤发生与分类概述

　　土壤发生学就是研究土壤形成因素、土壤发生过程、土壤类型及其性质三者之间的关系的学说。无论是土壤形成因素,还是土壤,都是客观实体,而土壤发生过程是看不见摸不到的。我们应用物理学、化学、生物学、生物化学等学科的基本原理,将土壤形成因素与土壤的形态与性质联系起来,推测各种土壤的发生过程。土壤的形态与性质是土壤发生过程的结果,也是反映土壤形成因素的印记。

　　土壤分类学就是选取土壤分类标准对土壤这个地球表面的连续的历史自然综合体进行划分,通过构建分类单元与分类等级的逻辑关系,形成树枝状的分类系统,以便人们在不同的概括水平上认识它们,区分各种土壤以及它们之间的关系。土壤分类是土壤调查制图的基础,没有分类系统就无法进行土壤调查制图。土壤分类也是进行土地评价,合理开发利用土地,交流有关土壤科学研究成果及转移地方性土地经营管理经验的依据。

# 第一节　土壤发生学概述

　　土壤处于岩石圈、大气圈、水圈和生物圈的交界面上,是陆地表面各种物质(固态的、气态的、液态的、有机的、无机的)能量交换、形态转换最为活跃和频繁的场所。作为独立的历史自然体,土壤既具有其本身特有的发生和发展规律,又有其在分布上的地理规律。土壤是成土母质在一定水热条件和生物的作用下,经过一系列物理、化学和生物化学的作用而形成的。气候、生物、母质、地形、时间、内动力地质作用以及人类活动等因素都对土壤的发生产生影响。这些因素的不同组合,对土壤的综合作用不同,则产生各种各样的土壤类型。成土因素学说是研究这些外在环境条件对土壤发生过程和土壤性质影响的学说,是土壤发生学的研究内容。土壤形成因素分析不仅是我们组织有关土壤知识概念并建立分类体系的指导,它也是我们在野外鉴别土壤、划分土壤界限的重要参考依据。

## 一、土壤的形成因素

　　土壤形成因素又称成土因素,是影响土壤形成和发育的基本因素,它是一种物质、力、条件或关系或它们的组合,这些因素已经对土壤形成产生了影响或将继续影响土壤的形成和发育。

　　土壤形成因素包括自然因素和人为因素。其中,自然成土因素包括母质、生物、气候、地形和时间,这些因素是土壤形成的基础和内在因素。而人类活动也是土壤形成的重要因素,可对土壤性质和发展方向产生深刻影响,有时甚至起着主导作用。

### (一)母质

　　通常把与土壤形成有关的块状固结的岩体称为母岩,而把与土壤发生直接联系的母岩风化物及其再积物称为母质。它是形成土壤的物质基础,是土壤的前身。其在土壤形成中的作用可大体概括为以下 3 个方面:

　　1. 母质矿物质、化学特性对成土过程的速度、性质和方向的影响

　　不同母质因其矿物质组成、理化性质的不同,在其他成土因素的作用下,直接影响着成土过程的速度、性质和方向。例如,在石英含量较高的花岗岩风化物中,抗风化很强的石英颗粒仍可保存在所发育的土壤中,而且因其所含的盐基成分($K$、$Na$、$Ca$、$Mg$)较少,在强淋溶下,极易完全淋失,使土壤呈酸性反

应;反之,富含盐基成分的基性岩,如玄武岩、辉绿岩等风化物,则因不含石英,盐基丰富,抗淋溶作用较强。

2. 母质的粗细及层理变化对土壤发育的影响

母质的机械组成和矿物风化特征直接影响土壤质地,从而影响土壤形成以及一系列土壤理化性质。例如,对于沙质或沙质母质,水分可以自上而下迅速穿过,在土壤中滞留和作用时间短,而不易引起母质中的化学风化,故其成土作用和土壤剖面发育缓慢。而壤质母质透水性适宜,最有利于当地各成土因素的作用,形成的土壤常具有明显的层次性。

3. 母质层次的不均一性也会影响土壤的发育和形态特征

如冲积母质的沙黏间层所发育的土壤易在沙层之下、黏层之上形成滞水层。

**(二)生物**

土壤形成的生物因素包括植物、土壤动物和土壤微生物。生物因素促进土壤形成中有机质的合成和分解。只有当母质中出现了微生物和植物时,土壤的形成才真正开始。

微生物是地球上最古老的生物体,已存在数十亿年,它们早在出现高等植物以前就已发生作用,土壤微生物对成土的作用是多方面的,且非常复杂,其中最主要的是作为分解者推动土壤生物小循环不断发展。

植物通过合成有机质向土壤中提供有机物质和能量,促使母质肥力因素的改变,它的根部还可分泌二氧化碳和某些有机酸类,影响土壤中一系列的生物化学和物理化学作用;根系还能调节土壤微生物区系,促进或抑制某些生物和化学过程;同时根在土壤中伸展穿插的机械作用,可促进土壤结构体的形成。在一定的气候条件下,植物与微生物的特定组合决定了土壤形成发展速度与方向,产生相应的土壤类型。

土壤动物对土壤形成的影响也是不可忽视的。自微小的原生动物至高等脊椎动物所构成的动物区系,均以其特定的方式参加了土壤中有机残体的破碎与分解作用,并通过搬运、疏松土壤及母质影响土壤物理性质。某些动物如蚯蚓还可参与土壤结构体的形成,其分泌物可引起土壤的化学成分的改变。

**(三)气候**

气候不仅直接影响土壤的水热状况和物质的转化和迁移,而且还可通过改变生物群落(包括植被类型、动植物生态等)影响土壤的形成。地球上不同地带由于热量、降水量及干湿度的差异,其天然植被互不相同,土壤类型也不相同。此外,气候条件还可影响土壤形成速率。

### (四)地形

在成土过程中,地形是影响土壤和环境之间进行物质、能量交换的一个重要条件,它与母质、生物、气候等因素的作用不同。其主要通过影响其他成土因素对土壤形成起作用。由于地形影响着水、热条件的再分配,从而影响母质和植被的类型,所以不同地形条件下形成的土壤类型均表现出明显的垂直变化特点。地形还通过地表物质的再分配过程影响土壤形成。

### (五)时间

时间因素可体现土壤的不断发展。正像一切历史自然体一样,土壤也有一定的年龄。土壤年龄是指土壤发生发育时间的长短。通常把土壤年龄分为绝对年龄和相对年龄。绝对年龄是指该土壤在当地新鲜风化层或新母质上开始发育时算起迄今所经历的时间,通常用年表示;相对年龄则是指土壤发育阶段或土壤的发育程度。土壤剖面发育明显,土壤厚度大,发育度高,相对年龄大;反之相对年龄小。我们通常说的土壤年龄是指土壤发育程度,而不是年数,亦即通常所谓的相对年龄。

### (六)人类活动对土壤发生演化的作用

人类活动在土壤形成过程中具有独特的作用,有人将其作为第六个因素,但它与其他 5 个自然因素有本质区别。因为人类活动对土壤的影响是有意识、有目的、定向的,具有社会性,它受着社会制度和社会生产力的影响。同时,人类对土壤影响具有双重性,利用合理则有助于土壤质量的提高;但如利用不当,就会破坏土壤。

上述各种成土因素可概括分为自然成土因素(母质、生物、气候、地形、时间)和人类活动因素。自然成土因素存在于一切土壤形成过程中,产生自然土壤;后者是在人类社会活动的范围内起作用,对自然土壤施加影响,可改变土壤的发育程度和发育方向。某一成土因素的改变,会引发其他成土因素的改变。土壤形成的物质基础是母质,能量的基本来源是气候,生物则把物质循环和能量交换向形成土壤的方向发展,使无机能转变为有机能、太阳能转变为生物化学能,促进有机质的积累和土壤肥力的产生,地形、时间以及人类活动则影响土壤的形成速度和发育程度及方向。

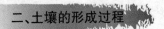

## 二、土壤的形成过程

### (一)土壤形成过程的实质

植物营养因素在生物体和土壤之间的循环(吸收、固定和释放的过程),称为生物小循环。其结果使植物营养元素逐渐在土壤中增加,累积的方向是向上的;与之相反,岩石风化作用则是促进物质的地质大循环。所谓物质的地质大循环是指地面的岩石的风化、风化产物的淋溶与搬运、堆积,进而产生成岩作用,这是地球表面恒定的周而复始的大循环。物质大循环是一个地质学的过程,每一轮循环所需时间长,作用范围广;生物小循环则是生物学的过程,每一轮循环的时间短,范围小。土壤形成是一个综合性的过程,其实质是物质的地质大循环和生物小循环的对立统一,其中以小循环为矛盾的主要方面。因为地质大循环是物质的淋失过程,生物小循环是土壤元素的集中过程,二者是矛盾的。但如果无地质大循环,生物小循环就不能进行;无生物小循环,仅地质大循环,土壤则难以形成。地质大循环和生物小循环的共同作用是土壤发生的基础。在土壤形成过程中,两种循环过程相互渗透和不可分割地同时同地进行,它们之间通过土壤而相互连接在一起。

### (二)主要的成土过程

主要的成土过程是地壳表面的岩石风化体及其搬运的沉积体,受其所处环境因素的作用,形成具有一定剖面形态和肥力特征的土壤的历程。因此,土壤的形成过程可以看作是成土因素的函数。由于各地区成土因素的差异,在不同的自然因素综合作用下,大小循环所表现的形式不同,由此产生土壤类型的分化。根据成土过程中物质交换和能量转化的特点和差异,土壤基本表现出原始成土、有机质积累、富铝化、钙化、盐化、碱化、灰化、潜育化等成土过程。

1. 原始成土过程

从岩石露出地表着生微生物和低等植物开始到高等植物定居之间形成的土壤过程,称为原始成土过程,包括 3 个阶段。第一个阶段为岩石表面着生蓝藻、绿藻和硅藻等岩生微生物"岩漆"阶段;第二阶段为地衣对原生矿物发生强烈的破坏性影响的"地衣"阶段;第三个阶段为苔藓阶段,生物风化与成土过程的速度大大增加,为高等绿色植物的生长准备了肥沃的基质。原始成土过程多发生在高山区,也可以与岩石风化同时同步进行。

2. 有机质积聚过程

有机质积聚过程是在木本或草本植被下,土体上部有机质增加的过程,它是生物因素在土壤形成过程中的具体体现,普遍存在于各种土壤中。由于成土条件的差异,有机质及其分解与积累也可有较大的差异。据此可将有机质积聚过程进一步划分为腐殖化、粗腐殖化及泥炭化3种。具体体现为6种类型:漠土有机质积聚过程、草原土有机质积聚过程、草甸土有机质积聚过程、林下有机质积聚过程、高寒草甸土有机质积聚过程、泥炭积聚过程。

### 3. 富铝化过程

富铝化过程又称为脱硅过程或脱硅富铝化过程。它是热带、亚热带地区土壤物质由于矿物的分化,形成弱碱性条件,促进可溶性盐基及硅酸的大量流失,而造成铁铝在土体内相对富集的过程。因此,它包括两方面的作用,即脱硅作用和铁铝相对富集作用。

### 4. 钙化过程

主要出现在干旱及半干旱地区。由于成土母质富含碳酸盐,在季节性的淋溶作用下,土体中碳酸钙可向下迁移至一定深度,以不同形态(假菌丝、结核、层状等)累积为钙积层,其碳酸钙含量一般在10% ~ 20%,因土类和地区不同而异。

### 5. 盐化过程

盐化过程指地表水、地下水以及母质中含有的盐分,在强烈的蒸发作用下,通过土壤水的垂直和水平移动,逐渐向地表积聚(现代积盐作用),或是已脱离地下水或地表水的影响,而表现为残余积盐特点(残余积盐作用)的过程,多发生于干旱气候条件。参与作用的盐分主要是一些中性盐,如 $NaCl$、$Na_2SO_4$、$MgSO_4$ 等。在受海水影响的滨海地区,土壤也可发生盐化,盐分一般以 $NaCl$ 占绝对优势。

### 6. 碱化过程

碱化过程是土壤中交换性钠或交换性镁增加的过程,该过程又称为钠质化过程。碱化过程的结果可使土壤呈强碱性反应,pH > 9.0,土壤黏粒被高度分散,物理性质极差。

### 7. 灰化过程

灰化过程是指在冷湿的针叶林生物气候条件下土壤中发生的铁铝通过配位反应而迁移的过程。在寒带和寒温带湿润气候条件下,由于针叶林的残落物被真菌分解,产生强酸性的富啡酸,对土壤矿物起着很强的分解作用。在酸性介质中,矿物分解使硅、铝、铁分离,铁、铝与有机配位体作用而向下迁移,在一定的深度形成灰化淀积层;而二氧化硅残留在土层上部,形成灰白色的土层。

### 8. 潜育化过程

潜育化过程的产生要求具备土壤长期渍水、有机质处于嫌气分解状态这两种条件。该过程中铁锰强烈还原,形成灰－灰绿色的土体。有时,由于"铁解"作用,而使土壤胶体破坏,土壤变酸。该过程主要出现在排水不良的水稻土和沼泽土中,往往发生在剖面下部的永久地下水位以下。

## 第二节　土壤分类学概述

土壤分类不仅是在不同的概括水平上认识和区分土壤的线索,也是进行土壤调查、土地评价、土地利用规划和交流有关土壤科学和农业生产实践研究成果以及转移地方性土壤生产经营管理经验的依据。不同时期的土壤分类反映了当时土壤科学发展的水平,即土壤分类是土壤科学的一面镜子。随着人们对土壤知识的增加与深化,土壤分类也在不断更新。另一方面,由于土壤知识背景不同,组织土壤知识进行土壤分类的思想方法也不同,同一时期也会存在多种土壤分类体系,每个土壤分类体系都有其自身的分类特点。但随着时间的推移,人们对土壤的认识逐步趋同,土壤分类也将会逐渐趋向于统一。

### 一、土壤分类的基本概念与要求

#### (一)土壤类型与土壤分类单元

分类是认识自然事物的线索,土壤是由无数个体(单位土体)组成的复杂庞大的群体系统。土壤个体之间存在着许多共性,同时它们之间也存在着相当大的差异。如果不对土壤群体进行分类,就难以认识土壤个体之间的差异性或相似性,也很难理解它们之间的关系。因此,人们就选择土壤的某些性质作为区分标准,根据在这些性质上的异同,将土壤群体中的个体进行分类或归类,形成类别或类型。一个土壤类型就是在所选择的作为区分标准的土壤性质上相似的一组土壤个体,并且依据这些性质区别于其他土壤类型。分类单元是分类学专门术语。土壤分类学上将土壤类型(类别)称土壤分类单元。

#### (二)分类等级

土壤群体是如此复杂,以致用单一层次的分类不能表明相互关系,人们按照土壤个体的相似程度对土壤群体进行逐级区分,形成分类等级。土壤分类的目的是要全面地有系统地认识它们,要达到这一点,就需要有一个多等级的分类体系。这个体系中,最高分类等级可仅设少数几个分类单元,而最低分类等级则可有大量的分类单元。各分类等级构成纵向的归属关系,同一分类等级上的各分类单元构成横向的对比关系。在高级分类等级上的土壤分类单元包括了较多的土壤个体,个体之间的性质差异大;而在低层次分类等级上的分类单元则包括了较少的土壤个体,并且个体之间的相似程度高。

采取多级分类有两个原因:第一是人类大脑的限制,人类大脑在一个层次上只能领悟几件事,在一个分类单元内的亚单元应少到使人能掌握或记忆。比如,一个分类单元内有 10 个亚单元,可以容易地记住,若一个分类单元有 100 个亚单元,就不易理解并记忆它们了。所以,必须把数目众多的分类单元逐级归类合并到较高级的分类单元中,使每一等级的类别都减少到人脑可以领悟的个数。另外,分类等级也应该限制在一个容易被人脑理解和记忆的数目,这样形成树枝状分类,达到纲举目张的目的。要求多级分类的第二个理由是满足在不同水平上概括土壤的需要和不同比例尺调查土壤的需要。在较低级的分类等级,划分出较多的分类单元,各分类单元所反映的土壤性质多,分类单元中的土壤性质均一性高,所以低级土壤分类对土壤利用是十分重要的。如我们关心一块地或一个农场的土壤,它们只能属于一个土种(系)内的某几个变种(土相)。如果我们要了解一个省甚至全国的土壤,在这样大的范围内可能存在几千个土种(系),所包括的性质太多了,人脑难以记忆和理解,这时,必须把这些土系逐级归类合并到较高级别的分类单元中去,使我们的注意力集中在较少的几个重要的土壤性质上。较高的分类等级对于归纳和概括较低分类等级中的土壤单元是必要的,而且对于在大范围内进行土壤调查和对比也是有用的。

### (三)土壤分类单元与土壤实体

土壤分类单元是按照一定的分类目的,根据对客观存在的土壤实体的性质的认识,选择某些性质作为区分标准,按照在这些性质上的异同而认为划分的。对于同一土壤实体,如果采取不同的分类体系和分类标准对它进行分类,则会产生不同的分类单元。所以,土壤实体是客观存在的,但用不同的分类体系对它进行分类,则会产生在名称和定义上都不相同的分类单元。一个土壤分类单元名称是对土壤实体性质的概括或抽象,是土壤分类学家依据对土壤实体的理解和分类目的而命名的。土壤分类单元名称本身并未指出这样的土壤实体的具体空间位置(实际上在地球表面必然存在这样一种土壤,人们根据对它的已有的认识,总结整理出来分类名称)。一旦在某地发现某土壤实体的性质符合这个分类单元的定义,则用这个分类单元的名称来命名该土壤实体。

### (四)土壤分类的依据

土壤分类的依据可归纳为以下 3 个方面:分析成土因素对土壤形成的影响和作用;研究成土过程的特性特征;研究土壤属性的差别,土壤属性是土壤分类的最终依据。

### (五)土壤分类的要求

第一,土壤分类应采用多级分类制。例如,中国土壤分类系统为由土纲、亚纲、土类、亚类、土属和土种、亚种构成的七级制分类系统;美国土壤系统分类由土纲、亚纲、大土类、亚类、土族和土系构成的六级制分类系统。

第二,各分类级上各个分类单元应有明确的定义,定义是从土壤分类中归纳起来的。

第三,区分土壤类型的标准是土壤属性,而且这些属性是可以观察测定的。

第四,在进行土壤归类时,由低级至高级呈"宝塔"状。

第五,土壤分类是土壤这个大家庭的统一体系,因此每一个土壤都可在该系统中有一个位置,而且只有一个位置。

## 二、中国土壤分类系统

不仅不同的历史时期存在着不同的土壤分类体系,而且在同一历史时期也会存在着不同的土壤分类体系。鉴于当前我国大量已有的土壤资料是在长期应用土壤发生分类体系条件下积累起来的,且发生分类在我国已有大半个世纪,所以,以下重点介绍的分类体系是现行中国第二次土壤普查使用的土壤分类体系,也可以称为官方土壤分类体系。

### (一)中国土壤分类体系的发展和分类思想

中国土壤分类系统是全国第二次土壤普查办公室为第二次土壤普查工作制定和发展形成的。在第二次全国土壤普查开始时,根据 1978 年土壤分类学术讨论会所拟的《中国土壤分类暂行草案》,并附以土壤类型性状说明,作为工作分类。全国土壤普查从试点到全面开展后,不断发现新的土壤类型。至1984 年在云南昆明召开了土壤分类讨论会,拟定了《中国土壤分类系统》(修订稿),划分了土纲、土类、亚类等单元。1988 年全国土壤普查办公室在山西太原再度召开了土壤分类研讨会,在广泛征求各省(市、区)意见的基础上,根据新获资料,拟定了土纲、亚纲、土类、亚类的分类系统。1992年3月,在各省(市、区)土壤普查鉴定验收接近尾声和全国土壤普查资料汇总的关键时刻,有关《中国土壤》《中国土种志》及系列图件和资料汇总等均须在统一的土壤分类下完成,因此有关专家、教授经过反复讨论,最后确立了12个土纲、28个亚纲、61个土类、233个亚类的《中国土壤分类系统》(表3-1)。这一分类系统的逐步改进和制定,代表了全国土壤普查的科学水平。

现行中国土壤分类体系的指导思想核心:每一个土壤类型都是在各成土因素的综合作用下,由特定的主要成土过程所产生,且具有一定的土壤剖面形态和理化性状的土壤。因此,在鉴别土壤和分类时,比较全面注重将成土条件、土壤剖面性状和成土过程相结合而进行研究,即将土壤属性和成土条件以及由前两者推论的成土过程联系起来,这就是所谓的以成土条件、成土过程、土壤性质统一来鉴别和分类土壤的指导思想。

表3-1 中国土壤分类系统高级分类表(中国土壤,1998)

| 土纲 | 亚纲 | 土类 | 亚类 |
|---|---|---|---|
| 铁铝土 | 湿热铁铝土 | 砖红壤 | 砖红壤、黄色砖红壤 |
| | | 赤红壤 | 赤红壤、黄色赤红壤、赤红壤性土 |
| | | 红壤 | 红壤、黄红壤、棕红壤、山原红壤、红壤性土 |
| | 湿暖铁铝土 | 黄壤 | 黄壤、漂洗黄壤、表潜黄壤、黄壤性土 |
| 淋溶土 | 湿暖淋溶土 | 黄棕壤 | 黄棕壤、暗黄棕壤、黄棕壤性土 |
| | | 黄褐土 | 黄褐土、黏盘黄褐土、白浆化黄褐土、黄褐土性土 |
| | 湿暖温淋溶土 | 棕壤 | 棕壤、白浆化棕壤、潮棕壤、棕壤性土 |
| | 湿温淋溶土 | 暗棕壤 | 暗棕壤、灰化暗棕壤、白浆化暗棕壤、草甸暗棕壤、潜育暗棕壤、暗棕壤性土 |
| | | 白浆土 | 白浆土、草甸白浆土、潜育白浆土 |
| | 湿寒温淋溶土 | 棕色针叶林土 | 棕色针叶林土、灰化棕色针叶林土、白浆化棕色针叶林土、表潜棕色针叶林土 |
| | | 漂灰土 | 漂灰土、暗漂灰土 |
| | | 灰化土 | 灰化土 |

| 土纲 | 亚纲 | 土类 | 亚类 |
|---|---|---|---|
| 半淋溶土 | 半湿热半淋溶土 | 燥红土 | 燥红土、淋溶燥红土、褐红土 |
| | 半湿暖温半淋溶土 | 褐土 | 褐土、石灰性褐土、淋溶褐土、潮褐土、燥褐土、娄土、褐土性土 |
| | 半湿温半淋溶土 | 灰褐土 | 灰褐土、暗灰褐土、淋溶灰褐土、石灰性灰褐土、灰褐土性土 |
| | | 黑土 | 黑土、草甸黑土、白浆化黑土、表潜黑土 |
| | | 灰色森林土 | 灰色森林土、暗灰色森林土 |
| 钙层土 | 半湿暖温钙层土 | 黑钙土 | 黑钙土、淋溶黑钙土、石灰性黑钙土、淡黑钙土、草甸黑钙土、盐化黑钙土、碱化黑钙土 |
| | 半干温钙层土 | 栗钙土 | 暗栗钙土、栗钙土、淡栗钙土、草甸栗钙土、盐化栗钙土、碱化栗钙土、栗钙土性土 |
| | 半干暖温钙层土 | 栗褐土 | 栗褐土、淡栗褐土、潮栗褐土 |
| | | 黑垆土 | 黑垆土、黏化黑垆土、潮黑垆土、黑麻土 |
| 干旱土 | 温干旱土 | 棕钙土 | 棕钙土、淡棕钙土、草甸棕钙土、盐化棕钙土、碱化棕钙土、棕钙土性土 |
| | 暖温干旱土 | 灰钙土 | 灰钙土、淡灰钙土、草甸灰钙土、盐化灰钙土 |
| 漠土 | 温漠土 | 灰漠土 | 灰漠土、钙质灰漠土、草甸灰漠土、盐化灰漠土、碱化灰漠土、灌耕灰漠土 |
| | 暖温漠土 | 灰棕漠土 | 灰棕漠土、石膏灰棕漠土、石膏盐磐灰棕漠土、灌耕灰棕漠土 |
| | | 棕漠土 | 棕漠土、盐化棕漠土、石膏棕漠土、石膏盐磐棕漠土、灌耕棕漠土 |

| 土纲 | 亚纲 | 土类 | 亚类 |
|---|---|---|---|
| 初育土 | 土质初育土 | 黄绵土 | 黄绵土 |
| | | 红黏土 | 红黏土、积钙红黏土、复盐基红黏土 |
| | | 新积土 | 新积土、冲积土、珊瑚沙土 |
| | | 龟裂土 | 龟裂土 |
| | | 风沙土 | 荒漠风沙土、草原风沙土、草甸风沙土、滨海风沙土 |
| | 石质初育土 | 石灰(岩)土 | 红色石灰土、黑色石灰土、棕色石灰土、黄色石灰土 |
| | | 火山灰土 | 火山灰土、暗火山灰土、基性岩火山灰土 |
| | | 紫色土 | 酸性紫色土、中性紫色土、石灰性紫色土 |
| | | 磷质石灰土 | 磷质石灰土、硬磐磷质石灰土、盐渍磷质石灰土 |
| | | 石质土 | 酸性石质土、中性石质土、钙质石质土、含盐石质土 |
| | | 粗骨土 | 酸性粗骨土、中性粗骨土、钙质粗骨土、硅质粗骨土 |
| 半水成土 | 暗半水成土 | 草甸土 | 草甸土、石灰性草甸土、白浆化草甸土、潜育草甸土、盐化草甸土、碱化草甸土 |
| | 淡半水成土 | 潮土 | 潮土、灰潮土、脱潮土、湿潮土、盐化潮土、碱化潮土、灌淤潮土 |
| | | 砂姜黑土 | 砂姜黑土、石灰性砂姜黑土、盐化砂姜黑土、碱化砂姜黑土、黑黏土 |
| | | 林灌草甸土 | 林灌草甸土、盐化林灌草甸土、碱化林灌草甸土 |
| | | 山地草甸土 | 山地草甸土、山地草原草甸土、山地灌丛草甸土 |

| 土纲 | 亚纲 | 土类 | 亚类 |
|------|------|------|------|
| 水成土 | 矿物质水成土 | 沼泽土 | 沼泽土、腐泥沼泽土、泥炭沼泽土、草甸沼泽土、盐化沼泽土、碱化沼泽土 |
| | 有机水成土 | 泥炭土 | 低位泥炭土、中位泥炭土、高位泥炭土 |
| 盐碱土 | 盐土 | 草甸盐土 | 草甸盐土、红壳盐土、沼泽盐土、碱化盐土 |
| | | 漠境盐土 | 漠境盐土、干旱盐土、残余盐土 |
| | | 滨海盐土 | 滨海盐土、滨海沼泽盐土、滨海潮滩盐土 |
| | | 酸性硫酸盐土 | 酸性硫酸盐土、含盐酸性硫酸盐土 |
| | | 寒原盐土 | 寒原盐土、寒原硼酸盐土、寒原草甸盐土、寒原碱化盐土 |
| | 碱土 | 碱土 | 草甸碱土、草原碱土、龟裂碱土、盐化碱土、荒漠碱土 |
| 人为土 | 人为水成土 | 水稻土 | 潴育水稻土、淹育水稻土、渗育水稻土、潜育水稻土、脱育水稻土、漂洗水稻土、盐渍水稻土、咸酸水稻土 |
| | 灌耕土 | 灌淤土 | 灌淤土、潮灌淤土、表锈灌淤土、盐化灌淤土 |
| | | 灌漠土 | 灌漠土、灰灌漠土、潮灌漠土、盐化灌漠土 |
| 高山土 | 湿寒高山土 | 高山草甸土 | 高山草甸土、高山草原草甸土、高山灌丛草甸土、高山湿草甸土 |
| | | 亚高山草甸土 | 亚高山草甸土、亚高山草原草甸土、亚高山灌丛草甸土、亚高山湿草甸土 |
| | 半湿寒高山土 | 高山草原土 | 高山草原土、高山草甸草原土、高山荒漠草原土、高山盐渍草原土 |
| | | 亚高山草原土 | 亚高山草原土、亚高山草甸草原土、亚高山荒漠草原土、亚高山盐渍草原土 |
| | | 山地灌丛草原土 | 山地灌丛草原土、山地淋溶灌丛草原土 |
| | 干寒高山土 | 高山漠土 | 高山漠土 |
| | | 亚高山漠土 | 亚高山漠土 |
| | 寒冻高山土 | 高山寒漠土 | 高山寒漠土 |

场地污染土壤原理与控制技术

## (二)中国土壤的分类系统

《中国土壤分类系统》从上至下共设土纲、亚纲、土类、亚类、土属、土种和亚种等七级制分类单元。其中土纲、亚纲、土类、亚类属高级分类单元，土属为中级分类单元，土种为基层分类的基本单元，以土类和土种最为重要。

### 1. 土纲

土纲是对某些有共性的土类的归纳与概括。如铁铝土纲，是将在湿热条件下，在富铁铝化过程中产生的黏土矿物以三氧化物、二氧化物和 1∶1 型高岭石为主的一类土壤，如砖红壤、赤红壤、红壤和黄壤等土类归集在一起，这些土类都发生过富铁铝化过程，只是其表现程度不同。

### 2. 亚纲

亚纲在土纲范围内，根据土壤现实的水、热条件划分，反映了控制现代成土过程的成土条件，它们对于植物生长和种植制度也起着控制性作用。如铁铝土纲分成湿热铁铝土亚纲和湿暖铁铝土亚纲，两者的差别在于热量条件。

### 3. 土类

土类是高级分类的基本分类单元。它是根据成土条件、成土过程和由此发生的土壤属性三者的统一和综合进行划分的。同一土类的土壤，成土条件，主导成土过程和主要土壤属性相同，如红壤是一类在湿润亚热带生物气候条件下，干湿交替明显的气候环境中，地形较高，排水良好条件下，经脱硅富铁铝化作用形成的，它们具有黏化、黏粒硅铝率低，矿物质以高岭石为主、酸性、肥力低等特性。每一个土类均要求：具有一定的特征土层或其组合；具有一定的生态条件和地理分布区域；具有一定的成土过程和物质迁移的地球化学规律；具有一定的理化属性和肥力特征及改良利用方向。

### 4. 亚类

亚类是土类的续分，反映主导土壤形成过程以外，还有其他附加的成土过程。一个土类中有代表它典型特征的典型亚类，即它是在定义土类的特定成土条件和主导成土过程作用下产生的；也有表示一个土类向另一个土类过渡的亚类，它是根据主导成土过程之外的附加成土过程来划分的。如红壤土类中，红壤亚类是代表了典型红壤的一个亚类，而黄红壤则是由红壤向黄壤过渡的一个亚类。

### 5. 土属

土属是根据成土母质的成因、岩性及区域水分条件等地方性因素的差异进行划分的。它是基层分类的土种与高级分类的土类之间的重要"接口"，因此,在分类上起了承上启下的作用。对于不同的亚类,所选用作为土属划分的指标是不一样的。例如,红壤性土可按基性岩类、酸性岩类、石灰岩类、石英岩类、页岩类划分土属;盐土根据盐分类型可划分为硫酸盐盐土、硫酸盐 – 氯化物盐土、氯化物盐土、氯化物 – 硫酸盐盐土等。如果说土属以上的高级分类主要反映气候和植被这样的地带性成土因素及其结果的话,土属的划分主要反映母质和地形(地下水)的影响。

6. 土种

土种是土壤基层分类的基本单元,它处于一定的景观部位,是具有相似土体构型的一群土壤。同一土种要求:景观特征、地形部位、水热条件相同;母质类型相同;土体构型(包括厚度、层位、形态特征)一致;生产性和生产潜力相似,而且具有一定的稳定性,在短期内不会改变。土种主要反映了土属范围内量上的差异,而不是质的差别。如山地土壤可根据土层厚度、黏粒含量或砾石含量划分土种,盐土可以根据盐分含量来划分土种。

7. 亚种

亚种又称变种,它是土种的辅助分类单元,是根据土种范围内由于耕层或表层性状的差异进行划分。如根据表层耕性、质地、有机质含量和耕层厚度等进行划分。亚种经过一定时间的耕作可以改变,但同一土种内各亚种的剖面构型一致。

该分类系统的高级分类单元反映了土壤发生学方面的差异,而低级分类单元则较多地考虑了土壤在生产利用上的差别。

### (三)中国土壤分类的命名方法

中国现行的土壤分类系统采用连续命名与分段命名相结合的方法。土纲和亚纲为一段,以土纲名称为基本词根,加形容词或副词前缀构成亚纲名称,亚纲名称是连续命名,如半干旱湿钙层土,含土纲与亚纲名称。土类和亚类为一段,以土类名称为基本词根,加形容词或副词前缀构成亚类名称,如盐化草甸土、草甸黑土,可自成一段单用,但它是连续命名法。土属名称不能自成一段,多与土类、亚类连用,如氯化物滨海盐土、酸性岩坡积物草甸暗棕壤,是典型的连续命名法。土种和变种名称也不能自成一段,必须与土类、亚类、土属连用,如黏壤质(变种)、厚层、黄土性草甸黑土。名称既有从国外引进的,如黑钙土;也有从群众名称中提炼的,如白浆土;也有根据土壤特点新创造的,如砂姜黑土等。

# 第四章　土壤污染概述

随着人类社会对土壤需求的扩展,土壤的开发强度越来越大,向土壤排放的污染物也成倍增加。土壤是 90% 污染物的最终受体,比如大气污染造成的污染物沉降,污水的灌溉和下渗,固体废弃物的填埋,"受害者"都是土壤。作为与人类生产生活密切相关的自然要素,土壤污染不容忽视。目前,我国遭受不同程度污染的农田已达 1 000 万 hm² 以上,对农业生态系统已造成极大的威胁。防治土壤污染,保护有限的土壤资源,实际上已成为突出的全球问题。

# 第一节　土壤污染的概念

土壤作为人类赖以生存和发展的物质基础，不仅仅因为它的肥力属性即具有生产绿色植物的功能，还因为它具有过滤性、吸附性、缓冲性等多种特性，既充当各种来源污染物的载体，又起到污染物天然净化场所的作用。鉴于此，在我们对土壤污染概念做出定义的同时，还需对土壤背景值、土壤环境容量和土壤自净功能等做以下介绍。

## 一、土壤污染的定义

土壤污染及其治理相比其他环境子系统的污染和净化起步较晚，其污染过程、修复机制等均存在许多尚待解决的科学与技术问题。土壤污染的定义到目前尚未有定论，比较常见的定义方式包括绝对性定义、相对性定义和综合性定义。

第一种绝对性定义，基于土壤环境体系是否有外来的（包括人为和自然的原因，但主要是人为添加）物质加入，只要有外来物质进入土壤体系，改变其原有的物质构成，即视为污染的发生，美国超级基金的土壤污染及其风险评估、修复项目就是基于绝对性定义开展的。第二种相对定义，则考虑加入的物质达到某种程度才定义为土壤受到了污染，通常认为是外源物质进入土壤环境，其含量达到或超过该元素在土壤中环境背景值加 2 倍标准差作为土壤受到污染的指标；而第三种综合性定义，则不仅要看土壤体系中某物质量的增加，同时这种增加还对人体或生态环境造成了或可能造成一定的危害，才称为土壤污染，此种综合性定义是基于人体健康风险评价或生态环境风险评价的定义模式，此时，土壤中污染物的总量已超出土壤环境容量。

综上，可以将土壤污染（soil pollution）定义为：人类活动或自然过程产生的有害物质进入土壤，致使某种有害成分的含量明显高于土壤原有含量，从而引起土壤环境质量恶化的现象。

## 二、土壤背景值

环境中有害物质的自然背景值和本底值是环境科学的一项基本资料，只有掌握了环境的背景值，才能判断是否存在污染、估计污染的程度并指导后续的治理和修复工作。土壤背景值（background value of soil environment）是指未受人类污染影响的情况下,土壤在自然界存在和发展过程中其本身原有的化学组成、化学元素和化合物的含量,也称土壤本底值。目前在全球环境受到污染的条件下,要寻找绝对污染的背景值是很困难的。因此,土壤背景值实际上是时间和空间上的相对概念,是表示相对不受污染的情况下土壤的基本化学组成,农业土壤在化肥、农药普通施用的背景下更是如此。土壤中污染物的累积量超过土壤背景值即为土壤污染。

土壤背景值的表示方法,国内外没有统一规定。目前我国通常采用测定值的算术平均值加减一个标准差来表示。它不仅表示土壤中某一污染物的平均含量,同时还说明了该污染物的含量范围。异常值的判断方法,我国都以 $X_0 = X + 2S$(式中,$X_0$ 为污染起始值、$X$ 为测定平均值、$S$ 为标准差)来判断。

土壤背景值是评价环境质量、计算污染物质的土壤环境容量和进行土壤污染预测预报的基础资料,亦是研究制定土壤污染指标和拟定土壤污染防治措施的基本依据。因此,开展土壤背景值的研究是环境土壤学的一项重要基础工作。我国已经开展了区域土壤背景值的研究,并提出一些地区的土壤背景值,对于防治区域性水土病、提供工矿企业等工农业布局规划、土壤环境质量评估、土壤污染防治等方面均可起到指导作用或提供科学依据。

### 三、土壤自净作用

土壤自净是指进入土壤的污染物,在土壤矿物质、有机质和土壤微生物的作用下,经过一系列的物理、化学及生物化学反应过程,降低其浓度或改变其形态,从而消除或降低污染物毒性的现象。土壤的自净作用对维持土壤生态平衡起重要的作用。正是由于土壤具有这种特殊功能,少量有机污染物进入土壤后,经生物化学降解可降低其活性变为无毒物质;进入土壤的重金属元素通过吸附、沉淀、配位、氧化还原等化学作用可变为不溶性化合物,使得某些重金属元素暂时退出生物循环,脱离食物链。土壤自净作用主要有 3 种类型。

#### (一)物理自净作用

土壤是多孔介质,进入土壤的污染物可以随土壤水迁移,通过渗滤作用排出土体;某些有机污染物亦可通过挥发、扩散方式进入大气。挥发和扩散主要决定于蒸气压、浓度梯度和温度。水迁移则与土壤颗粒组成、吸附容量密切相关。但是,物理净化作用只能使土壤污染的浓度降低或使污染物迁移,而不能使污染物从整个自然界消失,如果污染物迁移入地表水或地下水层,将造成水体污染,逸入大气则造成空气污染。

## （二）化学和物理化学自净作用

土壤中污染物经过吸附、配位、沉淀、氧化还原作用使其毒性浓度降低的过程，称为化学和物理化学自净。土壤黏粒、有机质具有巨大的表面积和表面能，有较强的吸附能力，是产生化学和物理化学自净的主要载体，酸碱反应和氧化还原反应在土壤自净过程中也起着主要作用，许多重金属在碱性土壤中容易沉淀，同样在还原条件下，大部分重金属离子能与 $S^{2-}$ 离子形成难溶性硫化物沉淀，而降低污染物的毒性。严格地说，土壤黏粒对重金属离子的吸附、配位和沉淀过程等，只是改变了金属离子的形态，降低它们的生物有效性，是土壤对重金属离子生物毒性的缓冲性能。从长远来看，污染物并没有真正消除，而相反地在土壤中"积累"起来，最终仍有可能被生物吸收，危及生物圈。

## （三）生物化学净化作用

有机污染物在微生物及其酶作用下，通过生物降解，被分解为简单的无机物而消散的过程。从净化机制看，生物化学自净是真正的净化。但不同化学结构的物质，在土壤中的降解历程不同。污染物在土壤中的半衰期长短悬殊，其中有的降解中间产物的毒性可能比母体更大。

总之，土壤的自净作用是各种化学过程共同作用、互相影响的结果，其过程互相交错，其强度的总和构成了土壤环境容量的基础。尽管土壤环境具有上述多种净化作用，而且也可通过多种措施来提高土壤环境的净化能力，但土壤自净能力是有一定限度的，这就涉及土壤环境容量问题。

## 四、土壤环境容量

环境容量是环境的基本属性和特征。通过对它的研究不但在理论上可以促进环境地学、环境化学、环境工程和生态学等多学科的交叉与渗透，而且在实践中可作为制定环境标准、污染物排放标准、污泥施用与污水灌溉量与浓度标准，以及区域污染物的控制与管理的重要依据，并对工农业合理布局和发展规模做出判断，以利于区域环境资源的综合开发利用和环境管理规划的制定，达到既发展经济，又能发挥环境自净能力，保证区域环境系统处于良性循环状态的目的。

## （一）环境容量

环境容量指的是在一定条件下环境对污染物最大容纳量，最早来源于"人口承载力"的研究，即国际人口生态界对世界人口容量的研究。环境科学家为了防止和控制日益扩展和严重的环境污染问题，提出了环境容量的概念，并从不同角度给环境容量定义。例如,一种定义为:"环境容量是指某环境单元所允许容纳的污染物最大量。"另一种定义为:"在人类生存和自然生态不受损害前提下,某一环境单元所能容纳的污染物的最大负荷量。"后者,不仅仅考虑到某一环境单元(元素)本身能容纳的污染物的负荷量,还考虑这个负荷量对人类生存和自然生态的危害,因此在环境污染控制与管理中更有实际意义。

### (二)土壤环境容量

所谓土壤环境容量,则可从上述环境容量的定义延伸为:"是指土壤环境单元所容许承纳的污染物质的最大数量或负荷量。"土壤环境容量实际上是土壤污染起始值和最大负荷值之间的差值。若以土壤环境标准作为土壤环境容量的最大允许极限值,则该土壤的环境容量的计算值,便是土壤环境标准值减去背景值(或本底值),即上述土壤环境的基本容量。但在尚未制定土壤环境标准的情况下,环境学工作者往往通过土壤环境污染的生态效应试验研究,以拟定土壤环境所允许容纳污染物的最大限值——土壤的环境基准含量,这个量值(即土壤环境基准减去土壤背景值),有的称之为土壤环境的静容量,相当于土壤环境的基本容量。

土壤环境的静容量虽然反映了污染物生态效应所允许的最大容纳量,但尚未考虑和顾及土壤环境的自净作用与缓冲性能,也即外源污染物进入土壤后的累积过程中,还要受土壤的环境地球化学背景与迁移转化过程的影响和制约,如污染物的输入与输出、吸附与解吸、固定与溶解、累积与降解等,这些过程都处在动态变化中,其结果都能影响污染物在土壤环境中的最大容纳量。因此,目前的环境学界认为,土壤环境容量应是静容量加上这部分土壤的净化量,才是土壤的全部环境容量或土壤的动容量。

土壤环境容量的研究,正朝着强调其环境系统与生态系统效应的更为综合的方向发展。据其最新进展,将土壤环境容量定义为,一定土壤环境单元,在一定时限内,遵循环境质量标准,即维持土壤生态系统的正常结构与功能,保证农产品的生物学产量与质量,也不使环境系统污染时,土壤环境所能容纳污染物的最大负荷量。土壤环境容量计算与研究在土壤环境领域有广泛的应用,包括制定区域性农田灌溉水质标准、制定和调整土壤环境标准、进行土壤污染预测,还可用于污染物排放总量控制。近年土壤环境受人为污染与影响很大,因此其动容量的研究更是广受关注。

# 第二节　土壤污染来源

## 一、土壤污染物的来源

### (一)土壤污染来源的方式划分

自然环境中,土壤作为与生态、水、气系统之间物质和能量交换的重要构成单元,其物质组成、结构、性质和功能等体系要素在与外部环境的物质和能量交换过程中发生变化,以适应外部环境的改变,维持体系的稳定。土壤所具有的表生生态环境维持、水分输送、耗氧输酸、物质储存与输移、物化－生物作用等功能是维持体系稳定性的重要保障。由于受到人类频繁的生产、生活等活动的影响,显著改变土壤与外部环境的物质和能量交换过程与强度,引起土壤特征要素的改变,进而对其他环境介质产生巨大作用与影响。土壤污染的来源多种多样,可按多种方式进行划分。

1. 按产生污染的来源分

(1)天然源　自然界自行向环境排放有害物质或造成有害影响的场所,如活动火山。

(2)人为源　人类活动所形成的污染源,是土壤污染的主要来源。

2. 按土壤污染的种类分

(1)农业源　农药、化肥和畜禽排泄物等。

(2)工业源　工业废水、废渣浸出物、工业粉尘,工业污染场地(土壤)是目前污染土壤中危害大、关注度高的场地类型。

(3)生活源　生活污水、生活垃圾等。

3. 按污染源的形式分

(1)点源类型　工业废水、城市生活污水,各类工业源为典型的点源,加油站等对土壤和地下水的污染也是重要的点源类型。

(2)面源类型　也称非点源污染或分散源污染,是指溶解和固体的污染物从非特定的地点,在降水或融雪的冲刷作用下,通过径流过程而汇入土壤环境并引起土壤有机污染、重金属污染或有毒有害等其他形式的污染。农田区土壤污染是我国面源污染的重要类型。

4. 按污染物进入土壤的途径分

(1)污水灌溉　是指利用污水、工业废水或混合污水进行农田灌溉。

（2）固体废弃物的利用　含煤灰、砖瓦、陶瓷、金属、玻璃等成分的生活垃圾长期施用于农田会逐步破坏土壤的团粒结构和理化性质。含重金属的城市垃圾会使土壤中重金属含量升高。

（3）农药和化肥的施用　农药和化肥作为现代农业必不可少的两大增产手段，其不合理施用与过量施用造成的化肥污染，使土壤养分平衡失调，是造成富营养化的重要原因，而有些肥料中含有有害物质。农药的残留和危害，包括生物放大、生物残留等通过食物链给人体和生态系统带来的影响已不胜枚举。

（4）大气沉降物　气源重金属微粒是土壤重金属污染的途径之一，酸沉降亦是对土壤－植物系统产生危害的主要途径。

（5）交通　城市主干道、高速公路、铁路等交通运输线由于机动车尾气排放、大气沉降等对周边土壤造成了不同程度的污染和危害。

5. 按污染物属性分

（1）土壤有机物污染　可分为天然有机污染物和人工合成有机污染物，一般指后者，包括有机废弃物、农药等污染。

（2）土壤无机物污染　随地壳变迁、火山爆发、岩石风华等天然过程进入土壤，随人类生产和消费活动进入土壤。目前关注较多的为重金属如汞、铅，类金属砷，无机物如氟等。

（3）土壤生物污染　一个或几个有害的生物种群，从外界环境侵入土壤，大量繁衍，破坏原来的动态平衡，对人类健康和土壤生态系统造成不良影响。如未经处理的粪便、垃圾、污水、饲养场和屠宰场污物等，近年来医疗垃圾中生物污染物进入土壤生态系统亦造成污染与危害。

（4）土壤放射性物质污染　指人类活动排放出的放射性污染物，使土壤的放射性水平高于天然本底值，如放射性废水排放、放射性固体废物填藏、放射性核事故等。

**（二）土壤污染的人为污染源概况**

造成土壤污染的物质来源极为广泛，有自然污染源，也有人为污染源。其中，人为污染源是土壤环境污染研究的主要对象，包括工业污染源、农业污染源和生活污染源。

1. 工业污染源

由于工业污染源具备确定的空间位置并稳定排放污染物质，其造成的污染多属点源污染。工业污染源造成的污染主要有以下几种情况：

（1）采矿业对土壤的污染　对自然资源的过度开发造成多种化学元素在自然生态系统中超量循环。改革开放以来,我国采矿业发展迅猛,年采矿石总量约60亿t,已成为世界第三大矿业大国,而其引发的环境污染和生态破坏也与日俱增。采矿业引发的土壤环境污染可以概括为:挤占土地、尾渣污染土壤、水质恶化。

（2）工业生产过程中产生的"三废"　工业"三废"主要是指工矿企业排放的"三废"（废水、废气、废渣）,一般直接由工业"三废"引起的土壤环境污染限于工业区周围数千米范围内,工业"三废"引起的大面积土壤污染都是间接的,且是由于污染物在土壤环境中长期积累而造成的。

1）废水　主要来源于城乡工矿企业废水和城市生活污水,直接利用工业废水、生活污水或用受工业废水污染的水灌溉农田,均可引起土壤及地下水污染。

2）废气　工业废气中有害物质通过工矿企业的烟囱、排气管或无组织排放进入大气,以微粒、雾滴、气溶胶的形式飞扬,经重力沉降或降水淋洗沉降至地表而污染土壤。钢铁厂、冶炼厂、电厂、硫酸厂、铝厂、磷肥厂、氮肥厂、化工厂等均可通过废气排放和重金属烟尘的沉降而污染周围农田。废气污染明显地受气象条件影响,一般在常年主导风向的下风侧比较严重。

3）废渣　工业废渣、选矿尾渣如不加以合理利用和进行妥善处理,任其长期堆放,不仅占用大片农田,淤塞河道,还可因风吹、雨淋而污染堆场周围的土壤及地下水。产生工业废渣的主要行业有采掘业、化学工业、金属冶炼加工业、非金属矿物加工、电力煤气生产、有色金属冶炼等。另外,很多工业原料、产品本身就是环境污染物。

2. 农业污染源

在农业生产中,为了提高农产品的产量,过多地施用化学农药、化肥、有机肥,以及污水灌溉、施用污泥、生活垃圾以及农用地膜残留、畜禽粪便及农业固体废弃物等,都可使土壤环境不同程度地遭受污染。由于农业污染源大多无确定的空间位置、排放污染物的不确定以及无固定的排放时间,农业污染多属面源污染,更具有复杂性和隐蔽性的特点,且不容易得到有效地控制。

（1）污水灌溉　未经处理的工业废水和混合型污水中含有各种各样污染物质,主要是有机污染物和无机污染物（重金属）。最常见的是引灌含盐、酸、碱的工业废水,使土壤盐化、酸化、碱化,失去或降低其生产力。另外,用含重金属污染物的工业废水灌溉,可导致土壤中重金属的累积。

（2）固体废物的农业利用　固体废弃物主要来源于人类的生产和消费活动,包括有色金属冶炼工厂、矿山的尾矿废渣,污泥,城市固体生活垃圾和畜禽粪便,农作物秸秆等,这些作为肥料施用或在堆放、处理和填埋过程中,可通过大气扩散、降水淋洗等直接或间接地污染土壤。

（3）农用化学品　农用化学品主要指化学农药和化肥,化学农药中的有机氯杀虫剂及重金属类,可较长时期地残留在土壤中;化肥施用主要是增加土壤重金属含量,其中 Cd、Hg、As、Pb、Cr 是化肥对土壤产生污染的主要物质。

（4）农用薄膜　农用废弃薄膜对土壤污染危害较大,薄膜残余物污染逐年累积增加。农用薄膜在生产过程中一般会添加增塑剂(如邻苯二甲酸酯类物质),这类物质有一定的毒性。

（5）畜禽饲养业　畜禽饲养业对土壤造成污染主要是通过粪便,一方面通过污染水源流经土壤,造成水源型的土壤污染;另一方面空气中的恶臭性有害气体降落到地面,造成大气沉降型的土壤污染。

3. 生活污染源

土壤生活污染源主要包括城市生活污水、屠宰加工厂污水、医院污水、生活垃圾等。

（1）城市生活污水　近年来,我国城市生活污水排放量以每年5%的速度递增,1999 年首次超过工业污水排放量,2001 年城市生活污水排放量达 221亿 t,占全国污水排放总量的 53.2%。2006 年,我国生活污水排放量为 296.6亿 t,而到 2012 年生活污水排放量已达 462.7 亿 t,年均复合增长达 7.69%。与此同时,我国城市生活污水处理设施严重滞后和不足。我国有些城市甚至没有污水处理厂,大量生活污水直接排放,造成越来越严重的环境污染。

（2）医院污水　其中危险性最大的是传染病医院未经消毒处理的污水和污物,主要包括肠道致病菌、肠道寄生虫、破伤风杆菌、肉毒杆菌、霉菌和病毒等。土壤中的病原体和寄生虫进入人体主要通过 3 种途径:一是通过食物链经消化道进入人体,如生吃被污染的蔬菜、瓜果,就容易感染寄生虫病或痢疾、肝炎等疾病;二是通过破损皮肤侵入人体,如十二指肠钩虫、破伤风、气性坏疽等;三是可通过呼吸道进入人体,如土壤扬尘传播结核病、肺炭疽。

（3）城市垃圾　20 世纪 90 年代以后,我国城市化速度进一步加快,目前城市化水平达到 37% 左右。城市数量与规模的迅速增加与扩张,带来了严重的城市垃圾污染问题。城市垃圾不仅产生量迅速增长,而且化学组成也发生了根本的变化,成为土壤的重要污染源。

2000~2009年,我国城市生活垃圾清运量年增长率为4.9%,截至2009年年底,我国的垃圾清运总量已达1.57亿t,日清运量超过43万t。据统计,2014年,我国城市生活垃圾清运量为1.71亿t。目前全世界垃圾年均增长速度为8.42%,而中国垃圾增长率达到10%以上。城市生活垃圾产生量逐年增加,垃圾处理能力缺口日益增大,我国未处理的城市生活垃圾累积堆存量至2007年年底已超过70亿t,侵占土地面积80多万亩。近年来又以平均每年4.8%的速度持续增长,全国600多座城市,除县城外,已有2/3的大中城市陷入垃圾的包围之中,且有1/4的城市已没有合适场所堆放垃圾。早期的城市垃圾主要来自厨房,垃圾组成基本上也是燃煤炉灰和生物有机质,这种组成的垃圾可用作农田肥料。现代城市垃圾的化学组成则完全不同,含有各种重金属和其他有害物质。

(4)粪便 土壤历来被当作粪便处理的场所。粪便主要由人、畜粪尿组成。一般成年人每人每天可产粪便约0.25kg,排泄尿约1kg。粪便中含有丰富的氮、磷、钾和有机物,是植物生长不可或缺的养料。但新鲜人畜粪便中含有大量的致病微生物和寄生虫卵,如不经无害化处理而直接用到农田,即可造成土壤的生物病原体污染,导致肠道传染病、寄生虫病、结核、炭疽等疾病的传播。

(5)公路交通污染源 随着社会的发展、家庭轿车等机动车辆剧增、运输活动越来越频繁,使得公路交通成为流动的污染源。交通运输可以产生3种污染危害:一是交通工具运行中产生的噪声污染;二是交通工具排放尾气产生的污染,如含硫化合物、含氮化合物、碳氧化合物、碳氢化合物、铅等;三是运输过程中有毒物质、有害物质的泄漏。据报道,美国由汽车尾气排入环境中的铅,已达到3 000万t,且大部分蓄积于土壤中。研究报道,汽车尾气及扬尘可使公路两侧300~1 000m内的土壤受到严重污染,其中主要是重金属铅和多环芳烃(PAHs)的污染。

(6)电子垃圾 电子垃圾是世界上增长最快的垃圾,这些垃圾中包含Pb、Hg、Cd等有毒重金属和有机污染物,处理不当会造成严重的环境污染。据联合国环境规划署估计,每年有2 000万~5 000万t电子产品被当作废品丢弃,它们对人类健康和环境构成了严重威胁。资料显示,一节一号电池污染,能使1m$^2$的土壤永久失去利用价值;一粒纽扣电池可使600t水受到污染,相当于一个人一生的饮水量。电池污染具有周期长、隐蔽性大等特点,其潜在危害相当严重,处理不当还会造成二次污染。

在为数众多的土壤污染来源中,影响大、比例高的污染来源主要包括工业污染源、农业污染源和市政污染源等。不同土壤由于其主要的生产生少等种类的不同,加之复合污染的存在,使污染场地表现出单污染源和复合污染源并存的情况,出现了更为复杂的土壤污染来源。

## 二、土壤污染类型概述

根据土壤环境主要污染物的来源和土壤环境污染的途径,我们可把土壤污染的类型归纳为水质污染型、大气污染型、固体废弃物污染型、农业污染型和综(复)合污染型几种。

### (一)水质污染型

水质污染型的污染源主要是工业废水、城市生活污水和受污染的地面水体。据报道,在日本曾由受污染的地面水体所造成的土壤污染占土壤污染总面积的80%,而且绝大多数是由污灌所造成的。

利用经过预处理的城市生活污水或某些工业废水进行农田灌溉,如果使用得当,一般可有增产效果,因为这些污水中含有许多植物生长所需要的营养物质。同时,节省了灌溉用水,并且使污水得到了土壤的净化,减少了治理污水的费用等。但因为城市生活污水和工矿企业废水中还含有许多有毒、有害的物质,成分相当复杂,若这些污水、废水直接输入农田,可造成土壤环境的严重污染。

经由水体污染所造成的土壤环境污染,其分布特点是:由于污染物质大多以污水灌溉形式从地表进入土体,所以污染物一般集中于土壤表层。但是,随着污灌时间的延续,某些污染物质可随水自上部向土体下部迁移,以至达到地下水层,这是土壤环境污染的最主要发生类型,它的特点是沿已被污染的河流或干渠呈树枝状或呈片状分布。

### (二)大气污染型

大气污染型的土壤环境污染物质来自被污染的大气。经由大气的污染而引起的土壤环境污染,主要表现在以下几个方面:

第一,工业或民用煤的燃烧所排放出的废气中含有大量的酸性气体,如$SO_2$、$NO_2$等;汽车尾气中的铅化合物、$NO_x$等,经降水、降尘而输入土壤。

第二,工业废气中的粒状浮游物质(包括飘尘),如含 Pb、Cd、Zn、Fe、Mn等的微粒,经降尘而落入土壤。

第三,炼铝厂、磷肥厂、砖瓦窑厂、氰化物生产厂等排放的含氟废气,一方面可直接影响周围农作物,另一方面可造成土壤的氟污染。

第四,原子能工业、核武器的大气层试验,产生的放射性物质,随降水降尘而进入土壤,对土壤环境产生放射性污染。

经由大气的污染所造成的土壤环境污染,其特点是以大气污染源为中心呈椭圆状或条带状分布,长轴沿风向伸长。其污染面积和扩散距离,取决于污染物质的性质、排放量以及排放形式。例如,西欧和中欧工业区采用高烟囱排放,$SO_2$等酸性物质可扩散到北欧斯堪的纳维亚半岛,使该地区土壤酸化。而汽车尾气是低空排放,只对公路两旁的土壤产生污染危害。

大气污染型土壤的污染物质主要集中于土壤表层($0 \sim 5cm$),耕作土壤则集中于耕层($0 \sim 20cm$)。

### (三)固体废弃物污染型

固体废弃物系指被丢弃的固体状物质和泥状物质,包括工矿业废渣、污泥和城市垃圾等。在土壤表面堆放或处理、处置固体废物、废渣,不仅占用大量耕地,而且可通过大气扩散或降水淋滤,使周围地区的土壤受到污染,所以称为固体废弃物污染型。其污染特征属点源性质,主要是造成土壤环境的重金属污染,以及油类、病原菌和某些有毒有害有机物的污染。

### (四)农业污染型

所谓农业污染型是指由于农业生产的需要而不断地施用化肥、农药、城市垃圾堆肥、厩肥和污泥等所引起的土壤环境污染。其中主要污染物质是化学农药和污泥中的重金属。而化肥既是植物生长发育必需营养物质的供给源,又是日益增长的环境污染因子。

农业污染型的土壤污染轻重与污染物的种类、主要成分以及施药、施肥制度等有关。污染物质主要集中于表层或耕层,其分布比较广泛,属面源污染。

### (五)综(复)合污染型

必须指出,土壤环境污染的发生往往是多源性质的。对于同一区域受污染的土壤,其污染源可能同时来自受污染的地面、水体和大气,或同时遭受重金属、固体废弃物以及农药、化肥等的污染。因此,土壤环境的污染往往是综(复)合污染型的。但对于一个地区或区域的土壤来说,可能是以某一污染类型或某两种污染类型为主。

### 三、土壤污染的产生与去向

#### （一）土壤污染的产生

近年来，由于人口急剧增长，工业迅猛发展，固体废物不断向土壤表面堆放和倾倒，有害废水不断向土壤中排放和渗漏，大气中的有害气体及飘尘也不断随雨水降落在土壤中，导致了土壤污染的产生。

土壤作为污染物迁移、滞留的重要场所，承受着从各种渠道而来的固态、液态和气态的污染物。这些污染物在土壤中经过物理、化学和生物作用，不断地发生稀释或富集，分解或化合，迁移或转化等作用，与其他环境介质进行传递和交换，进入循环。通过这种循环，可对污染物质具有输送或过滤作用、土壤植物吸收和富集作用、土壤微生物和动物的分解和转化作用等，能够显著降低污染物质含量，减少交换过程中对外部环境的影响，保持生态与环境的良性发展与演化。问题是，无节制性和不合理的人类活动，造成大量污染物质输入土壤系统，污染负荷远远超过土壤体系自身所具有的承受和净化能力，造成污染物质在土壤环境中大量积累，土壤功能降低，破坏正常的物质与能量交换程序。如果进入土壤的污染物的数量和速度超过了土壤净化作用速度，破坏了积累和净化的自然动态平衡，就使积累过程逐渐占了优势。

当污染物质积累达到了一定数量，就会引起土壤正常功能受到妨碍，使土壤质量下移，影响植物正常生长发育，并且通过植物吸收，通过食物最终影响人体健康，这种现象就属于土壤污染。如果污染物进入土壤的数量和速度没有超过土壤的自净能力，虽然土壤中已含有污染物，但不致影响土壤的正常功能和植物的生长发育，而且植物体内污染物的含量维持在食用标准之内，就不会影响人体健康。

#### （二）土壤污染物的去向

进入土壤的污染物，因其类型和性质的不同而主要有固定、挥发、流失和淋溶等不同去向。重金属离子，主要是能使土壤无机和有机胶体发生稳定吸附的离子，包括与氧化物专性吸附或与胡敏酸紧密结合的离子，以及土壤溶液化学平衡中产生的难溶性金属氢氧化物、碳酸盐和硫化物等，将大部分被固定在土壤中而难以排除。虽然一些化学反应能缓和其毒害作用，但仍是对土壤环境的潜在威胁。化学农药的归宿，主要是通过气态挥发、化学降解、光化学降解和生物降解而最终从土壤中消失，其挥发作用强弱主要取决于自身的溶解度和蒸气压，以及土壤的温度、温度和结构状况。例如，大部分除草剂均能发生光化学降解,一部分农药(有机磷等)能在土壤中产生化学降解,目前使用的农药多为有机化合物。同时,也可产生生物降解,即土壤微生物在以农药中的碳素作能源的同时,就已破坏了农药的化学结构,导致脱烃、脱卤、水解和芳环烃基化等化学反应的发生使农药降解。土壤中的重金属和农药都可随地面径流或土壤侵蚀而部分流失,引起污染物的扩散;作物收获物中的重金属和农药残留物也会向外界环境转移,即通过食物进入家畜和人体等。施入土壤中过剩的氮肥,在土壤的氧化还原反应中分别形成 $NO_3^-$、$NO_2^-$ 和 $N_2$、$N_2O$;前两者易于淋溶而污染地下水,后两者则易于挥发而造成氮素损失并污染大气。

# 第三节　土壤污染的特点与现状

## 一、土壤污染特点与危害

### (一)土壤污染的特点

土壤是生态、水、气系统之间物质和能量交换的重要构成单元,是人类生存环境的重要支撑。由于土壤在构成上的特殊性和土壤受污染的途径多种多样,使土壤污染与其他环境体系的污染相比具有很大的不同。

1. 隐蔽性(或潜伏性)和滞后性

土壤污染被称作"看不见的污染",它不像大气、水体污染一样容易被人们发现和察觉,土壤污染往往要通过对土壤样品进行分析化验和农作物的残留情况监测,甚至通过粮食、蔬菜和水果等农作物以及摄食的人或动物的健康状况才能反映出来。因此,从遭受污染到出现问题往往需要一个相当长的过程。也就是说,土壤污染从产生污染到出现问题通常会滞后较长的时间。

2. 累积性与地域性

土壤对污染物进行吸附、固定,其中也包括植物吸收,从而使污染物聚集于土壤中。在进入土壤的污染物中,多数是无机污染物,特别是重金属和放射性元素都能与土壤有机质或矿物质相结合,并且长久地保存在土壤中,无论它们如何转化,也很难重新离开土壤,成为顽固的环境污染问题。污染物在土壤中并不像在大气和水体中那样容易扩散和稀释,因此容易在土壤环境中不断积累而达到很高的浓度或超标。由于土壤性质差异较大,而且污染物在土壤中迁移慢,导致土壤中污染物分布不均匀,空间变异性较大,因此土壤污染具有很强的地域性特点。

### 3. 不可逆转性

积累在污染土壤中的难降解污染物很难靠稀释作用和自净作用来消除。重金属污染物对土壤环境的污染基本上是一个不可逆转的过程，主要表现为两个方面：一方面，进入土壤环境后，很难通过自然过程从土壤环境中稀释或消失；另一方面，对生物体的危害和对土壤生态系统结构与功能的影响不容易恢复。例如，被某些重金属污染的农田生态系统可能需要100~200年才能恢复。同样，许多有机化合物的土壤污染也需要较长的时间才能降解，尤其是那些持久性有机污染物，在土壤环境中基本上很难降解，甚至产生毒性较大的中间产物。例如，六六六和DDT在中国已禁用20多年，但由于有机氯农药非常难以降解，至今仍能从土壤中检出。

### 4. 危害的严重性

土壤污染可以通过直接接触、食物链的生物放大等多途径影响人体健康和生态环境的安全与质量，其危害后果往往很严重。历史上很多公害事件与土壤污染密切相关，如施用含三氯乙醛的废硫酸生产的过磷酸钙，使粮食作物（如玉米、小麦）减产直至绝收，万亩以上污染区曾在山东、河南、河北、辽宁以及苏北、皖北多次发生。

### 5. 周期长与难治理性

积累在污染土壤中的难降解污染物很难靠稀释作用和自净作用来消除。而土壤污染一旦发生，仅仅依靠切断污染源的方法往往很难自我恢复，必须采用各种有效的治理技术才能解决现实污染问题，有时要靠换土、淋洗土壤等方法才能解决问题，其他治理技术可能见效较低，需要很长的治理周期和较高的投资成本，造成的危害也比其他污染更难消除。但是，从目前现有的治理方法来看，仍然存在成本较高和治理周期较长的问题。因此，需要有更大的投入来探索、研究、发展更为先进、更为有效和更为经济的污染土壤修复、治理的各项技术与方法。

综上可见，污染土壤治理通常成本较高、周期长。鉴于土壤污染难于治理，而土壤污染问题的产生又具有明显的隐蔽性和滞后性等特点，与现今很多的水土致病问题、生物放大现象和食物链污染等直接相关，引发了很多社会问题。因此，土壤污染问题受到越来越广泛的关注。

## （二）土壤污染的危害

### 1. 导致严重的直接经济损失

对于各种土壤污染造成的经济损失，目前尚缺乏系统的调查资料。据

2006年7月18日全国土壤污染状况调查及污染防治专项工作视频会议报道，全国受污染的耕地约有1 000万 $hm^2$，污水灌溉污染耕地3 250万 $hm^2$，固体废弃物堆存占地和毁田13万 $hm^2$，合计占耕地总面积的1/10以上，其中多数集中在经济较发达的地区。据初步估算，全国每年重金属污染的粮食达1 200万 t，造成的直接经济损失超过200亿元。对于农药和有机物污染、放射性污染、病原菌污染等其他类型的土壤污染所导致的经济损失，目前尚难以估计。但是，这些类型的污染问题在我国确实存在，甚至也很严重。例如，我国天津蓟运河畔的农田，曾因引灌三氯乙醛污染的河水而导致数千公顷小麦受害。

2. 对土壤结构与性质的影响

现代农业大量化肥的长期使用导致土壤板结及酸碱度发生变化，对土壤的结构与性质产生了一定的影响。例如，土壤长期施用含有硝酸盐和磷酸盐的氮肥和磷肥，会降低土壤肥力；大量施用磷酸钙或铁铝磷酸盐，可引起土壤中 Fe、Zn 等营养元素的缺乏和磷素被固定，使作物减产。

3. 对水环境的影响

进入土壤环境中的污染物对水环境的危害主要体现在两个方面。一方面，土壤表层的污染物随风飘起被搬到周围地区，扩大污染面。土壤中一些水溶性污染物受到土壤水淋洗作用而进入地下水，造成地下水污染。例如，1988年美国 EPA 的报告表明，在26个州的地下水检测到46种农药；土壤中的多环芳烃（PAHs）污染物能够在渗流带迁移，进而进入作为饮用水源的地下水；任意堆放的含毒废渣以及农药等有毒化学物质污染的土壤，通过雨水的冲刷、携带和下渗，会污染水源；被病原体污染的土壤通过雨水的冲刷和渗透，病原体被带进地表水或地下水中。另一方面，一些悬浮物及其所吸附的污染物，也可随地表径流迁移，造成地表水体的污染等。

4. 对大气质量的影响

土壤环境受到污染后，含污染物浓度较高的污染表层土壤容易在风力的作用下进入到大气环境中，随风吹扬到远离污染源的地方，扩大了污染面，导致大气污染及生态系统退化等其他次生生态环境问题。例如，DDT 是持久性有机污染物的一种，它可在全球迁移循环，空气中的 DDT 一般从低纬度流入高纬度，然后沉积于土壤，或汇于江河水流。就土壤污染程度而言，北极和南极可能是全球最严重的地方。一个地方会通过空气、水把 DDT 污染带到它的"下游"，最近西藏也发现了 DDT 的输入，据估计来自邻近的印度。可见土壤污染又成为大气污染的来源。

表土的污染物质可能在风的作用下,作为扬尘进入大气环境中,而 Hg 等重金属则直接以气态或甲基化的形式进入大气环境,并进一步通过呼吸道进入人体。这一过程对人体健康的影响可能有些类似于食用受污染的食物。另外,污染土壤的有机废弃物还容易腐败分解,散发出恶臭,污染空气。有机废弃物或有毒化学物质又能阻塞土壤孔隙,破坏土壤结构,影响土壤的自净能力;有时还能使土壤处于潮湿污秽状态,影响空气质量。

### 5. 对植物的危害

一些在土壤中长期存活的植物病原体能严重地危害植物,造成农业减产。例如,某些植物致病细菌污染土壤后能引起番茄、茄子、辣椒、马铃薯、烟草等百余种植物的青枯病,能引起果树的细菌性溃疡和根癌病。某些致病真菌污染土壤后能引起大白菜、油菜、萝卜、甘蓝、荠菜等 100 多种蔬菜的根肿病,引起茄子、棉花、黄瓜、西瓜等多种植物的枯萎病,以及小麦、大麦、燕麦、高粱、玉米和谷子的黑穗病等。此外,甘薯茎线虫,黄麻、花生、烟草根结线虫,大豆胞束线虫,马铃薯线虫等都能经土壤侵入植物根部引起线虫病。

不同的污染物对土壤植物的影响是不同的,对于重金属污染,当土壤受 Cu、Ni、Co、Zn、As 等元素的污染,能引起植物的生长和发育障碍。受 Cd、Hg、Pb 等元素的污染,一般不引起植物生长发育障碍,但它们能在植物可食部位蓄积。用含锌污水灌溉农田,会对农作物特别是小麦的生长产生较大影响,会导致一些植物器官的外部形态变化如花色改变、叶形改变,或植株发生个体变态,变得矮小或硕大。当土壤中含砷量较高时,植物的最初症状是叶片卷曲枯萎,进一步是根系发育受阻,最后是植物根、茎、叶全部枯死。土壤中存在过量的铜,也能严重的抑制植物的生长和发育。当小麦和大豆遭受镉的毒害时其生长均受到严重影响。

第一,可食部分有毒物的积累尚在食品卫生标准允许限量下时,农作物主要表现是减产或品质降低。例如,土壤中汞含量达到 1.5mg/kg 以上时,稻米生长会受到抑制;土壤中砷酸钠浓度大于 8mg/kg 时,水稻生长开始受到抑制,浓度为 40mg/kg 时,水稻减产 50%,浓度达到 160mg/kg 时,水稻已不能生长,至枯黄死亡。另外,土壤污染也会导致蔬菜味道变差、易烂,甚至出现难闻的异味;农产品储藏品质和加工品质也不能满足深加工的要求等。

第二,可食部分有毒物质积累量已超过允许限量,但农作物的产量却没有明显下降或不受影响,即进入土壤中的污染物浓度超过了作物需要,但未表现出受害症状或影响作物生长,但产品中的污染物含量超标。

6. 对人体健康的危害

人类吃了含有残留农药的各种食品后,残留的农药转移到人体内,这些有毒有害物质在人体内不易分解,经过长期积累会引起内脏机能受损,使机体的正常生理功能发生失调,造成慢性中毒,影响身体健康。杀虫剂所引起的致癌、致畸、致突变等"三致"问题,令人十分担忧。

土壤重金属被植物吸收以后,可以通过食物链危害人体健康。例如,1955年日本富山县神通川流域由于利用含镉废水灌溉稻田,污染了土壤和稻米导致镉含量增加,使几千人因镉中毒,引起全身性神经痛、关节痛,而得骨痛病。另外,Cd 会损伤肾小管,出现糖尿病,还会引起血压高,出现心血管病,甚至还有致癌、致畸的报道。

土壤含 $^{90}Sr$ 的浓度常与当地的降水量成正比。$^{137}Cs$ 在土壤中吸收得更为牢固。有些植物能积累 $^{137}Cs$,所以高浓度的放射性 $^{137}Cs$ 能通过这些植物进入人体。放射性物质主要是通过食物链经消化道进入人体,其次是经呼吸道进入人体。放射性物质进入人体后,可造成内照射损伤,使受害者头昏、疲乏无力、脱发、白细胞减少或增多,发生癌变等。此外,长寿命的放射性核素因衰变周期长,一旦进入人体,其通过放射性裂变而产生的射线,将对机体产生持续的照射,使机体的一些组织细胞遭受破坏或变异。此过程将持续至放射性核素蜕变成稳定性核素或全部被排出体外为止。

总体上,污染土壤对人体的危害主要通过两个过程来体现。

第一,长期暴露于土壤污染物条件下。例如,长时间暴露于多氯联苯(PCBs)、多环芳烃(PAHs)等持久性有机污染物(POPs)中,癌症发病率大大升高,并干扰与损害内分泌系统;一些重金属元素(Hg、Pb、Cd、As 等)污染的土壤,通过长期暴露会引起神经系统、肝脏、肾脏等损害。大量事实表明环境中高含量的铅影响儿童血铅含量、智力和行为。

第二,污染物通过以土壤为起点的土壤—植物—动物—人类的食物链,使有害物质逐渐富集,从而降低食物链中农副产品的生物学质量,造成残毒,通过食物链进入人体的有毒有害成分在体内不断积累,逐渐接近中毒剂量后表现出中毒症状,导致人体发生一系列的病变。如镉污染全国涉及 11 个省市,北起黑龙江、辽宁,南至广东、广西,面积约 1 万 $hm^2$,并产生"镉米"(镉含量高的稻米),"镉米"使镉在人体积累中毒,影响肾功能增加钙质排出,形成骨质软化,骨髓变形,容易骨折。汞污染有 21 个地区,面积约 3.2 万 $hm^2$,最严重的有贵州省清镇地区、铜仁汞矿区以及松花江流域,所产稻米中汞含量高达0.382mg/kg,严重超过食品标准(0.02mg/kg);污染土壤中有机汞直接通过食物链进入人体,在体内转化成甲基汞,可引起一系列中枢神经中毒症状。此外,甲基汞还可以导致流产、死亡、畸胎或出现先天性痴呆儿等。

## 二、我国土壤污染现状

### (一)我国土壤污染的原因及类型

近年来,我国一些地方土壤污染危害事件时见报道,如"镉大米""血铅"事件等见之于网络、报纸等各种媒体,引起国内外广泛关注,暴露出我国土壤污染的普遍性和严重性。随着我国工业化、城市化、农业高度集约化的快速发展,土壤污染日益加剧,并呈现出多样化的特点。我国土壤污染点位在增加,污染范围在扩大,污染物种类在增多,出现了复合型、混合型的高风险区,呈现出城郊向农村延伸、局部向流域及区域蔓延的趋势,形成了点源与面源污染共存,工矿企业排放、肥药污染、种植养殖业污染与生活污染叠加,多种污染物相互复合、混合的态势。我国土壤环境污染已对粮食及食品安全、饮用水安全、区域生态安全、人居环境健康、全球气候变化以及经济社会可持续发展构成了威胁(表4-1)。

表4-1 我国土壤污染的演变过程

| 时间/阶段 | 污染类型 | 主要污染物 | 主要环境问题 | 特征 |
|---|---|---|---|---|
| 20世纪80年代及以前 | 矿区影响区 | 重金属 | 粮食减产 | 点源、局部 |
| | 污水灌溉区 | 六六六 | 食物链污染 | |
| | 耕地农药残留 | 滴滴涕 | | |
| 20世纪90年代 | 工业化快速发展,各种环境污染严重,环境质量恶化加剧 | | | |
| 21世纪以后 | 矿区影响区 | 重金属 | 农作物生长 | 点、面(区域) |
| | 污水灌溉区 | 挥发性有机物 | 农产品质量 | |
| | 城市影响区 | 有机氯农药 | 耕地资源安全 | |
| | 工厂影响区 | 多环芳烃类 | 地下水污染 | |
| | 公路两侧 | 多氯联苯类 | 人居环境安全 | |
| | 集约化农业区 | 邻苯二甲酸酯类 | | |

我国土壤污染是在工业化发展过程中长期累积形成的。工矿业、农业生产等人类活动和自然背景值高是造成土壤污染的主要原因。调查结果表明,

局域性土壤污染严重的主要原因是由工矿企业排放的污染物造成的,较大范围的耕地土壤污染主要受农业生产活动的影响,一些区域性、流域性土壤重金属严重超标则是工矿活动与自然背景叠加的结果(见表4-2)。

表4-2  我国土壤污染原因及类型

| 原因 | 类型 |
|------|------|
| 土地用途 | 耕地(农用地)、污染场地(建设用地) |
| 污染源类型 | 工业、农业、生活、地质过程 |
| 污染途径 | 灌溉水(废水)、干湿沉降(废气)、固废(堆放、填埋、倾倒) |
| 高危区类型 | 矿区、污灌区、城市周边、重污染企业周边、规模化设施农业 |
| 污染物种类 | 重金属类、挥发性有机污染物、半挥发性有机污染物、持久性有机污染物、邻苯二甲酸酯类、稀土元素等100多种 |

2006年,国家环保总局与国土资源部联合组织的土壤污染调查显示,全国受污染的耕地约有1.5亿亩,污水灌溉污染耕地3 250万亩,固体废弃物堆存占地或毁田200万亩;中国水稻研究所与农业部稻米及制品质量监督检验测试中心2010年发布的《我国稻米质量安全现状及发展对策研究》称,我国约20%的耕地受到重金属污染;2013年全国两会期间,九三学社提出的《关于加强绿色农业发展的建议》指出,"全国耕地重金属污染面积超过16%⋯⋯"2013年12月30日,在国务院新闻办的发布会上,国土资源部副部长王世元在提到第二次全国土地调查主要数据时称,全国中重度污染耕地在5 000万亩左右,已不适合耕种。这些耕地大多集中于珠三角、长三角等经济较发达地区。据广东2013年公布的土壤污染数据显示,珠三角地区三级和劣三级土壤占到整个地区总面积的22.8%,28%的土壤重金属超标,其中汞超标最高,其次是镉和砷。2014年4月17日环保部和国土资源部发布的《全国土壤污染调查公报》首次为众说纷纭的土壤污染信息提供一个全面和权威的数据。2014年5月24日,国土资源部又发布了我国首部《土地整治蓝皮书》。书中显示,我国耕地受到中度、重度污染的面积约5 000万亩,特别是大城市周边、交通主干线及江河沿岸的耕地重金属和有机污染物严重超标,造成食品安全等一系列问题。据测算,当前每年受重金属污染的粮食高达1 200万t,相当于4 000万人一年的口粮。

我国污染场地分布为:耕地污染退化面积约占总耕地的1/10,工业"三废"污染耕地近1 000万hm$^2$,污水灌溉已达330多万hm$^2$,固体废弃物堆放污染土壤约 5 万 $hm^2$,矿区污染土壤达 300 万 $hm^2$,石油污染土壤约 500 万 $hm^2$。

**(二)我国土壤污染的总体情况**

据农业部环保监测系统 2000 年对全国 24 个省(市)的 320 个严重污染区 555 万 $hm^2$ 土壤调查发现,大田类农产品污染超标面积占污染区农田面积的 20%,其中重金属占超标污染土壤和农作物的 80%;2000 年全国对 2.2 万 t 粮食调查发现,粮食中重金属铅、镉、汞和砷超标率占 10%。可见,我国农产品质量的安全亟待加强。在北京、沈阳、广州、天津、南京、兰州和上海等许多重点地区,土壤及地下水污染已经导致癌症等疾病的发病率和死亡率比没有污染的对照区高数倍至 10 多倍。受农药和其他化学品污染的农田约 6 000 万 $hm^2$。土壤环境质量直接关系到农产品的安全。由于土壤大面积污染,我国每年出产重金属污染的粮食多达 1 200 万 t;全国出产的主要农产品中,农药残留超标率高达 16% ~20%,问题非常严重。污水灌溉以及废弃物等对农田已造成大面积的土壤污染。

2005 年 4 月至 2013 年 12 月,环保部会同国土资源部,用了近 8 年半时间,首次对全国土壤污染状况进行了调查。调查范围覆盖全部耕地,部分林地、草地、未利用地和建设用地,实际调查面积约 630 万 $km^2$,将近我国国土面积的 2/3。调查的污染物主要包括 13 种无机污染物(含砷、镉、钴、铬、铜、氟、汞、锰、镍、铅、硒、钒、锌物质)和 3 类有机污染物(六六六、滴滴涕、多环芳烃)。调查采用统一的方法、标准,基本掌握了全国土壤环境质量的总体状况。

中国土壤环境状况总体不容乐观,部分地区土壤污染较重,耕地土壤环境质量堪忧,工矿业废弃地土壤环境问题突出。工矿业、农业等认为活动以及土壤环境背景值高是造成土壤污染或超标的主要原因。

全国土壤总的超标率 16.1%,其中轻微、轻度、中度和重度污染点位比例分别为 11.2%、2.3%、1.5% 和 1.1%。污染类型以无机型为主,有机型次之,复合型污染比重较小,无机污染物超标点位占全部超标点位的 82.8%。

从污染分布情况看,南方土壤污染重于北方;长江三角洲、珠江三角洲、东北老工业基地等部分区域土壤污染问题较为突出,西南、中南地区土壤重金属超标范围较大;镉、汞、砷、铅 4 种无机污染物含量分布呈现从西北到东南、从东北到西南方向逐渐升高的态势。

## (三)我国土壤污染物超标情况

### 1. 无机污染物

镉、汞、砷、铜、铅、铬、锌、镍 8 种无机污染物点位超标率分别为 7.0%、1.6%、2.7%、2.1%、1.5%、1.1%、0.9% 和 4.8%。

### 2. 有机污染物

六六六、滴滴涕、多环芳烃 3 类有机污染物点位超标率分别为 0.5%、1.9% 和 1.4%。

## (四)不同土地利用类型土壤的环境质量状况

### 1. 耕地

土壤点位超标率 19.4%,其中轻微、轻度、中度和重度污染点位比例分别为 13.7%、2.8%、1.8% 和 1.1%,主要污染物为镉、镍、铜、砷、汞、铅、滴滴涕、多环芳烃。

### 2. 林地

土壤点位超标率 10.0%,其中轻微、轻度、中度和重度污染点位比例分别为 5.9%、1.6%、1.2% 和 1.3%,主要污染物为砷、镉、六六六、滴滴涕。

### 3. 草地

土壤点位超标率 10.4%,其中轻微、轻度、中度和重度污染点位比例分别为 7.6%、1.2%、0.9% 和 0.7%,主要污染物为镍、镉和砷。

### 4. 未利用地

土壤点位超标率 11.4%,其中轻微、轻度、中度和重度污染点位比例分别为 8.4%、1.1%、0.9% 和 1.0%,主要污染物为镍和镉。

## (五)典型地块及其周边土壤污染状况

### 1. 重污染企业用地

在调查的 690 家重污染企业用地及周边的 5 846 个土壤点位中,超标点位占 36.3%,主要涉及黑色金属、有色金属、皮革制品、造纸、石油煤炭、化工医药、化纤橡塑、矿物制品、金属制品和电力等行业。

### 2. 工业废弃地

在调查的 81 块工业废弃地的 775 个土壤点位中,超标点位占 34.9%,主要污染物为锌、汞、铅、铬、砷和多环芳烃,主要涉及化工业、矿业、冶金业等行业。

### 3. 工业园区

在调查的 146 家工业园区的 2 523 个土壤点位中,超标点位为 29.4%。

其中,金属冶炼类工业园区及其周边土壤主要污染物为镉、铅、铜、砷和锌,化工类园区及周边土壤的主要污染物为多环芳烃。

4. 固体废物集中处理处置场地

在调查的 188 处固体废物处理处置场地的 1 351 个土壤点位中,超标点位占 21.3%,以无机污染为主,垃圾焚烧和填埋场有机污染严重。

5. 采油区

在调查的 13 个采油区的 494 个土壤点位中,超标点位占 23.6%,主要污染物为石油烃和多环芳烃。

6. 采矿区

在调查的 70 个矿区的 1 672 个土壤点位中,超标点位占 33.4%,主要污染物为镉、铅、砷和多环芳烃。有色金属矿区周边土壤镉、砷、铅等污染较为严重。

7. 污水灌溉区

在调查的 55 个污水灌溉区中,有 39 个存在土壤污染。在 1 378 个土壤点位中,超标点位占 26.4%,主要污染物为镉、砷和多环芳烃。

8. 干线公路两侧

在调查的 267 条干线公路两侧的 1 578 个土壤点位中,超标点位占 20.3%,主要污染物为铅、锌、砷和多环芳烃,一般集中在公路两侧 150m 范围内。

目前,我国已开展过的相关调查包括土壤污染状况调查、农产品产地土壤重金属污染调查等,初步掌握了我国土壤污染总体情况,但调查的精度尚难满足土壤污染防治工作需要。历时 3 年,继"大气十条""水十条"之后,"土十条"正式出台。2016 年 5 月 31 日,国务院正式向社会公开《土壤污染防治行动计划》("土十条")。"土十条"首要任务即"开展土壤污染调查,掌握土壤环境质量状况"。在现有相关调查的基础上,以农用地和重点行业企业用地为重点,开展土壤污染状况详查,2018 年年底前查明农用地土壤污染的面积、分布及其对农产品质量的影响;2020 年年底前掌握重点行业企业用地中的污染地块分布及其环境风险情况。

# 第四节 土壤污染治理技术研究进展

## 一、土壤污染的修复与利用技术研究

近年来开发的污染土壤治理方法主要有物理法、化学法和生物修复技术。其中,生物修复技术具有成本低、处理效果好、环境影响小、无二次污染等优点,被认为最有发展前景。但是,由于污染物质的种类繁多、土壤生态系统的复杂性以及环境条件的千变万化,使得生物修复技术的应用受到极大的限制。往往在一个地点有效的修复技术在另一个地点不起作用。因此,这些影响因素的确定和消除成为决定生物修复技术效果的关键。目前,国外在生物修复技术的应用及影响因素方面开展了广泛的研究并取得了一些进展,我国在这方面的研究尚处于起步阶段。

### (一)物理方法研究

#### 1. 工程措施

土壤污染修复的工程措施主要包括客土、换土和深耕翻土等措施。通过客土、换土和深耕翻土,可以降低土壤中重金属的含量,减少重金属对土壤—植物系统产生的毒害,从而使农产品达到食品卫生标准。

#### 2. 物理化学修复

(1)电动修复 电动修复是通过电流的作用,在电场的作用下,土壤中的重金属(如 Pb、Cd、Cr、Zn 等)的离子和其他一些无机离子以电渗透和电迁移的方式向电极运输,然后进行集中收集处理。

(2)电热修复 电热修复是利用高频电压产生电磁波,产生热能,对土壤进行加热,使污染物从土壤颗粒内解吸出来,加快一些易挥发性重金属汞从土壤中分离,从而达到修复的目的。目前,用于淋洗土壤的淋洗液包括有机酸、无机酸、碱、盐和螯合剂等。其中 EDTA 可明显降低土壤对铜的吸收率,吸收率与解吸率与加入的 EDTA 量的对数呈显著负相关。土壤淋洗以柱淋洗或堆积淋洗更为实际和经济,这对该修复技术的商业化具有一定的促进作用。

(3)土壤淋洗 土壤淋洗是利用淋洗液把土壤固相中的重金属转移到土壤液相中去,再把富含重金属的废水进一步回收处理的土壤修复方法。该方法的技术关键是寻找一种既能提取各种形态的重金属,又不破坏土壤结构的淋洗液。

**（二）生物修复的研究**

生物修复技术实际上就是利用自然修复技术,利用土壤中的生物进行污染土壤的复合修复,包括以下内容:

1. 微生物修复技术研究

由于自然的生物修复过程一般较慢,难于实际应用,因而生物修复技术是在人为促进条件下的工程化生物修复,利用土壤中天然的微生物资源或人为投加目的菌株,甚至用构建的特异降解功能菌投加到各污染土壤中,用植物、细菌和真菌联合加速有机物的降解。降解过程可以通过改变土壤理化条件(温度、湿度、pH、通气及营养添加等)来完成,去除土壤中各种有毒有害的有机污染物,也可以利用微生物降低土壤中重金属的毒性。微生物可以吸附积累重金属;微生物可以改变根际环境,从而提高植物对重金属的吸收、挥发或固定效率,可将滞留的污染物快速降解和转化成无害的物质,使土壤恢复其天然功能。目前,微生物修复技术方法主要有原位修复技术、异位修复技术和原位—异位修复技术3种。

2. 植物修复技术研究

针对无机污染物,利用植物修复可以把一部分重金属从土壤中带走,这是一种利用某些植物的自然生长特性或育种技术培育具有所需特性的植物来修复重金属污染土壤的技术,可分为植物提取、植物挥发和植物稳定3种类型。例如,可以利用某种具有超积累功能的植物吸收一些重金属污染物,如生长在矿区的植物东南景天可以吸附大量的锌、镉、铅,蜈蚣草可以吸附砷。这些植物品种可作为观赏植物、园林造景植物或纤维作物,避开了食物链,且一般在旱作条件下进行种植。为了提高富集效果,常施用 EDTA 等活化剂,以活化被有机物螯合的金属元素供植物吸收。

**（三）化学修复措施研究**

利用经济有效的石灰、沸石、碳酸钙、磷酸盐、硅酸盐等不同改良剂,通过对重金属的吸附、氧化还原、拮抗或沉淀作用,可降低重金属的生物有效性。

**（四）农业生态修复研究**

农业生态修复主要包括两个方面:①农艺修复措施,包括改变耕作制度、调整作物品种、种植不进入食物链的植物、选择能降低土壤重金属污染的化肥、增施能够固定重金属的有机肥等措施,提高土壤环境容量,降低土壤重金属污染。②生态修复,通过调节诸如土壤水分、土壤养分、土壤 pH 和土壤氧化还原状况及气温、湿度等生态因子,选择抗污染农作物品种;将污染的土壤改为非农业用地等,实现对污染物所处环境介质的调控。

## 二、土壤污染修复技术的发展趋势

目前,世界各国对土壤污染修复技术进行了广泛的研究,取得了可喜的进展。采用单纯物理、化学方法修复污染严重的土壤具有一定的局限性,难以大规模处理污染土壤,并可能导致土壤结构破坏、生物活性下降和土壤肥力退化等问题。农业生态措施存在周期长、效果不显著的缺点。因此,各技术的联用已变成一种发展趋势,为克服各自弱点、发挥各自优势、提高整体修复效果提供了可能性。

### (一)微生物 - 动物 - 植物联合修复技术

微生物(细菌、真菌)、植物、动物(蚯蚓)与植物联合修复是土壤生物修复技术研究的新内容。筛选有较强降解能力的菌根真菌和适宜的共生植物是菌根生物修复的关键。种植紫花苜蓿可以大幅度降低土壤中多氯联苯浓度,根瘤菌和菌根真菌双接种,能强化紫花苜蓿对多氯联苯的降解作用。利用能促进植物生长的根际细菌或真菌,发展植物与降解菌群协同修复技术、动物与微生物协同修复技术以及根际强化技术,促进重金属和有机污染物的吸收、代谢和降解,是生物修复技术新的研究方向。

### (二)化学 - 物化 - 生物联合修复技术

发挥化学或物理化学修复快速的优势,结合非破坏性的生物修复特点,发展化学 - 生物修复技术,是最具应用潜力的污染土壤修复方法之一。化学淋洗与生物联合修复是基于化学淋溶作用,通过增加污染物的生物可利用性而提高生物修复效率。利用有机配合剂的配位溶出,增加土壤溶液中重金属浓度,提高植物有效性,从而实现强化诱导植物吸收修复。化学预氧化与生物降解联合及臭氧氧化与生物降解联合等技术已经应用于污染土壤中多环芳烃的修复。

### (三)电动力学 - 微生物联合修复技术

电动力学 - 微生物联合修复技术可以克服单独的电动技术或生物修复技术的缺点,在不破坏土壤质量的前提下,加快土壤修复进程。此联合技术已用来去除污染黏土矿物质中的菲($C_{14}H_{10}$)。硫氧化细菌与电动综合修复技术可用于强化污染土壤中铜的去除效果。应用光降解与生物联合修复技术可以提高石油中 PAHs 的去除效率。但目前来说,这些技术多处于室内研究阶段。

## （四）物理－化学联合修复技术

土壤物理－化学联合修复技术多适用于污染土壤异位处理。其中，溶剂萃取与光降解联合修复技术是利用有机溶剂或表面活性剂提取有机污染物后进行光解的一项新的物理化学联合修复技术。例如，可以利用环己烷和乙醇将污染土壤中的多环芳烃提取出来后进行光催化降解。此外，可以利用 Pd、Rh 支持的催化与热脱附联合技术或微波热解与活性炭吸附技术修复多氯联苯污染土壤，也可利用光调节的 TiO2 催化修复受农药污染的土壤。

## （五）植物－微生物联合修复技术

应用植物、微生物二者的联合作用对 PAHs 污染土壤的修复研究已有许多报道。该技术可以将植物修复与微生物修复两种方法的优点相结合，从而强化根际有机污染物的降解。一方面植物的生长为微生物的活动提供了更好的条件，特别是根际环境的各种生态因素能促进微生物的生长代谢，可形成特别的根际微生物群落；另一方面植物本身与环境污染物产生直接作用（如根系的吸收）和间接作用（如体外酶等生物活性物质的分泌等）。研究表明，用苜蓿草修复多环芳烃和矿物油污染的土壤时，投加特殊降解真菌，可不同程度地提高土壤 PAHs 降解率。

## （六）化学－生物（生态化学）联合修复技术

化学－生物（生态化学）联合修复技术是近年来兴起的一种新技术，其中，表面活性剂和环糊精等增溶试剂在化学与生物联合修复中具有重要作用，因此增效生物修复（EBR）是化学法与生物法相结合进行土壤修复的主要研究内容，也是土壤修复研究的前沿课题之一，有望成为土壤有机污染修复的实用技术，并被有关专家认为是 21 世纪污染土壤修复技术的创新和发展方向。该技术大致可分为两大类：一是利用土壤和蓄水层中的黏土，在现场注入季铵盐阳离子表面活性剂，使其形成有机黏土矿物质，用来吸附和固定主要污染物，然后利用现场的微生物降解、富集吸附区的污染物，实现化学与微生物的联合修复；二是利用表面活性剂的增溶作用，增大水中疏水性有机污染物的溶解度，有机物被分配到表面活性剂胶束相中，使有机物被微生物吸收代谢。因此，化学与微生物联合修复技术可加快有机污染物的降解。也有人将化学清洗法与微生物法相结合，对土壤中的油类污染的净化取得了较好的效果。在污染土壤的化学与生物联合修复中，有机污染物的增溶洗脱是前提，微生物降解或植物吸收积累是关键。

生态化学修复实质上是微生物修复、植物修复和化学修复技术的综合，与

其他现有污染土壤修复技术相比,具有以下优势:

1. 生态影响小

生态化学修复注意与土壤的自然生态过程相协调,其最终产物为二氧化碳、水和脂肪酸,不会形成二次污染。

2. 费用低

生态化学修复技术吸取了生物修复的优点,因而其费用低于生物修复。

3. 市场风险小

与市场结合紧密,一旦投入市场,易被大众接受,基本不存在市场风险。

4. 应用范围广

可以应用于其他方法不适用的场地,同时还可处理受污染的地下水,一举两得。

此外,尽管生态化学修复在技术构成上复杂,但在工艺上相对简单,容易操作,便于推广。

总之,上述多种修复技术都可应用于污染场地的土壤修复,但是,目前没有一种技术可以适用所有污染场地的修复。对污染物特性等重要参数合理的总结分析,有助于在特定场地选择和实施最适合的修复技术或方法。应根据场地条件、污染物类型、污染物来源、污染源头控制措施以及修复措施可能产生的影响,来确定整治战略和修复技术。

# 第五章　场地土壤污染类型

　　长期以来,我国工业化快速发展,各地化工、农药、冶炼、电镀等工业企业、加油站、化学品储罐、固体废物处理等设施数量大、分布广,不少企业设施生产时间大、产品种类多,生产工艺复杂、环境管理措施不到位,所在场地积累了多种污染物,包括各类重金属、持久性有机污染物(POPS)、挥发性有机污染物(VOC$_\mathrm{S}$)等毒性强、危害重的污染物,造成了不同的场地土壤污染类型。

# 第一节 污染场地概述

场地指某一地块范围内的土壤、地下水、地表水以及地块内所有构筑物、设施和生物的总和,场地概念模型图见图5-1。污染场地指对潜在污染场地进行调查和风险评估后,确认污染危害超过人体健康或生态环境可接受风险水平的场地。污染场地包含的污染介质形式多样,既有土壤又有水;涉及的污染物种类繁多,主要是各类有机污染物和重金属污染物,如农药、石油烃、多氯联苯、汞、铅、砷等。

**图5-1 场地概念模型图**

## 二、场地土壤污染

场地土壤污染是指人类活动产生的有毒、有害污染物进入土壤并积累到一定程度,引起土壤质量恶化、功能降低,对人和农作物构成不利影响和危害的现象。土壤污染的来源十分广泛,主要包括工业污染源(工业"三废"物质)、农业污染源(化肥、农药、畜禽粪便等)、生活污染源(城乡生活废水、农家肥等)和其他污染源(废弃物焚烧等)等。

鉴于污染场地的复杂性,其治理技术也是多样化的。按照是否将污染源进行清挖后处理分为原位修复技术和异位修复技术,按照处理介质分为土壤修复技术和地下水修复技术,按照技术原理分为物理化学技术、生物技术、热处理技术等。针对具体的某个污染场地,一项技术往往没法解决其环境问题,而是应基于风险管理的基本思路,筛选适应的修复技术,并根据场地污染分布及水文地质条件对筛选出来的修复技术进行有机组合,形成系统性的污染场地修复方案。

由于历史上缺乏必要的城市规划,中国很多工业企业位于城市中心区内。20世纪90年代以来,中国社会经济发展迅速,城市化进程加快,产业结构调整深化,导致土地资源紧缺,许多城市开始将主城区的工业企业迁移出城,产生大量存在环境风险的场地(国外又称为"棕地"Brownfield)。这些污染场地的存在带来了双重问题:一方面是环境和健康风险,另一方面是阻碍了城市建设和经济发展。

### 三、场地土壤污染的来源

在现有的众多污染场地中,有历史遗留的,也有新产生的;有的由国有企业带来,有的由乡镇企业造成的,也有来自合资或私营企业。污染场地主要分布在城区,也有的分布在居住、商业和公共娱乐活动用地相邻或附近的乡镇以及生态敏感区等。

石油开采、化工生产、医药制造以及矿业活动是造成场地污染的主要途径。因此,石油、化工、医药和矿业等行业聚集区往往是污染场地的集中分布地。例如,有色金属、黑色金属矿区,化工、石化、冶炼,电镀、制药、机械制造、印染等行业集中的京津冀地区和长江三角洲地区。

### 四、场地土壤污染的特性

由于土壤–地下水系统在构成上的特殊性和污染物迁移转化的途径多样性,使得场地系统的污染与其他环境体系的污染相比具有很大的不同。

1. 隐蔽性和滞后性

场地污染物往往要通过对土壤样品化验和农作物的残留检测,其严重后果仅能通过食物给动物和人类健康造成危害,因而不易被人察觉。因此,从产生污染到出现问题通常会滞后很长时间,往往要通过对土壤样品进行分析化验和农作物的残留检测,甚至通过研究对人畜健康状况的影响后才能确定。

2. 积累性和不可逆性

污染物在土壤介质中不容易迁移、扩散和稀释,因此容易在污染场地中不断积累而超标、污染。例如,重金属对土壤的污染基本上是一个不可逆转的过程,许多有机物质的污染也需要较长的时间才能降解,土壤场地的污染一旦发生则很难逆转。

### 3. 危害的严重性和难治理型

场地污染可以通过直接接触、食物链的生物放大等多种途径影响人体健康和生态环境的安全与质量,其危害后果往往很严重。如发生在日本富山县神通川流域部分 Cd 污染引发的痛病,作为 20 世纪世界"八大公害"事件之一,给当地居民带来的健康问题发人深省,以此为代表的一系列环境公害事件还引发了世界范围对土壤等场地污染及其危害的关注。

### 4. 场地污染缺乏统一的处理技术

污染场地中污染物在土壤和地下水中的迁移、扩散和稀释规律差别很大,因此不容易准确地检测污染物含量及迁移规律。地下水环境由于其流动缓慢、缺氧、无光等特点,与地表水体相比,污染物一旦进入地下水环境就很难消除,污染物会在地下水中存在几个月、几年,甚至是更长的时间。

### 5. 污染场地修复成本高、周期长

20 世纪 80 年代末,鼓励研究具有长期效率的污染土壤的处置技术和措施,利用经济、有效的控制技术处理土壤中的复杂污染物,降低其对人体健康和环境危害。为此,荷兰在 20 世纪 80 年代花费约 15 亿美元进行土壤修复研究,德国在 1995 年投资约 60 亿美元净化土壤,美国 20 世纪 90 年代用于土壤修复方面的投资有数百亿美元。

## 第二节　场地土壤污染的主要类型、现状及修复措施

### 一、场地土壤污染主要类型

我国污染场地类型多且复杂,不同的矿业活动和行业生产过程会产生不同的毒害污染物,包括无机类、有机类或无机－有机类污染物,并且常常出现与化学品生产或使用、产业过程相关的特征污染物。我国污染场地中主要污染物有重金属(如铬、镉、汞、砷、铅、铜、锌、镍等)、农药(如滴滴涕、六六六、三氯杀螨醇等)、石油烃、持久性有机污染物(如多氯联苯、灭蚁灵、多环芳烃等)、挥发性或溶剂类有机物(如三氯乙烯、二氯乙烷、四氯化碳、苯系物等)及有机－金属类污染物(如有机砷、有机锡、代森锰锌)等。有的场地还存在酸污染或碱污染,大部分场地处于复、混合污染状态。

除了化学性污染外,有的场地还存在病原性的生物污染和建筑垃圾类的物理性污染,这给污染场地的治理和修复增加了难度。根据我国主要的污染场地

分类方法将我国主要的污染场地类型及其污染物类型见表 5 - 1、图 5 - 2。

表 5 - 1　我国主要的污染场地类型及其污染物类型

| 类别 | 行业 | 污染场地类型 | 主要污染物类型 |
|---|---|---|---|
| 工业类 | 交通运输业 | 突发性事故污染场地 | 重金属污染、放射性污染 |
| | | 固体物料及废弃物堆放处置污染场地 | 放射性污染、烃类污染 |
| | 加工制造业 | 突发性事故污染场地 | 重金属污染、放射性污染 |
| | | 固体物料及废弃物堆放处置污染场地 | 放射性污染、烃类污染 |
| | | 功能转化场地 | 重金属污染、烃类污染 |
| | | 液体物料储存及污、废水渗漏排放场地 | 生物污染、烃类污染 |
| | 矿产采掘业 | 矿产资源开采场地 | 重金属污染 |
| 农业类 | 养殖业 | 养殖业污染场地 | 营养物质污染、生物污染 |
| | | 液体物料储存及污、废水渗漏排放场地 | 生物污染、烃类污染 |
| | 种植业 | 农业种植污染场地 | 营养物质污染、农药污染 |
| 市政生活 | 市政生活 | 固体物料及废弃物堆放处置污染场地 | 放射性污染、烃类污染 |
| | | 功能转化场地 | 重金属污染、烃类污染 |
| | | 液体物料储存及污、废水渗漏排放场地 | 生物污染、烃类污染 |
| 特殊类 | 军事活动 | 军事基地 | 放射性污染、重金属污染、烃类污染 |
| | | 化学武器遗弃场地 | 重金属污染、烃类污染 |

按照主要污染物的类型来划分,污染土壤大致可以分为以下几类:

1. 重金属污染场地

包括随大气沉降进入土壤的重金属、随污水灌溉进入土壤的重金属、随固体废物进入土壤的重金属,代表性的污染物包括砷、铅、镉、铬等。

2. 持续性有机污染物(POPs)污染场地

包括有机磷农药、有机氯农药、石油、多环芳烃、甲烷、有害微生物等。我国是世界第一大农药使用国,农业部资料显示,每年约有 175 万 t 农药使用于农牧林业生产,这一数字是世界平均水平的 2.5 ~ 3 倍,但农药施用量仅有约 30% 作用于目标生物,其余的 70% 均进入环境。我国曾经生产和广泛使用过的杀虫剂类 POPs 主要有滴滴涕、六氯苯、氯丹及灭蚁灵等,有些农药尽管已经禁用多年,但土壤中仍有残留。目前我国这类污染场地存量较大。

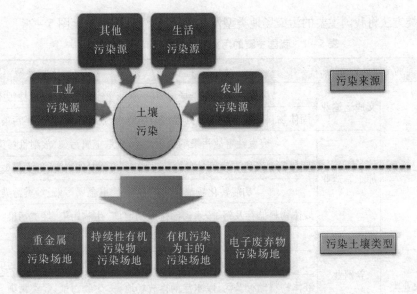

图5-2　场地土壤污染来源及土壤污染的类型

3. 以有机污染为主的石油、化工、焦化等污染场地

污染物以有机溶剂类,如苯系物、卤代烃为代表。也常复合有其他污染物,如重金属等。

4. 电子废弃物污染场地等

粗放的电子废弃物处置方式会对人类健康构成威胁,这类场地污染物以重金属和POPs(主要是溴代阻燃剂和二噁英类剧毒物质)为主要污染特征。

### 二、中国场地土壤污染的现状

1. 中国场地土壤污染的历程

中国在快速城市化和污染土地开发过程中,发生了一些严重的污染事件。其中有些事件经过媒体报道,引起了公众的广发关注。例如,2004年北京市宋家庄地铁工程施工工人的中毒事件,成为中国重视工业污染场地的环境修复与再开发的开端。

环境保护部于2004年6月1日印发了《关于切实做好企业搬迁过程中环境污染防治工作的通知》(环办〔2004〕47号),要求关闭或破产企业在结束原有生产经营活动,改变原土地使用性质时,必须对原址土地进行调查监测,报环保部门审查,并制订土壤功能修复实施方案。已经开发和正在开发的外迁工业区域,要对施工范围内的污染源进行调查,确定清理工作计划和土壤功能恢复实施方案,尽快消除土壤环境污染。

改革开放以来,来华投资的企业大多都采用美国的场地环境调查与评价技术规范,对其购入的企业或土地进行场地环境调查与评价,以识别场地环境状况,规避污染责任。主要参考国外的标准体系,如荷兰、美国和加拿大等。自2004年宋家庄地铁事件之后,中国的环境保护研究机构在各地开始涉足污染场地领域的研究与实践。并根据污染场地开发利用过程中环境管理和土壤修复的需要,分别制定出台了相关的地方法规和配套技术标准。

2008年6月,环境保护部发布《关于加强土壤污染防治工作的意见》,该意见提出了中国土壤污染的重大问题、政府的具体要求、实施方案以及相应的行动措施。提出的行动方案包括:全面完成土壤污染状况调查;初步建立土壤环境监测网络;编制完成国家和地方土壤污染防治规划,初步构建土壤污染防治的政策法律法规等管理体系框架。

2012年国家"十二五"规划,也再提加强土壤环境保护,并首次提到污染场地一词。具体如下:

第一,研究建立建设项目用地土壤环境质量评估与备案制度及污染土壤调查、评估和修复制度,明确治理、修复的责任主体和要求。开展农产品产地土壤污染评估与安全等级划分试点。

第二,加强城市和工矿企业污染场地环境监管,开展污染场地再利用的环境风险评估,将场地环境风险评估纳入建设项目环境影响评价,禁止未经评估和无害化治理的污染场地进行土地流转和开发利用。经评估认定对人体健康有严重影响的污染场地,应采取措施防止污染扩散,且不得用于住宅开发,对已有居民要实施搬迁。

第三,以大中城市周边、重污染工矿企业、集中治污设施周边、重金属污染防治重点区域、饮用水水源地周边、废弃物堆存场地等典型污染场地和受污染农田为重点,开展污染场地、土壤污染治理与修复试点示范。对责任主体灭失等历史遗留场地土壤污染要加大治理修复的投入力度。

在污染场地标准方面,中国可参照的有关标准有1995年颁布了《土壤环境质量标准》(GB 15618—1995),1993年颁布的《地下水质量标准》(GB/T 14848—93),2004年颁布了《土壤环境监测技术规范》(HJ/T 166—2004),2007年颁布的《展览会用地土壤环境质量评价标准(暂行)》(HJ 350—2007)等。这些标准有的已经严重滞后于实践,有的不是专门针对污染场地。这使中国的场地环境评价和修复工作陷入被动状态。对于测试方法,也存在两个方面的问题,一是没有国标方法,这将导致测试方法在引用和使用上带来的困难和结果的差异;二是某些测试方法不能满足当前场地评价的要求。

当然,自2004年,国内研究院所开始配合城市规划进行场地评价工作以来,经过多年来的实践和总结,中国逐渐形成了独立的场地评价标准体系。中国的场地评价已经从借鉴学习阶段进入自主研发和系统化的阶段。2009年,中国的场地环境保护系列标准陆续完成,进入征求意见阶段。这些标准包括《场地环境调查技术规范》《场地环境监测技术导则》《污染场地土壤修复技术导则》和《污染场地风险评估技术导则》。

2. 中国场地土壤污染状况

因为土壤污染具有隐蔽性、滞后性、累积性、地域性等特点,导致它不具有像大气污染那样的"眼球效应",实际上土壤的污染是一个历史长期形成的遗留问题,只不过我国的土壤污染问题是近几年才被社会广泛关注的。在新中国成立后的发展初期,有很多高污染工业企业的建设,生产方式相当粗放,而且大多数都是建设在城市的周边地区,日积月累,对当地土壤造成了严重的污染。现在,很多当年的工业企业已经异地重建或者搬迁,留下的土壤情况不容乐观。据统计,在2001~2009年,我国共有9.8万家企业关停或搬迁,产生了大量遗弃的高风险污染场地。我国各地企业搬迁情况见图5-3、表5-2,相关部门、文件、会议对于我国土壤污染情况的表述见表5-3。

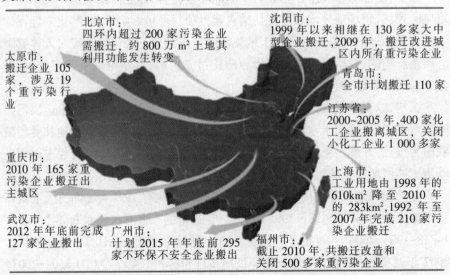

太原市:
搬迁企业105家,涉及19个重污染行业

北京市:
四环内超过200家污染企业需搬迁,约800万m²土地其利用功能发生转变

沈阳市:
1999年以来相继在130多家大中型企业搬迁,2009年,搬迁改进城区内所有重污染企业

青岛市:
全市计划搬迁110家

江苏省:
2000~2005年,400家化工企业搬离城区,关闭小化工企业1 000多家

重庆市:
2010年165家重污染企业搬迁出主城区

上海市:
工业用地由1998年的610km²降至2010年的283km²,1992年至2007年完成210家污染企业搬迁

武汉市:
2012年年底前完成127家企业搬出

广州市:
计划2015年年底前295家不环保不安全企业搬出

福州市:
截止2010年,共搬迁改造和关闭500多家重污染企业

图5-3 我国各地企业搬迁情况

表 5-2 近年来我国一些大型城市的工业企业搬迁情况

| 地点 | 工业企业搬迁情况 |
|------|------------------|
| 北京 | 四环内百余家污染企业搬迁,置换 800 万 m$^2$ 工业用地再开发 |
| 重庆 | 2010 年主城区的上百家污染企业实施"环保搬迁" |
| 广州 | 2007 年以来上百家大型工业企业关闭、停产和搬迁 |
| 上海 | 老工业区的数十家企业实施搬迁 |
| 沈阳 | 2008 年数十家污染企业搬迁;2009 年搬迁改造城区内所有重污染企业 |
| 江苏 | 百余家化工企业搬离主城区,关停小化工企业多家 |
| 浙江 | 2005 年以来有数十家大型企业异地重建或关闭 |

表 5-3 相关部门、文件、会议对于我国土壤污染情况的表述

| 时间 | 来源 | 表述 |
|------|------|------|
| 2006 年 7 月 | 环保部 | 全国受污染的耕地约有 1.5 亿亩,污水灌溉污染耕地 3 250 万亩,固体废弃物堆存占地和毁田 200 万亩,合计占耕地总面积的 1/10 以上,其中多数集中在经济较发达的地区 |
| 2008 年 6 月 | 《关于加强土壤污染物防治工作的意见》 | 我国土壤污染的总体趋势不容乐观,部分地区土壤污染严重,在重污染企业或工业密集区、工矿开采区及周边地区、城市和城郊地区出现了土壤重污染区和高风险区 |
| | | 土壤污染类型多样,呈现出新老污染物并存、无机有机复合污染的局面 |
| | | 土壤污染途径多,原因复杂,控制难度大 |
| | | 由土壤污染引发的农产品质量安全问题和群体性事件逐年增多,成为影响群众身体健康和社会稳定的重要因素 |
| 2011 年 | 环保部 | 对全国 364 个村庄开展了农村检测试点工作,结果表明,农村土壤样品超标率 21.5%,垃圾场周边、农田、菜地和企业周边土壤污染较重 |

| 时间 | 来源 | 表述 |
|------|------|------|
| 2012 年 10 月 | 国务院常务会议 | 全国土壤环境状况必须引起高度重视,工矿业、农业等人为活动是造成土壤污染的主要原因 |
| 2013 年 1 月 | 《近期土壤环境保护和综合治理工作安排》 | 我国土壤环境状况总体仍不容乐观,必须引起高度重视 |

2014 年 4 月 17 日,环境保护部和国土资源部发布《全国土壤污染调查公报》:全国土壤环境状况总体不容乐观,部分地区土壤污染较重,耕地土壤质量堪忧,工矿业废弃地土壤环境问题突出。全国土壤总的超标率为 16.1%,其中轻微、轻度、中度和重度污染点位比例分别为 11.2%、2.3%、1.5% 和 1.1%。

污染类型以无机型为主,有机型次之,复合型污染比重较小,无机污染物超标点位数占全部超标点位数的 82.8%。

南方土壤污染重于北方;长江三角洲、珠江三角洲、东北老工业基地等部分区域土壤污染问题较为突出。西南、中南地区土壤重金属超标严重。

3. 中国场地修复现状以及解决方法

(1)修复行业发展的起点 中国污染场地修复行业的起点是北京地铁 10 号线宋家庄事件。事件发生后,有关环保管理部门随后开展了场地监测工作,并采取了清运焚烧污染土壤等相关措施。国家环保部门也因此发布了要求在工业退役用地变更用途后,需要进行清查和修复的一系列行政法规和命令,如《关于切实做好企业搬迁过程中环境污染防治工作的通知》(环办〔2004〕47 号)等文件。宋家庄事件是我国污染场地修复行业的起点,标志着污染场地修复与再开发开始受到国内环保监管部门和公众的重视。

目前,我国土壤环境问题形势严峻。根据相关调查报告,我国城市工业场地污染导致每年逾 500 万亩的用地缺口,200 多万 $hm^2$ 以上的矿区污染仅有不到 20% 得到复垦,非正规垃圾填埋场导致的土壤和地下水污染总量巨大。随着产业转移及城镇化的进展,近年来,因土壤污染导致的重大社会影响事件也逐渐增多,不断倒逼政府和社会公众重视污染场地修复,同时也在客观上推动了我国污染场地修复行业的发展和进步。

(2)中国场地修复行业面临的问题 当前,中国污染场地修复行业尚处于起步阶段,虽然总体上呈现出快速发展的态势,但是实际的市场营收规模较小,并存在诸如政策法规不够完善、污染场地底数不清、存量污染场地数量巨大等一系列突出问题。无独有偶,美国的修复行业在发展过程中也出现过相似的问题。除此以外,中国修复行业还面临着修复技术、资金和人才缺位,以及行业较为混乱等独有的问题。

1)政策法规不够完善,监管执法缺乏法律依据　在中国,尽管国家和地方环保主管部门已经开始重视污染场地管理工作,并于2014年发布了一系列污染场地环保标准,旨在为各地开展场地环境状况调查、风险评估、修复治理提供技术指导和支持,为推进土壤和地下水污染防治法律法规体系建设提供基础支撑。然而,相比较水污染和大气污染所具有的国家性防治法律依据和行动纲领,如《水污染防治法》和"大气十条"等,污染场地修复行业仍然缺乏顶层设计和更高层面统筹规划的专门法律,直接导致地方各级环保部门在开展监管工作时面临无法可用、无法可依的窘境。相关法律条文的缺失也直接导致了基层环境执法部门在面对污染场地治理时,无法明确责任主体,而只能笼统地依照《环境保护法》相关条文进行处理。

2)污染场地底数不清,亟待修复场地数量巨大　中国虽然在2006年开展了全国土壤污染状况调查工作,针对重污染工业企业等10类场地进行调查,但是受限于诸多因素,调查的普及面相当有限,无法全面掌握我国主要行业退役工业用地的污染状况。另外,在已经调查过的数量有限的场地中,场地的众多基础数据和资料严重缺失,无法用于建立污染场地档案。

根据相关调查报告,仅重金属一项,中国存在严重重金属污染的省份就多达14个,存在污染问题的农田面积达1 494万亩,占18亿亩耕地的8.3%;存在污染问题的工业用地面积为1 205.25万亩,其中位于市辖区的工业用地面积占48.52%,约合584.79万亩。考虑到中国绝大部分工业退役场地在使用过程中都没有采取相应的土壤和地下水保护措施,因此可以推测,几乎所有现存的工业场地都存在或多或少的土壤及地下水污染问题。

3)修复资金来源不足,技术理念和人才缺位中国在修复资金方面,由于缺乏对污染者追责问责机制、修复行为责任主体不明晰,污染场地修复行业的资金来源一直是广大修复行业从业者的关注焦点。统计表明,政府预算拨款占我国污染场地修复资金来源的54.3%,政府财政拨款和修复企业自筹占21%,剩余的不到1/4的资金来源才是污染责任方企业自筹和其他渠道。一方面,中央财政虽然有一定数额的专项整治经费用于污染场地修复,但是"饼大芝麻少",往全国各地众多亟待修复的场地项目上分配,显得杯水车薪;另一方面,在地方财政关注重点集中于基础设施建设的大环境下,地方政府很难抽出足够的经费支持当地的修复项目。值得关注的是,北京、上海、南京、杭州、重庆等地方政府、环保管理部门和修复行业从业者克服重重困难,开创了一些较新的修复治理融资模式,但是要实现在全国范围内的大规模推广应用,仍然需要更多的探索。

在修复技术理念方面,中国仍处于以"彻底清除污染,恢复污染场地至初始状态"的阶段,对污染场地修复技术的理解主要集中在借鉴和参考以美国为代表的国外先进技术的基础上进行模仿式的工程实施。此观点相当于30年前美国修复行业的主流观点,但是所付出的修复成本非常高昂,也由于污染场地本身错综复杂的性质,只有极少数场地能够达到预定的修复目标。

同时,中国现阶段所采用的修复技术也较为粗放,在修复设备的生产研发、修复药剂的开发、修复施工管理体系的建设和运营、修复技术的应用规模等方面还处在起步阶段。反观以美国为代表的发达国家,其修复目标已经转移到"阻隔和停止污染,保护人体健康和环境安全"上。在对污染场地概念模型和修复技术具有深入理解的基础上,允许采用基于风险的管理方式,针对不同的污染类型、污染途径、人体损害模式等采取不同的修复方法,极大地节约了修复工程的成本,同时提高了政府管理机构和行业从业者的环境风险管理水平。有理由相信,随着污染修复行业的发展和行业修复理念的转变,我国的修复行业也将转向基于风险的修复方式上。

(3)国际场地修复行业可资借鉴的经验　与中国正在处于成长期的修复行业不同,美国修复行业起步早、发展迅速、体系健全、行业产业链完整,涵盖了调查评估、方案设计、修复工程施工监理、设备制造、药剂研发应用等方面,仅2012年营收高达80.7亿美元。借鉴美国市场的成熟经验有助于我国修复行业利用后发优势,实现"弯道超车"式的健康发展。

1)完善政策法规,注重顶层设计　美国污染场地修复市场的兴起,起源于1980年制定的《超级基金法案》以及配套的《国家应急计划》。这两个法案不仅在法律上解决了"为什么要对污染场地进行修复"的法理问题,而且解决了"如何进行污染场地管理"的问题,同时在技术上对超级基金污染场地项目的工作程序做了详细的规定,如图5-4所示。在超级基金项目工作流程中,场地地籍信息和风险评价得到了重视,在摸清美国污染场地底数的基础上,结合场地评估结果实行优先修复制度,对敏感区域和重点类型场地进行优先处理。

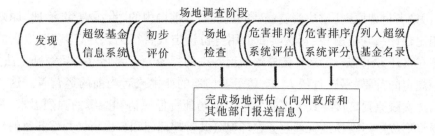

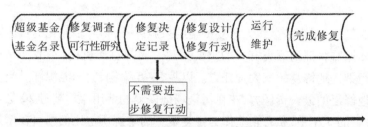

**图5-4　超级基金项目工作程序**

2)细分行业市场,重视评价监测　污染场地修复业务按照其生命周期可以划分为场地调查、风险评价和可行性研究,修复设计,修复施工,验收和监测等四个阶段。表5-6列出了美国2009~2013年的修复市场各个生命周期业务份额的分布,从中可以看出:在过去的五年里,美国的修复市场份额以修复施工为主,并且有逐年稳步上升的趋势;这和其间美国大量的超级基金项目已经从前期的调查和设计阶段进入修复施工阶段有关,而修复设计市场份额的逐年降低正好与之对应。场地评估、风险评价和可行性研究的市场份额非常稳定,保持在18%,表明场地修复是一个长期持续的市场,即使经过30余年的发展,美国仍然有大量的污染场地陆续被发现,并进入待修复队列。同样地,每年稳定有大约8%的费用花费在验收和监测评估,这是因为虽然投入了大量的人力和财力进行场地修复,但是大多数污染场地并不能够修复到完全没有残余风险,因此在完成修复后的污染场地上进行规划限制、交易约束和社区防护等多种制度性控制措施还是非常必要的。因此,对修复效果及制度控制措施有效性进行长期持续的监测在修复市场上必然占据一席之地。

3)设立专项基金,解决资金来源　由于污染场地修复工程往往耗资巨大,因此在修复行业初始阶段,为解决修复资金来源问题,《超级基金法案》设立了总额高达16亿美元的信托基金,专门用于污染场地的治理。但单一资金来源并无法解决大量亟待修复的场地,因此修复行业要面临的另一个问题就是必须解决资金的来源。《超级基金法》通过确定"潜在责任方"的方法,按照

"污染者付费原则"解决修复经费问题。与当前国内的"谁污染,谁治理"原则相比,《超级基金法》在司法实践上用身份认定代替行为认定,即政府追责的潜在责任方未必一定是直接导致场地污染的行为人。因此,在《超级基金法》中规定的首要"潜在责任方"就是污染场地的业主或者当前的经营者。这一司法实践原则直接导致了工业界对污染场地责任厘清和减缓的强烈需求,并最终形成了污染场地管理业务在环保公共管理部门和自由市场并驾齐驱的局面。

同时,除了设立超级基金作为修复资金的来源以外,拓展多元化的资金来源也是美国环保监管部门筹集资金的重要渠道。联邦直属机构、军方和私有企业是美国污染场地修复的三大责任方。以表 5-6 为例,美国能源部是当前美国污染场地修复的最大责任方,花在污染场地修复的费用年均超过 20 亿美元,同时在过去的 5 年中,私有企业作为修复资金的来源所占比例一直在增加中。

表 5-6　美国修复市场资金来源(单位:百万美元)

| | 2009 年 | 2010 年 | 2011 年 | 2012 年 | 2013 年 |
|---|---|---|---|---|---|
| 美国能源部 | 2 150 | 2 210 | 2 260 | 2 300 | 2 350 |
| 美国国防部 | 1 340 | 1 370 | 1 400 | 1 420 | 1 440 |
| 超级基金 | 460 | 460 | 470 | 480 | 490 |
| 州政府修复计划 | 270 | 270 | 270 | 280 | 280 |
| 资源保护和回收 | 480 | 490 | 500 | 510 | 530 |
| 地下储罐 | 450 | 460 | 460 | 470 | 480 |
| 私人公司 | 2 400 | 2 410 | 2 490 | 2 610 | 2 750 |
| 总计 | 7 530 | 7 670 | 7 850 | 8 070 | 8 320 |

(4) 中国场地修复行业发展的思路　回顾过去 10 年,污染场地修复行业在中国的发展是一个复杂的博弈过程,涉及中央及地方政府和环保主管部门、污染责任方、业主、从业公司之间能否达到"帕累托最优"的过程。同时,污染场地修复行业在中国的发展也是一个循序渐进的过程。但是,针对前述问题,仅靠单一方面的推进无法破解行业整体发展的困局。

为此,在充分借鉴国外成熟技术和经验的基础上,国内环保主管部门需要重视行业政策导向,积极地进行大框架的顶层设计,开创新的污染场地调查与修复的融资模式,通过指南、政策法规等形式引导市场有序竞争,良性发展。

对于污染场地修复行业从业者而言,在修复决策上,应将治理思维从"彻底修复"转向"基于风险的修复",重视环境影响评价在整个调查与修复过程中的指导作用;在治理技术上,应积极主动吸收国外有益经验和先进技术,从单一修复方法转向复合修复方法联用,并在保证达成修复目标的前提下提高修复技术效费比,推动修复技术进步;在修复设备上,应从基于固定式设备场外修复转向移动式设备的现场原位修复,尽量减少污染场地调查与修复过程对周边环境的影响;在修复对象上,应从单纯修复土壤和地下水到涵盖土壤、地下水、土壤气以及周边的微环境的修复等方面。

同时,我国当前的污染场地修复业务基本上集中于修复施工,缺乏大量必要的前期场地调查和后期跟踪监测工作。这一缺陷直接导致了污染场地修复项目仓促上马,修复热点设定盲目,修复结果追求"短、平、快"等诸多问题。随着修复市场的进一步规范和发展,修复行业的产业链必将进一步拓展和细分,逐渐向前端和后端延伸,形成和美国类似的具备完备产业链的修复市场格局。面临前述的各种问题,只有全行业参与,并且各方齐心协力,才能形成一整套有机的产业发展机制,达到逐步解决现存问题,弥补各项投入不足,推动污染场地修复这一新兴领域持续健康向前发展的目标。

### 三、污染场地管理的主要内容

从环境保护的角度来分析,污染场地的管理主要包括以下几方面内容:

#### 1. 场地环境调查

场地环境调查,即采用系统的调查方法,确定场地是否被污染及污染程度和范围的过程,一般包括 3 个阶段。

第一阶段,以资料收集、现场踏勘和人员访谈为主的污染识别阶段。若第一阶段调查确认场地内及周围区域当前和历史上均无化工厂、农药厂、加油站、化学品储罐等可能的污染源,则场地环境调查活动可以结束。若第一阶段的调查表明场地内或周围区域存在可能的污染源,则需进行第二阶段场地环境调查,确定污染种类、程度和范围。

第二阶段,场地环境调查是以采样与分析为主的污染证实阶段。若第二阶段场地环境调查的结果表明,场地的环境状况能够接受,则场地环境调查活动可以结束。若第二阶段调查确认污染事实,需要进行风险评估或污染修复时,则要进行第三阶段场地环境调查。

第三阶段,场地环境调查以补充采样和测试为主,满足风险评估和土壤及地下水修复过程所需参数。

2. 污染场地风险评估

污染场地风险评估即评估场地污染土壤和浅层地下水通过不同暴露途径，对人体健康产生危害的概率。

污染场地风险评估首先是根据场地环境调查和场地规划来确定污染物的空间分布和可能的敏感受体。在此基础上进行暴露评估和毒性评估，分别计算敏感人群摄入的来自土壤和地下水的污染物所对应的土壤和地下水的暴露量，以及所关注污染的毒性参数。然后，在暴露评估和毒性评估的工作基础上，采用风险评估模型计算单一污染物经单一暴露途径的风险值、单一污染物经所有暴露途径的风险值、所有污染物经所有暴露途径的风险值，进行不确定分析，并根据需要进行风险的空间表征。

风险空间表征就是计算包括单一污染物的致癌风险值、所有关注污染物的总致癌风险值、单一污染物的危害商（非致癌风险值）和多个关注污染物的危害指数（非致癌风险值）。判断计算得到的风险值是否超过可接受风险水平。如污染场地风险评估结果未超过可接受风险，则结束风险评估工作；如污染场地风险评估结果超过可接受风险水平，则计算关注污染物基于致癌风险的修复限值或基于非致癌风险的修复限值。

3. 污染场地土壤修复

首先根据场地调查和风险评估，确定预修复目标。确定修复目标可达后，则应结合场地的特征条件，从修复成本、资源需求、安全健康环境、时间等方面，通过矩阵评分法详细分析备选技术的经济、技术可行性和环境可接受性，筛选和评价修复技术，确定最佳修复技术。然后通过可行性试验确定修复技术工艺参数，制订修复技术方案。在对场地进行修复的过程中，可以根据场地调查结果和修复技术的要求制订修复监测计划。

## 四、第三方实验室在污染场地环境管理中的作用

根据污染场地环境管理各阶段的不同需求，污染场地环境监测分为场地环境调查监测，场地治理修复监测、工程验收监测及场地回顾性评估监测等。

污染场地环境监测应在确定需要监测的场地后，针对场地环境管理某一阶段的需求，制订监测计划，确定场地的监测范围、监测介质、监测项目、采样点布设方法及监测工作的组织方式。并根据完整的监测计划，实施样品的采集和样品的分析测试，对测试数据进行处理后，编制监测报告。可见，污染场

地环境管理各阶段都需要分析数据的支持。

从现实角度来看,缺乏准确有效的分析数据,就将无法获得场地真实的污染状况,风险评估和场地修复也将无从谈起或毫无意义,将造成巨大的经济损失和浪费。因此实验室技术是场地管理中不可或缺的组成部分,起到至关重要的作用。

对于未知污染类型的场地,可以通过测试以下污染物初步判断污染类型。

(1)Heavy Metal 重金属。

(2)TPH 石油烃。

(3)VOC 挥发性有机物。

(4)SVOC 半挥发性有机物(含 PAH 多环芳烃)。

(5)OCP 有机氯农药。

(6)OPP 有机磷农药。

(7)PCB 多氯联苯。

(8)Dioxins 二噁英。

在国内缺乏分析标准的情况下,第三方实验室 SGS 主要参考美国环境保护署的权威方法进行分析,既保证了数据的准确性,又使所获得的研究成果在国际上具有横向可比性。这些方法多为多参数同时分析。多参数同时分析在国外已经有多年的实践历史,是非常成熟、稳定、可靠的方法,也是中国环境分析领域必然的发展趋势,它能够极大地提高工作效率并节约成本。

获得实验室测试数据后,判断出场地主要污染物。在此后的详细调查阶段或补充调查阶段,只需对检出或超标污染物进行取样测试。在修复和验收阶段,实验室也针对目标污染物进行测试即可。

此外,由于中国污染场地的管理起步晚于欧美等发达地区和国家,在这种情况下,SGS 的环境实验室先于国家层面引入了新型污染物的分析能力,这些污染物不仅包括上文提及的有机类污染物,还包括二噁英、多溴联苯和多溴联苯醚、全氟化合物等持久性有机物以及一些环境激素类物质,很大程度上弥补国内现有规范的缺乏和国家环境监测机构的不足,提高中国污染场地管理乃至整体环境管理的水平。

# 第六章　场地土壤污染原理

　　土壤污染主要包括农业、矿山、场地污染三类,2014 年,国土资源部与环保部共同发布的第二次全国土壤污染状况调查公报显示,在调查的 81 块工业废弃地的 775 个土壤点位中,超标点位占 34.9%,在调查的 690 家重污染企业用地及周边的 5 846 个土壤点位中,超标点位占 36.3%,在调查的 146 家工业园区的 2 523 个土壤点位中,超标点位占 29.4%。据估算,我国有污染场地 30 万~50 万块。不像空气、水所遭受的污染那样看得见、闻得着,场地土壤污染通常表现得很隐蔽,可以通过直接接触、食物链等多种途径影响人体健康和生态环境的安全与质量,其危害后果往往很严重。

# 第一节 土壤组成与性质

## 一、土壤组成

土壤是环境中特有的组成部分,是一个极其复杂的由固体、液体和气体三相组成的多相疏松多孔体系(图6-1)。土壤固相包括土壤矿物质和土壤有机质。土壤矿物质占土壤的绝大部分,占土壤固体总重量的90%以上。土壤有机质占固体总重量的1%~10%,一般在可耕性土壤中约占5%,且绝大部分在土壤表层。土壤液相是指土壤中水分及其水溶物。土壤气相是指土壤孔隙所存在的多种气体的混合物。液相和气相共存于土壤孔隙内,按容积计,在较理想的土壤中,矿物质占38%~45%,有机质占5%~12%,土壤孔隙约占50%。

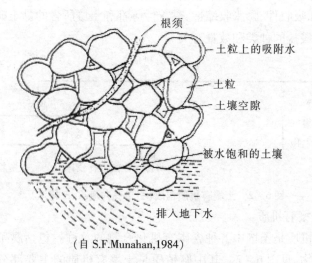

（自 S.F.Munahan,1984）

**图6-1 土壤中固、液、气相结构图**

### (一)土壤矿物质

土壤矿物质来源于地壳岩石(母岩)和母质,它对土壤的性质、结构和功能影响很大。可分为原生矿物质和次生矿物质两大类。

#### 1. 原生矿物质

原生矿物质是各种岩石(主要是岩浆岩)受到程度不同的物理风化而未经化学风化的碎屑物,其原来的化学组成和结晶构造都没有改变。一般土壤中 0.01 ~ 1mm 的沙和粉沙几乎全都是原生矿物。其种类和含量,随母质的类型,风化强度和成土过程的不同而异。土壤中最主要的原生矿物有 4 类:硅酸盐类矿物质、氧化物类矿物质、硫化物类矿物质和磷酸盐类矿物质。其中硅酸盐类矿物质占岩浆岩重量的 80% 以上。

2. 次生矿物质

由原生矿物质经化学风化后形成的新矿物质,其化学组成和晶体结构都有所改变。包括各种简单盐类、三氧化物类和次生铝硅酸盐类。其中简单盐类,如方解石($CaCO_3$)、白云石$[CaMg(CO_3)_2]$、石膏($CaSO_4 \cdot 2H_2O$)、泻盐($MgSO_4 \cdot 7H_2O$)、岩盐($NaCl$)、芒硝($Na_2SO_4 \cdot 10H_2O$)、水氯镁石($MgCl_2 \cdot 6H_2O$)等,易淋溶流失,一般土壤中较少,多存在于盐渍土中,而三氧化物类,如针铁矿($Fe_2O_3 \cdot H_2O$)、褐铁矿($2Fe_2O_3 \cdot 3H_2O$)、三水铝石($Al_2O_3 \cdot 3H_2O$)等,次生铝硅酸盐类,如伊利石、蒙脱石、高岭石,是土壤矿物质中最细小的部分,粒径小于 0.25mm,一般称之为次生黏土矿物质。土壤很多重要的物理、化学性质,如吸收性、膨胀收缩性、黏着性等都和土壤所含的黏土矿物质,特别是次生铝硅酸盐的种类和数量有关。

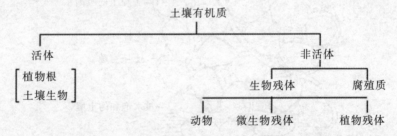

图 6-2 土壤有机质构成(引自高井康雄、三好洋)

## (二)土壤有机质

土壤有机质是土壤中各种含碳有机化合物的总称。包括腐殖质、生物残体及土壤生物,见图 6-2。其中腐殖质是土壤有机质的主要部分,约占有机质总量的 50% ~ 65%,在土壤中可以呈游离的腐殖酸盐类状态存在,亦可以铁、铝的凝胶状态存在,也可与黏粒紧密结合,以有机 – 无机复合体等形态存在。这些存在形态对土壤一系列的物理化学性质有很大影响。

## (三)土壤水分

土壤水分主要来自大气降水和灌溉。在地下水位接近地面(2 ~ 3cm)的情况下,地下水也是上层土壤水分的重要来源。此外,空气中水蒸气冷凝成为土壤水分。土壤水分并非纯水,不仅含有 $Na^+$、$K^+$、$Mg^{2+}$、$Ca^{2+}$、$Cl^-$、$NO^{3-}$、

$SO_4{}^{2-}$、$HCO_3{}^-$等离子以及有机物,还含有有机的、无机的污染物。因此,土壤水分既是植物养分的主要来源,也是进入土壤的各种污染物向其他环境圈层(如水圈、生物圈等)迁移的媒介。

### (四)土壤空气

土壤空气存在于未被水分占据的土壤孔隙中。这些气体主要来源于大气,其次是产生于土壤中的生物化学和化学过程。其组成接近于大气的正常组成,但又有着明显的差异,表现在 $O_2$ 和 $CO_2$ 的含量上,土壤空气中 $O_2$ 的含量较少,而 $CO_2$ 的含量显著增加,且随深度有明显的变化,一般说来,$CO_2$ 的浓度随深度的增加而慢慢地增加,在表土约为 $0.03\%$,到植物根区则增加到 $1\% \sim 5\%$,$O_2$ 则相应缓慢地减少。土壤空气的水汽含量一般总比大气高得多,并常含有少量还原性气体,如甲烷($CH_4$)、硫化氢($H_2S$)、氢气($H_2$)。在某些情况下还可能产生磷化氢($PH_3$)及二硫化碳($CS_2$)等气体。如果是被污染的土壤,其空气中还可能存在污染物。

### 二、土壤剖面形态

典型土壤随深度呈现不同的层次(如图 6-3)。最上层为覆盖层($A_0$),由地面上的枯枝落叶所构成。第二层为淋溶层($A$),是土壤中生物最活跃的一层,土壤有机质大部分在这一层,金属离子和黏土颗粒在此层中被淋溶得最显著。第三层为淀积层($B$),它受纳来自上一层淋溶出来的有机物、盐类和黏土颗粒类物质。C 层也叫母质层,是由风化的成土母岩构成。母质层下面为未风化的基岩,常用 D 层表示。

以上这些层次通称为发生层。土壤发生层的形成是土壤形成过程中物质迁移、转化和积聚的结果,整个土层称为土壤发生剖面。

### 三、土壤的粒级分组与质地分组

#### (一)土壤的粒级分组

土壤中的矿物质由岩石风化和成土过程中形成的不同大小的矿物颗粒组成,它们的直径差别很大(从几微米到几厘米)。大颗粒常由岩石、矿物质碎屑或原生矿物质组成,细颗粒主要由次生矿物质组成。它们的性质和成分有相当大的差异。为了研究方便,人们常按粒径的大小将土粒分级,同组土粒成分和性质基本一致,组间则有明显差异。表 6-1 为我国土粒分级标准。

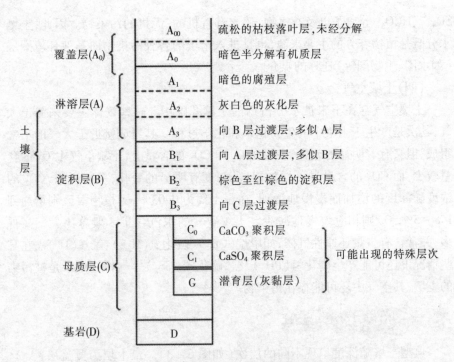

**图6-3 自然土壤的综合剖面图(南京大学,1980)**

**表6-1 我国土粒分级标准**

| 颗粒名称 | | 粒径(mm) |
|---|---|---|
| 石块 | | >10 |
| 石砾 | 粗砾 | 10~3 |
| | 细砾 | 3~1 |
| 沙粒 | 粗砾粒 | 1~0.25 |
| | 细砾粒 | 0.25~0.05 |
| 粉粒 | 粗砾粒 | 0.05~0.01 |
| | 细砾粒 | 0.01~0.005 |
| 黏粒 | 粗黏粒 | 0.005~0.001 |
| | 黏粒 | <0.001 |

矿物质的粒级不同,其矿物质成分有较大的差别。一般直径在1mm以上的颗粒是岩石风化后的碎屑,大都保留着母岩原有的矿物组成。直径在1~0.05mm的颗粒主要是石英、白云母、钾长石等原生矿物质的碎屑,质地疏松。

直径小于 0.005mm 的颗粒在湿润状态下聚集时膨胀并黏滞,干燥状态则收缩结成坚硬的板块。直径小于 0.002mm 的颗粒主要矿物质成分是次生的黏粒矿物和晶质及非晶质的硅、铝、铁的水合氧化物。而在小于 0.001mm 的颗粒矿物质组成中,晶质硅、铝、铁的水合氧化物达 30% 以上,其余为黏土矿物质,具有胶体颗粒所特有的膨胀性、高吸水能力,具有强吸附力,是土壤颗粒中最活跃的部分。

### (二)土壤的质地分组

自然界的土壤都是由很多大小不同的土粒,按不同的比例组合而成的,各粒级在土壤中所占的相对比例或质量百分数称为土壤的机械组成,也叫作土壤质地。不同土壤的机械组成各不相同,根据土壤中各种粒级的质量百分数组成,把土壤划分为若干类别,表 6-2 是国际制土壤质地分类情况。

表 6-2 国际制土壤质地分类

| 质地分类 | | 各级土粒重量(%) | | |
|---|---|---|---|---|
| 类别 | 质地名称 | 黏粒<br>(<0.02mm) | 粉沙粒<br>(0.02~0.002mm) | 沙粒<br>(2~0.02mm) |
| 砾土类 | 沙土及壤质沙土 | 0~15 | 0~15 | 85~100 |
| | 沙质壤土 | 0~15 | 0~45 | 55~85 |
| 壤土类 | 壤土 | 0~15 | 35~45 | 45~55 |
| | 粉沙质壤土 | 0~15 | 45~100 | 0~55 |
| 黏壤土质 | 砾质黏壤土 | 15~25 | 0~30 | 55~85 |
| | 黏壤土 | 15~25 | 20~45 | 30~55 |
| | 粉黏壤土 | 15~25 | 45~85 | 0~40 |
| 黏土质 | 砾质黏土 | 25~45 | 0~20 | 55~75 |
| | 壤质黏土 | 25~45 | 0~45 | 10~55 |
| | 粉质黏土 | 25~45 | 45~75 | 0~30 |
| | 黏土 | 45~65 | 0~35 | 0~55 |
| | 重黏土 | 65~100 | 0~35 | 0~35 |

土壤质地可在一定程度上反映土壤矿物组成和化学组成,同时土壤颗粒大小与土壤的物理性质有密切关系,并且影响土壤孔隙状况,因此对土壤水分、空气、热量的运动和养分转化均有很大的影响。质地不同的土壤表现出不

同的性状,如表6-3。

表6-3  土壤质地与土壤性状

| 土壤形状 | 土壤质地 | | |
|---|---|---|---|
| | 沙土 | 壤土 | 黏土 |
| 比表面积 | 小 | 中等 | 大 |
| 紧密性 | 小 | 中等 | 大 |
| 孔隙状况 | 大孔隙多 | 中等 | 细孔隙多 |
| 通透性 | 大 | 中等 | 小 |
| 有效含水量 | 低 | 中等 | 高 |
| 保肥能力 | 小 | 中等 | 大 |
| 保水分能力 | 低 | 中等 | 高 |
| 在春季的土温 | 暖 | 凉 | 冷 |
| 触觉 | 沙 | 滑 | 黏 |

## 四、土壤胶体性质

土壤胶体是指土壤中颗粒直径小于2mm或小于1mm,具有胶体性质的微粒,一般土壤中的黏土矿物质和腐殖质都具有胶体性质。土壤的许多重要性质,如保肥、供肥能力、土壤污染与净化、酸碱反应、缓冲作用、氧化还原反应以及其他性质都和土壤胶体有关。

### (一)土壤胶体类型

土壤胶体种类按成分及来源可将其分为三大类:

1. 有机胶体

有机胶体主要是腐殖质和生物活动的产物,它是高分子有机化合物,呈球形、三维空间网状结构、胶粒直径在20~40nm。

2. 无机胶体

无机胶体主要是细颗粒的黏土矿物质,包括黏土矿物质中的高岭石、伊利石、蒙脱石以及埃洛石、蛭石、绿泥石和海泡石、水铝英石等以及铁、铝、锰水合氧化物。

3. 有机-无机复合体

有机-无机复合体是由土壤中一部分矿物质胶体和腐殖质胶体结合在一起所形成。这种结合可能是通过金属离子的桥键,也可能通过交换阳离子周围的水分子氢键来完成,如对钙质蒙脱石和胡敏酸复合胶体的研究表明,腐殖质胶体主要吸附在黏土矿物质表面,而未进入矿物质的晶层间。

不同的胶体类型,其比表面积,表面电荷密度及阳离子代换容量有较大差异(表6-4)。它们对土壤溶液中的有机物及重金属离子的交换总量也有很大的不同。一般有机胶体的表面积大,每100g腐殖质胶体的交换容量平均约为2 000mol。无机胶体性质差异较大,高岭石表面积较小,不具胀缩性,交换当量低;伊利石具有胀缩性,交换能力较大;蒙脱石表面积较大,交换容量平均为100mol/100g。当矿物和腐殖质两种胶体复合后,交换量降低,因为原来矿物质上一部分交换点被覆盖。

表6-4 不同土壤胶体成分的表面电荷及阳离子交换容量

(腐殖酸引自南京大学等,1983)

| 类型 | 比表面积($m^2/g$) | 表面电荷密度($\mu eq/m^2$) | CEC($mol/kg$) |
|---|---|---|---|
| 水铝英石 | 100~700 | 0.71~2.0 | 50~100 |
| 铁、铝氢氧化物 | 25~42 | 0.12~0.4 | 0.5~1 |
| 高岭 | 10~20 | 1~6 | 2~6 |
| 水云母 | 90~130 | 1.5~4.4 | 20~40 |
| 蒙脱石 | 750~800 | 0.75~1.6 | 60~120 |
| 怀阿明斑脱石 | 750 | 1.33 | 100 |
| 蛭石 | 750~800 | 1.5~2.7 | 120~200 |
| 腐殖酸 | | | 200~500 |

## (二)土壤胶体性质

1. 具有巨大的比表面和表面能

比表面是单位重量(或体积)物质的表面积,颗粒越小,比表面越大。土壤胶体由于颗粒细小,因而具有巨大的表面积,且表面分子受到的分子引力是不均衡的,使表面分子具有一定的剩余能量-表面能。物质的比表面越大,表面能也越大。

2. 电荷性质

土壤胶体带有一定电荷,所带电荷性质主要决定于胶粒表面固定离子的性质。通常,土壤无机胶体如 $SiO_2 \times nH_2O$ 离解出 $H^+$,$SiO_3^{2-}$ 留在胶核表面使胶体带负电;土壤腐殖质分子中的羧基及羟基离解 $H^+$ 后胶体表面的 $R-COO^-$ 及 $RO^-$ 表现负电性。两性胶体在不同酸度条件下可以带负电,也可以带正电,胶体在何种状态下带何种电荷与胶体的电荷零点(等电点)的 pH 有关。不同的两性胶体具有不同的等电点。如 $Al(OH)_3$ 的等电点约为 pH 4.8 ~ 5.2,$Fe_2O_3$ 为 pH3.2,针铁矿$[\alpha - FeO(OH)]$ 为 pH3.2,褐铁矿$[\beta - FeO(OH)]$ 为 pH 3.6,纤铁矿$[FeO(OH)]$ 为 pH5.4。当介质的 pH < 等电点时,胶体带正电荷;当介质的 pH > 等电点时,胶体带负电。

3. 凝聚性和分散性

由于胶体的比表面和表面能都很大,为减小表面能,胶体具有相互吸引、凝聚的趋势,这就是胶体的凝聚性。但是在土壤溶液中,胶体常常带负电荷,即具有负的电动电位,所以胶体微粒又因相同电荷而相互排斥,电动电位越高,相互排斥力越强,胶体微粒呈现出的分散性也越强。

影响土壤凝聚性能的主要因素是土壤胶体的电动电位和扩散层厚度,例如:当土壤溶液中阳离子增多,由于土壤胶体表面负电荷被中和,从而加强了土壤的凝聚。阳离子改变土壤凝聚作用的能力与其种类和浓度有关。一般,土壤溶液中常见阳离子的凝聚能力顺序如下:$Na^+ < K^+ < NH_4^+ < H^+ < Mg^{2+} < Ca^{2+} < Al^{3+} < Fe^{3+}$。此外,土壤溶液中电解质浓度、pH 也将影响其凝聚性能。

**五、土壤酸碱性**

由于土壤是一个复杂的体系,其中存在着各种化学和生物化学反应,因而使土壤表现出不同的酸性或碱性。土壤中 $H^+$ 主要来自二氧化碳溶于水形成碳酸,有机物分解产生有机酸以及某些少数无机酸,其中 $Al^{3+}$ 水解产生 $H^+$ 是土壤酸性的重要来源。$OH^-$ 主要来自土壤溶液中的碳酸钠、碳酸氢钠、碳酸钙以及胶体表面交换性 $Na^+$ 的水解。根据土壤的酸度可以将其划分为 9 个等级,见表 6 - 5。

表 6 - 5  土壤酸碱度分级

| 酸碱度分级 | pH | 酸碱度分组 | pH |
| --- | --- | --- | --- |
| 极强酸性 | <4.5 | 弱碱性 | 7.0 ~ 7.5 |
| 强酸性 | 4.5 ~ 5.5 | 碱性 | 7.5 ~ 8.5 |
| 酸性 | 5.5 ~ 6.0 | 强碱性 | 8.5 ~ 9.5 |
| 弱酸性 | 6.0 ~ 6.5 | 极强碱性 | >9.5 |
| 中性 | 6.5 ~ 7.0 | | |

我国土壤的 pH 大多在 4.5～8.5,并有由南向北 pH 递增的规律性,长江(北纬 33°)以南的土壤多为酸性和强酸性,如华南、西南地区广泛分布的红壤、黄壤,pH 大多在 4.5～5.5,有少数低至 3.6～3.8;华中华东地区的红壤,pH 在 5.5～6.5;长江以北的土壤多为中性或碱性,如华北、西北的土壤大多含 $CaCO_3$,pH 一般在 7.5～8.5,少数强碱性土壤的 pH 高达 10.5。

### 六、土壤氧化还原性

土壤中有许多有机和无机的氧化性和还原性物质,因而使土壤具有氧化—还原特性。一般,土壤中主要的氧化剂有:氧气、$NO_3^-$ 和高价金属离子,如 $Fe^{3+}$、$Mn^{4+}$、$V^{5+}$、$Ti^{6+}$ 等。主要的还原剂有:有机质和低价金属离子。此外,土壤中植物的根系和土壤生物也是土壤发生氧化还原反应的重要参与者。

土壤氧化还原能力的大小可以用土壤的氧化还原电位(Eh)来衡量。一般旱地土壤 Eh 为 +400～+700mV;水田的 Eh 值在 +300～200mV。根据土壤的 Eh 可以确定土壤中有机物和无机物可能发生的氧化还原反应和环境行为。

## 第二节　场地土壤污染的发生

### 一、场地土壤背景值和土壤环境容量

#### (一)场地土壤背景值

场地土壤是受自然过程和人为影响的一类成分含量复杂的物质。它含有差不多所有的天然元素,并在水、气、热、生物和微生物多因子共同作用下,不断发生着各种化学反应,因此土壤中可检出多种化学物质。不受各种污染源(如工业、道路、矿山、农用化学品等)明显影响的土壤中化学物质检出量称为土壤背景值,或土壤环境背景值。从本质上讲,"不受污染源明显影响"只是一个相对概念,因为已证实当今的工业污染已充满了世界的每一个角落,即使是农用化学物质的污染也是在世界范围内扩散的。例如,在南极冰层中可以发现有机氯农药的积累。因此,土壤背景值也是相对的,"零污染"土壤样本是不存在的。

同时,我们还应该看到土壤的背景值有一个较大的变化幅度,不仅不同类型土壤之间不同,同一类型土壤之间相差也很大,引起变动的因素很复杂,包

括数万年以来人类活动的综合影响,风化、淋溶、淀积等地球化学作用的影响,生物小循环的影响,母质成因、质地和有机物含量的影响等,因而土壤背景值是一个范围值,而不是一个确定值。

## (二)场地土壤环境容量

场地土壤环境容量(或称场地土壤负载容量)是指一定环境单元、一定时限内遵循环境质量标准,既保证农产品质量和生物学质量,同时也不使环境污染时,土壤所能容纳污染物的最大负荷量。不同土壤其环境容量是不同的,同一土壤对不同污染物的容量也是不同的,这就涉及土壤的净化能力的问题。

第一,土壤是一个多相的疏松多孔体系。污染物质在土壤中可进行挥发、稀释、扩散和浓集以至移出土体之外。这一过程显然是与土壤温度和含水量的变化,土壤质地和结构,以及层次构型相关的。

第二,土壤是一个胶体体系。对于某些可呈离子态的污染物质,如重金属、化学农药进入土壤后,土壤胶体的吸附作用可以大大改变其有效含量,成为土壤污染物,特别是重金属自净和富集的关键因子。

第三,土壤是一个络合—螯合体系。土壤中有许多天然的有机和无机配位体,如土壤腐殖质、土壤微生物分解有机残体过程中产生的各种有机物质或分泌物,如酶等。也有人工合成的污染物质的有机配位体,如农药和其他有机污染物质。而土壤中几乎所有的金属离子都有形成络合物和螯合物的能力。但从形成的络合物或螯合物的稳定性看,则各离子间的差异较大。因而,土壤中络合—螯合过程的存在,也显著影响污染物质在土壤中的迁移转化及其环境效应。

第四,土壤是一个氧化还原体系。其氧化还原作用影响有机物质分解的速度和强度,也影响有机物质和无机物质存在的状态(可溶性和不溶性),从而影响到它们的迁移转化。这也是一个关系到土壤污染物质迁移转化的重要的土壤环境条件。特别是对某些变价元素,如 $Fe$、$Mn$、$S$、$As$、$Mg$、$Cr$、$V$ 等尤为重要。

第五,土壤是一个化学体系。土壤中的化合物或进入土壤的污染物质,还直接受到土壤中化学平衡(溶解和沉淀)过程的控制,在重金属和磷的迁移转化中,化学平衡过程扮演着重要的角色。

第六,土壤是一个生物体系。土壤微生物是土壤生物的主体。土壤微生物在土壤有机质的转化过程(有机质的分解和合成)中起着巨大的作用。土壤对有机污染物质之所以具有强大的自净能力,即生物降解作用,也主要是因为有种类繁多、数量巨大的土壤微生物存在。土壤微生物除参与有机质的转化外,还积极参与其他土壤过程。此外,土壤动物在有机污染物的分解转化中也起着一定作用。

上述过程,无论是个别地或是彼此联系地、同时地、相继地、相互交叠地发生,也还没有完全概括复杂的土壤污染物的迁移、转化以及净化机制。但是,我们必须看到,进入土壤的各种污染物质,一方面受上述土壤过程的控制和影响,会缓冲土壤污染的发生;另一方面,随着它们进入土壤数量的增加,也完全可能改变上述过程的方向、性质和速度,即土壤发生污染。

## 二、场地土壤污染

### (一)场地土壤污染的定义

场地土壤污染是指人类活动产生的污染物质,通过各种途径输入场地土壤,其数量和速度,超过了场地土壤净化作用的速度,破坏了自然动态平衡,使污染物质的积累过程逐渐占据优势,从而导致场地土壤自然正常功能失调,场地土壤质量下降,并影响到作物的生长发育,以及产量和质量下降。也包括由于土壤污染物质的迁移转化,引起大气或水体污染,并通过食物链,最终影响到人类的健康。

从上述定义可以看出,场地土壤污染不但要看含量的增加,还要看后果,即加入场地土壤的物质给生态系统造成了危害,才能称为污染。因此,度量场地土壤污染时,不仅要考虑场地土壤的背景值,更要考虑植物中有害物质的含量、生物反应和对人体健康的影响。有时污染物超过背景值,但并未影响植物正常生长,也未在植物体内进行积累;有时土壤污染物虽然没有超过背景值,但由于某种植物对某些污染的富集吸收能力特别强,反而使植物体中的污染物达到了污染程度。尽管如此,以土壤背景值作为土壤污染起始值的指标,或土壤开始发生污染的信号,仍然不失为一种简单易行、有效的度量指标。

### (二)场地土壤污染源

场地土壤是一个开放体系,场地土壤与其他环境要素间进行着物质和能量的交换,因而造成场地土壤污染的物质来源是极为广泛的,有天然污染源,也有人为污染源。天然污染源是指自然界自行向环境排放有害物质或造成影响的场所,如正在活动的火山;人为污染源是指人类活动所形成的污染源。人为污染源是土壤污染研究的主要对象,而在这些污染源中,化学物质对场地土壤的污染是人们最为关注的。污染物进入土壤的途径按照所划分的土壤污染源可分为污水灌溉、固体废弃物利用、农药和化肥的施用、大气沉降等。

1. 污水灌溉

污灌是指利用城市污水、工业废水或混合污水进行农田灌溉。大量污水未加处理而直接倾注于环境中,使一些灌区土壤中有毒有害物质有明显的累积。试验表明,利用含重金属的矿坑水(金属含量平均为 Cu0.04mg/L、Pb0.47mg/L,Zn3.8mg/L,Cd0.023mg/L)进行污灌后,土壤 Cu 含量由 31mg/kg 增至 133mg/kg;Pb 含量由 44mg/kg 增到 1 600mg/kg;Zn 含量由 121mg/kg 增至 3 700mg/kg;Cd 由 0.37mg/kg 增至 12.1mg/kg。张士灌区在 20 多年的污灌中,污灌面积达 2 500 余 hm²,镉污染十分严重,其中有 330 多 hm² 土壤含镉 5 ~ 7mg/kg,稻米含镉 0.4 ~ 1.0mg/kg,最高田块达 3.4mg/kg。京津唐地区污灌对生态环境的影响表明,北京东郊由污灌引起的土壤污染约占检测样品的 60%,污染的糙米样品数约占检测样品数的 36%。

2. 固体废弃物的利用

固体废物包括工业废渣、污泥、城市垃圾等。由于污泥中含有一定的养分,因而可用来作为肥料使用,城市生活污水处理厂的污泥含量为 0.8 ~ 0.9%,含磷量为 0.3 ~ 0.4%,含钾量 0.2 ~ 0.35%,有机质含量为 16 ~ 20%。但如混入工业废水或工业废水处理厂的污泥,其成分较生活污泥要复杂得多,特别是重金属的含量很高。这样的污泥如在农田中施用不当,势必造成土壤污染。一些城市历来都把大量垃圾运往农村,由于垃圾中含有大量的煤灰、砖瓦碎块、玻璃、塑料等,例如 1986 年对广州市居民生活垃圾组成的调查表明,动植物残体占 28.3%;无机物、煤灰、砖瓦、陶瓷等占 64.1%;纸、纤维、塑料等占 5.2%,金属和玻璃占 2.4%。含这些成分的垃圾长期施用农田,可逐步破坏土壤的团粒结构和理化性质。同时城市垃圾亦含有一定量的重金属,使土壤中重金属含量随着垃圾施用量的增多而增加(表 6 - 6)。

表 6 - 6　施用垃圾对土壤、稻谷中重金属含量的影响(单位:mg/kg)

| 处理 | Cd | Hg | Cr | Pb | Ni | Cu | Zn |
|---|---|---|---|---|---|---|---|
| 施垃圾肥土壤 | 1.5 | 0.07 | 12.0 | 82 | — | — | 92 |
| 对照土壤 | 0.6 | 0.05 | 12.0 | 24 | — | — | 20 |
| 施垃圾肥稻谷 | 0.033 | < 0.008 | < 0.001 | 0.27 | 6.27 | 3.0 | 16.2 |
| 对照稻谷 | 0.007 | < 0.008 | < 0.001 | 0.18 | 0.18 | 2.7 | 19.0 |

3. 农药和化肥的施用

农药在生产、储存、运输、销售和使用过程中都会产生污染,施在作物上的杀虫剂有 1/2 左右流入土壤中。进入土壤中的农药虽然在生物、光解和化学作用下,可有一部分降解,但对于像有机氯这样的长效农药来说,那是十分缓慢的。农药在土壤中的残留性与土壤的理化性质和环境条件有着密切的关系,如呋喃丹在灌溉地区的土壤中残留量较低;在腐殖土中的降解速度分别为壤土和沙壤土的 1/2 和 1/3;土壤 pH 越高,其分解越快。

化肥对土壤的污染一是不合理的过量施用,促使土壤养分平衡失调;如农田大量使用氮肥、城市和农村生活污水排入大量氮素,有的直接从土壤表面挥发进入大气,有的经土壤微生物作用转化成氮气和氮氧化物进入大气,从而可能破坏臭氧层;有的随地表径流和地下水排入水体中,使地下水受氮污染或使河川、湖泊、海湾富营养化,藻类等水生植物生长过多。二是有毒磷肥,特别是含三氯乙醛磷肥,它是由含三氯乙醛的废硫酸生产的,当它在土壤中施用后,三氯乙醛转化为三氯乙酸,两者均可给植物造成毒害,由此而造成的作物大面积受害的情况屡有发生。磷肥中重金属特别是 Cd 的含量也是一个不容忽视的问题。世界各地磷矿含 Cd 范围一般在 1 ~ 110mg/kg,但也有个别矿高达980mg/kg。表 6 - 7 为我国和世界一些国家磷矿含 Cd 的比较(鲁如坤等,1992)。

表 6 - 7　我国和世界国家磷矿含 Cd 量的比较(鲁如坤等,1992)

| 国别 | 矿名 | 含量范围(mg/kg) | 平均值(mg/kg) |
|---|---|---|---|
| 中国 | 全部矿采 | 0.1 ~ 571 | 15.3 |
| | 扣除广西等不重要矿后 | 0.1 ~ 4.4 | 0.98 |
| 苏联 | Kola | — | 0.3 |
| 美国 | Florida | 3 ~ 12 | 7 |
| | N. C | — | 36 |
| 多哥 | Togo | 38 ~ 60 | 52 |
| 摩洛哥 | Khouribga | 1 ~ 17 | 12 |
| | Joussoufia | | 4 |
| 阿尔及利亚 | Algier | — | 23 |
| 突尼斯 | Gafsa | 55 ~ 57 | 56 |

估计,我国每年随磷肥带入土壤的总 Cd 量约为 37t,因而应当认为含 Cd磷肥是一种潜在的污染源。

### 4. 大气沉降

气源重金属微粒是土壤重金属污染的途径之一,它的构成主要是金属飘尘。在金属加工过程中,在交通繁忙的地区,往往伴随有金属尘埃进入大气,其种类视污染源的不同而异。这些飘尘自身降落或随着雨水接触植物体或进入土壤后随之为植物或动物所吸收,在大气污染严重的地区,作物亦有明显的污染(表6-8)。酸沉降本身既是一种土壤污染源,又可加重其他有毒物质的危害,我国长江以南大部分地区本身就是酸性土壤,在酸雨的作用下,土壤进一步酸化,养分淋溶,结构破坏,肥力降低,作物受损,从而可破坏土壤生产力。此外,尚有多个污染物(包括重金属、非金属有毒有害物质及放射性散落物等)的同时污染。

表6-8　钢冶炼厂周围水稻中重金属含量(潘如圭)(单位:mg/kg)

| 地点 | 叶 | | | 茎 | | | 谷粒 | | |
|---|---|---|---|---|---|---|---|---|---|
| | Cu | Pb | As | Cu | Pb | As | Cu | Pb | As |
| 污染区 | 176.0 | 9.7 | 15.3 | 48.0 | 3.5 | 11.9 | 24.0 | 2.7 | 0.7 |
| 对照区 | 38.4 | 0.8 | 0.9 | 41.1 | 1.2 | 0.7 | 14.2 | 0.6 | 痕量 |

### (三)场地土壤污染的类型

土壤污染的类型目前并无严格的划分,如从污染物的属性来考虑,一般可分为有机物污染、无机物污染、生物污染和放射性物质的污染。

### 1. 有机物污染

有机物污染物可分为天然有机污染物和人工合成有机污染物,这里主要是指人工合成有机污染物,它包括有机废弃物(工农业生产及生活废弃物中生物易降解和生物难降解有机毒物)、农药(包括杀虫剂、杀菌剂和除莠剂)等污染。有机污染物进入土壤后,可危及农作物的生长和土壤生物的生存,如稻田因施用含二苯醚的污泥曾造成稻苗大面积死亡,泥鳅、鳝鱼绝迹。人体接触污染土壤后,手脚出现红色皮疹,并有恶心、头晕现象。农药在农业生产上的应用尽管收到了良好的效果,但其残留物却污染了土壤和食物链。近年来,塑料地膜地面覆盖栽培技术发展快,由于管理不善,部分膜弃于田间,它已成为一种新的有机污染物。

### 2. 无机物污染

无机污染物有的是随着地壳变迁、火山爆发、岩石风化等天然过程进入土壤,有的是随着人类的生产和消费活动而进入的。采矿、冶炼、机械制造、建筑材料、化工等生产部门,每天都排放大量的无机污染物,包括有害的元素氧化物、酸、碱和盐类等。生活垃圾中的煤渣,也是土壤无机污染物的重要组成部分,一些城市郊区长期、直接施用的结果造成了土壤环境质量下降。

### 3. 土壤生物污染

土壤生物污染是指一个或几个有害的生物种群,从外界环境侵入土壤,大量繁衍,破坏原来的动态平衡,对人类健康和土壤生态系统造成不良影响。造成土壤生物污染的主要物质来源是未经处理的粪便、垃圾、城市生活污水、饲养场和屠宰场的污物等。其中危害最大的是传染病医院未经消毒处理的污水和污物。土壤生物污染不仅可能危害人体健康,而且有些长期在土壤中存活的植物病原体还能严重地危害植物,造成农业减产。

### 4. 土壤放射性物质的污染

土壤放射性物质的污染系指人类活动排放出的放射性污染物,使土壤的放射性水平高于天然本底值。放射性污染物是指各种放射性核素,它的放射性与其他化学状态无关。

放射性核素可通过多种途径污染土壤。放射性废水排放到地面上,放射性固体废物埋藏处置在地下,核企业发生放射性排放事故等,都会造成局部地区土壤的严重污染。大气中的放射性沉降,施用含有 U、Ra 等放射性核素的磷肥和用放射性污染的河水灌溉农田也会造成土壤放射性污染,这种污染虽然一般程度较轻,但污染的范围较大。

土壤被放射性物质污染后,通过放射性衰变,能产生 α 射线、β 射线、γ 射线。这些射线能穿透人体组织,损害细胞或造成外照射损伤,或通过呼吸系统或食物链进入人体,造成内照射损伤。

综上所述,引起土壤污染的物质以及途径都是极为复杂的,它们往往是互相联系在一起的。为了预测和防治土壤污染的发生,必须认识土壤污染物质,特别是对环境污染直接或潜在威胁最大的污染物质,如化学合成农药和重金属等,研究其在土壤系统中的迁移转化过程及其危害机制。

## 第三节 场地土壤中化学农药污染

一般说来,凡是用来保护农作物及其产品,使之不受或少受害虫、病菌及杂草的危害,促进植物发芽、开花、结果等的化学药剂,都称为化学农药。目前,世界上生产、使用的农药原药已达 1 000 多种,加工成制剂近万种,大量使用的有 100 多种。全世界化学农药总产量以有效成分计大致稳定在 200 万 t,主要是有机氯、有机磷和氨基甲酸酯等,这些化学农药的使用,对农、林、牧、渔的增产、保收和保存,以及人类传染疾病的预防和控制等方面都起到了非常大的作用,可以说,目前人类实际上已处于不得不用农药的地步。而且随着日益增加的化学农药进入环境和生态系统,已产生了一些不良后果,如 Hg、Pb 等金属元素的农药制剂,以及大多数有机氯制剂,通过生物富集和食物链,造成了它在动植物体内,甚至在人体内的蓄积,从而出现了人们普遍关心的农药公害问题。

场地土壤化学农药污染主要来自 4 个方面:①将农药直接施入土壤或以拌种、浸种和毒谷等形式施入土壤。②向作物喷洒农药时,农药直接落到地面上或附着在作物上,经风吹雨淋落入土壤。③大气中悬浮的农药颗粒或以气态形式存在的农药经雨水溶解和淋溶,最后落到地面上。④随死亡动植物残体或用污水灌溉而将农药带入土壤。

农药在土壤中长期残留积累的结果,将导致土壤生态环境发生变化和农作物产品出现微量的残留农药,甚至危害到人畜健康。为了预测和防治土壤化学农药污染的发生,必须认识这些物质在土壤中迁移、转化过程及其在生态系统的毒作用过程。

## 一、化学农药在土壤中的迁移转化

### (一)土壤对农药的吸附

土壤是一个由无机胶体(黏土矿物质)、有机胶体(腐殖酸类)以及有机-无机胶体所组成的胶体体系,其具有较强的吸附性能。在酸性土壤下,土壤胶体带正电荷,在碱性条件下,则带负电荷。进入土壤的化学农药可以通过物理吸附、化学吸附、氢键结合和配价键结合等形式吸附在土壤颗粒表面。农药被土壤吸附后,移动性和生理毒性随之发生变化。所以土壤对农药的吸附作用,在某种意义上就是土壤对农药的净化。但这种净化作用是有限度的,土壤胶体的种类和数量,胶体的阳离子组成,化学农药的物质成分和性质等都直接影响到土壤对农药的吸附能力,吸附能力越强,农药在土壤中的有效性越低,则净化效果越好。下面介绍影响土壤吸附能力的若干因素。

1. 土壤胶体

进入土壤的化学农药,在土壤中一般解离为有机阳离子,故为带负电荷的土壤胶体所吸附,其吸附容量往往与土壤有机胶体和无机胶体的阳离子吸附容量有关,据研究,土壤胶体对农药吸附的顺序是:有机胶体 > 蛭石 > 蒙脱石 > 伊利石 > 绿泥石 > 高岭石。譬如,林丹、西玛津和 2,4,5 - T 等大部分都吸附在土壤有机胶体上。土壤腐殖质对马拉硫磷的吸附力可较蒙脱石大 70倍。但一些农药对土壤的吸附具有选择性,如高岭土对除草剂 2,4 - D 的吸附能力要高于蒙脱石,杀草快和百草枯可被黏土矿物质强烈吸附,而有机胶体对它们的吸附能力较弱。

2. 胶体的阳离子组成

土壤胶体的阳离子组成,对农药的吸附交换也有影响。如为钠饱和的蛭石对农药的吸附能力比钙饱和的要大。$K^+$ 可将吸附在蛭石上的杀草快代换出 98% ,而对吸附在蒙脱石上的杀草快,仅能代换出 44%。

3. 农药性质

农药本身的性质可直接影响土壤对它的吸附作用。在各种农药的分子结构中,凡是带 $R_3H^+$、—OH、$CONH_2$、—$NH_2COR$、—NHR、—OCOR 功能团的农药,都能增强被土壤吸附的能力,特别是带—$NH_2$ 的农药被土壤吸附能力更为强烈。有人对不同结构的均三氮苯类进行了研究指出,在苯环第二位上带不同功能团的农药被钠饱和的蒙脱石吸附时,其吸附能力顺序是—$SO_2H_5$ >—$SCH_3$ >—$OCH_3$ >—OH >—$C_2$。此外,同一类型的农药,分子愈大,吸附能力愈强。在溶液中溶解度小的农药,土壤对其吸附力也愈大。

4. 土壤 pH

在不同酸碱度条件下农药离解成有机阳离子或有机阴离子,而被带负电荷或带正电荷的土壤胶体所吸附。例如,2,4 - D 在 pH3 ~ 4 的条件下离解成有机离子,而被带负电的土壤胶体所吸附;在 pH6 ~ 7 的条件下则离解为有机阳离子,被带正电的土壤胶体所吸附。

最后,我们还应看到这种土壤吸附净化作用也是不稳定的,农药既可被土粒吸附,又可释放到土壤溶液中去,它们之间是相互平衡的。因此,土壤对农药的吸附作用只是在一定条件下缓冲解毒作用,而没有使化学农药得到降解。

**(二)化学农药在土壤中的挥发、扩散和迁移**

土壤中的农药,在被土壤固相物质吸附的同时,还通过气体挥发和水的淋溶在土体中扩散迁移,因而导致大气、水和生物的污染。

大量资料证明,不仅非常易挥发的农药,而且不易挥发的农药(如有机氯)都可以从土壤、水及植物表面大量挥发。对于低水溶性和持久性的化学农药来说,挥发是农药进入大气中的重要途径。

农药在土壤中的挥发作用大小,主要决定于农药本身的溶解度和蒸气压,也与土壤的温度、湿度等有关。有研究表明:有机磷和某些氨基甲酸酯类农药的蒸气压高于 DDT、狄氏剂和林丹的蒸气压,所以前者的蒸发作用要快于后者。又如六六六在耕层土壤中因蒸发而损失的量高达 50%,当气温增高或物质挥发性较高时,农药的蒸发量将更大。

农药除以气体挥发形式扩散外,还能以水为介质进行迁移,其主要方式有两种:一是直接溶于水中,如敌草隆、灭草隆;二是被吸附于土壤固体细粒表面上随水分移动而进行机械迁移,如难溶性农药 DDT。一般说来,农药在吸附性能小的沙性土壤中容易移动,而在黏粒含量高或有机质含量多的土壤中则不易移动,大多积累于土壤表层 30 cm 土层内。因此,有的研究者指出,农药对地下水的污染是不大的,主要是由于土壤侵蚀,通过地表径流流入地面水体造成地表水体的污染。

### (三)农药在土壤中的降解

农药在土壤中的降解,包括光化学降解、化学降解和微生物降解等。

#### 1. 光化学降解

光化学降解指土壤表面接受太阳辐射能和紫外线光谱等能流而引起农药的分解作用。由于农药分子吸收光能,使分子具有过剩的能量,而呈"激发状态"。这种过剩的能量可以通过荧光或热等形式释放出来,使化合物回到原来状态,但是这些能量也可产生光化学反应,使农药分子发生光分解、光氧化、光水解或光异构化。其中光分解反应是其中最重要的一种。由紫外线产生的能量足以使农药分子结构中碳—碳键和碳—氢键发生断裂,引起农药分子结构的转化,这可能是农药转化或消失的一个重要途径。例如,对杀草快光解生成盐酸甲铵,对硫磷经光解形成对氧磷,对硝基酚和硫己基对硫磷等。但紫外光难于穿透土壤,因此光化学降解对落到土壤表面与土壤结合的农药的作用,可能是相当重要的,而对土表以下的农药的作用较小。

#### 2. 化学降解

化学降解以水解和氧化最为重要,水解是最重要的反应过程之一。有人研究了有机磷水解反应,认为土壤 pH 和吸附是影响水解反应的重要因素,二嗪农在土壤中具有较强的水解作用,而且水解作用受到吸附催化。二嗪农的降解反应如图 6-4。

#### 3. 微生物降解

土壤中微生物(包括细菌、霉菌、放线菌等各种微生物)对有机农药的降

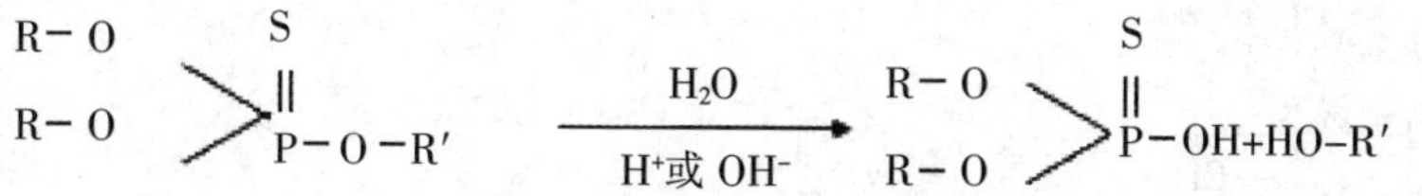

$$\begin{matrix} R-O \\ R-O \end{matrix} > \overset{\overset{S}{\underset{\|}{}}}{\underset{}{}}_{P-O-R'} \xrightarrow[H^+或\ OH^-]{H_2O} \begin{matrix} R-O \\ R-O \end{matrix} > \overset{\overset{S}{\underset{\|}{}}}{\underset{}{}}_{P-OH+HO-R'}$$

**图6-4  二嗪农的降解反应**

解起着重要的作用,在国外已有文献报道,发现假单孢菌对于4毫克/千克的对硫磷的分解只要20h即可全部降解,我国专家实验证明,辛硫磷在含有多种微生物的自然土壤中迅速降解,2周后消退75%,38d可全部降解,而在无菌的土壤中38d后仅有1/4消失,同时土壤微生物也会利用这些农药和能源进行降解作用。但由于微生物的菌属不同,破坏化学物质的速度也不同,土壤中微生物对有机农药的生物化学作用主要有:脱氯作用、氧化还原作用、脱烷基作用、水解作用、环裂解作用等。

(1)脱氯作用  有机氯农药 DDT 等化学性质稳定,在土壤中残留时间长,通过微生物作用脱氯,使 DDT 变为 DDD,或是脱氢脱氯变化 DDE;而 DDE 和DDD 都可进一步氧化为 DDA。再如林丹,即高丙体六六六,经梭状芽孢杆菌和大肠杆菌作用,脱氯形成苯与一氯苯。脱氯作用示意图见图6-5。

(2)氧化作用  氧化是微生物降解农药的重要酶促反应,其中有多种形式,如:羟基化、脱羟基、β-氧化、脱氢基、醚键开裂、环氧化、氧化偶联等。以羟基化为例,微生物转化农药的第一步往往引入羟基到农药分子中,结果这种化合物极性加强,易溶于水,就容易被生物作用。如绿色木霉及一种假单孢菌对马拉硫磷的分解。另外,羟基化过程在芳烃类化合物的生物降解中尤为重要,苯环的羟基化常常是苯环开裂和进一步分解的先决条件。

(3)还原作用  微生物的还原反应在农药降解中非常普遍。如把带硝基的农药还原成氨基衍生物,在氯代烷烃类农药 DTT、BHC 的生物降解中发生还原性去氯反应等。

(4)脱烷基作用  如三氯苯农药大部分为除草剂。微生物常使其发生脱烷基作用。不过这种作用并不伴随发生去毒作用,例如,二烷基胺三氯苯形成的中间产物比它本身毒性还大,只有脱胺基和环破裂才转变为无毒物质。

(5)水解作用  在氨基甲酸酯,有机磷和苯酰胺一类具有醚、酯或酰胺键的农药类群中,水解是常见的。有酯酶、酰胺酶或磷脂酶等水解酶类参与。由于许多非生物因子,如 pH、温度等也可引起这类农药水解,因此微生物的酶促水解作用一般只有在分离到这类酶后才能确认。

(6)环裂解作用  许多土壤细菌和真菌都能使芳香环破裂,这是环状有

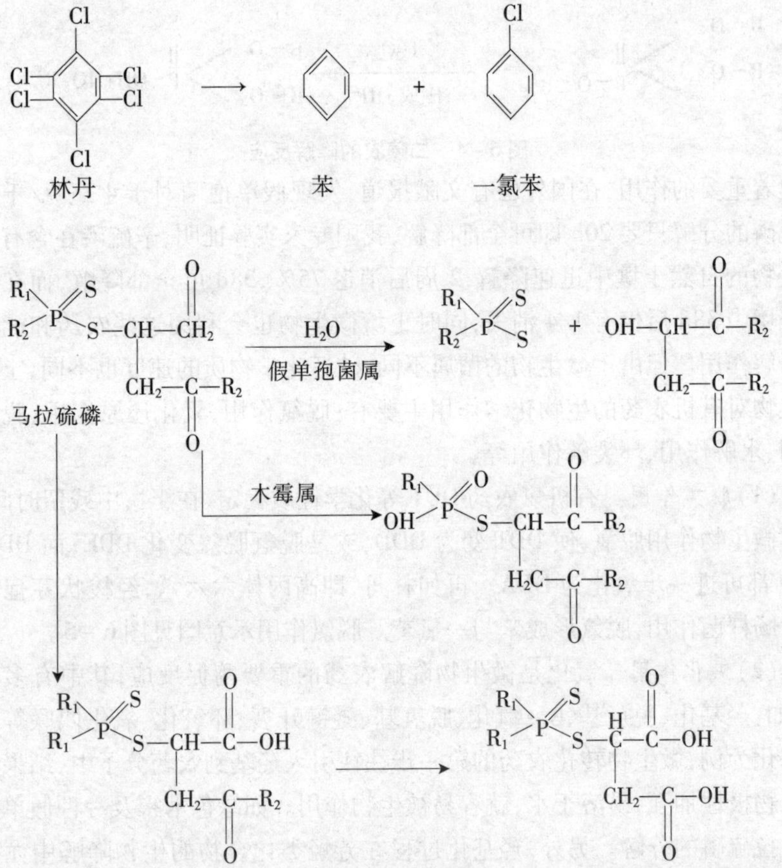

林丹　　　　　　　　　　苯　　　　　　　一氯苯

图 6 – 5　脱氯作用

机物在土壤中彻底降解的关键性步骤。如 2,4 – D 在无色杆菌作用下,发生苯环破裂。

在同类化合物中影响其降解速度的是这些化合物取代基的种类、数量、位置,以及取代基团分子大小的不同。研究表明,单个取代基芳香化合物生物降解的易难顺序为:苯酚→苯甲酸→甲苯→苯→苯胺→硝基苯;苯环上若含有相同取代基化合物,其邻位、间位和对位的化合物降解难易不同,邻位取代的化合物,其生物降解易难的顺序为:邻苯二酚→邻苯二甲酸→邻二硝基苯→邻二甲苯→邻苯二胺;而间位取代的化合物则:二甲苯→间苯二甲酸→间苯二酚→间二硝基苯→间苯二胺;对位取代的化合物为:对苯二甲酸→对二甲苯→对苯二酚→对二硝基苯。且取代基的数量愈多,基团的分子愈大,就愈难分解。

综上所述,土壤和农药之间的作用性质是极其复杂的,农药在土壤中的迁移转化不仅受到了土壤组成的有机质和黏粒、离子交换容量等的影响,也受到了农药本身化学性质以及微生物种类和数量等诸多因素的影响,只有在一定条件下,土壤才能对化学农药有缓冲解毒及净化的能力,否则,土壤将遭受化学农药的残留积累及污染毒害。

## 二、化学农药在土壤中的残留

进入土壤中的化学农药经过上述迁移、转化途径或降解或转移到其他介质或以吸着降毒态存在,因此其在土壤中的存在状态也不是恒定不变的。特别是不同类型的农药其降解速度和难易程度不同,直接制约着农药在土壤中的存留时间。

农药在土壤中的存留时间常用两种概念来表示:即半衰期和残留期,所谓半衰期指施入土壤中的农药因降解等原因使其浓度减少 1/2 所需要的时间;而残留量指土壤中的农药因降解等原因含量减少而残留在土壤中的数量,单位是 mg/kg 土壤,残留量 $R$ 可用下式表示:

$$R = C_0 e^{-kt}$$

式中:$C_0$ 是农药在土壤中初始含量,$t$ 是农药在土壤中的衰减时间,$k$ 是常数。

从上式可以看出,连续使用农药,使农药在土壤中累积不断增加,但不会无限增加,达到一定值后趋于平衡。假定一次直接施用农药后,土壤中农药浓度为 $C_0$,一年后残留量为 $C$,则 $C/C_0$ 的比值(设等于 $f$)一定小于 1。$f$ 称为农药残留率,即第一年后土壤中农药残留量为 $C_0 f$,第二年后 $C_0 f 2$($C2/C_0 f = f$),第三年后为 $C_0 f 3 \cdots$,$n$ 年后 $C_0 fn$。如连续施用农药,每年一次,$n$ 年后土壤中农药残留量($Rn$)以下式表示:

$$R_n = (1 + f + f^2 + \cdots + f^{n+1})C_0 \quad n \to \infty$$

括号内级数等于 $\dfrac{1}{1-f}$ 时,即 $R_n = \left(\dfrac{1}{1-f}\right)C_n$,如农药半衰期为 1 年,即 1 年农药降解消失 1/2,则 $f = \dfrac{1}{2}$,从上式计算,土壤中农药残留量为最初施用药量的 2 倍达到平衡。

实际上,由于影响农药在土壤中残留的因素很多,故农药在土壤中含量变化实际上不像上述计算那么简单。

许多学者对农药在土壤中的残留特性进行了测定,多数结果认为,有机氯类农药在土壤中残留期最长,一般都有数年之久;其次是均二氮苯类,取代脲类和苯氧乙酸类除草剂,残留期一般在数月至一年左右;有机磷和氨基甲酸酯类杀虫剂以及一般杀菌剂的残留时间一般只有几天或几周时间,土壤中很少有累积,但也有少数的有机磷农药在土壤中的残留期较长,如二嗪农的残留期可达数月之久。表6-9、表6-10和表6-11是不同研究者所测得和计算的不同农药在土壤中的半衰期,残留率供参考。

表6-9　各类农药在土壤中残留半衰期

| 农药种类 | 半衰期(年) |
|---|---|
| 含铅、砷、铜、汞的农药 | 10~30 |
| DDT等有机氯农药 | 2~4 |
| 三嗪类除草剂 | 1~2 |
| 2,4-D、2,4,5-T除莠剂 | 0.1~0.4 |
| 有机磷农药 | 0.02~0.2 |

表6-10　有机氯农药在土壤中的残留

| 农药名称 | 1年后的残留率(%) | 农药名称 | 1年后的残留率(%) |
|---|---|---|---|
| DDT | 80 | 艾氏剂 | 26 |
| 狄氏剂 | 75 | 氯丹 | 55 |
| 林丹 | 60 | 七氯 | 45 |

表6-11　有机磷杀虫剂在土壤中的半衰期

| 农药名称 | 半衰期(d) | 农药名称 | 半衰期(d) |
|---|---|---|---|
| 对硫磷(6605) | 180 | 敌百虫 | 140 |
| 甲基对硫磷 | 45 | 乙拌磷 | 290 |
| 甲拌磷(3911) | 2 | 甲基内吸磷 | 26 |
| 氯硫磷 | 36 | 乐果 | 122 |
| 敌敌畏 | 17 | 内吸磷(1059) | 54 |

**三、化学农药在土壤中的残留积累毒害**

农药一旦进入土壤生态系统,残留是不可避免的,尽管残留的时间有长有短,数量有大有小,但有残留并不等于有残毒,只有当土壤中的农药残留积累到一定程度,与土壤的自净效应产生脱节、失调、危及农业环境生物,包括农药的靶生物与非靶环境生物的安全,间接危害人畜健康,才称其具有残留积累毒害。一般来说,土壤化学农药的残留积累毒害主要表现在两方面:残留农药的转移产生的危害和残留农药对靶生物的直接毒害。

**(一)残留农药的转移**

残留农药的转移主要与食物链有关,据报道,生物体内残留农药的转移主要有下面3条路线:

第一条:土壤→陆生植物→食草动物。

第二条:土壤→土壤中无脊椎动物→脊椎动物→食肉动物。

第三条:土壤→水系(浮游生物)→鱼和水生生物→食鱼动物。

一般来说,水溶性农药,易随降水、灌溉水淋溶、渗滤、沿土壤体纵向进入地下水,或由地表径流、排灌水流失,沿横向迁移、扩散至周围水源(体)进而构成对水生环境中自、异养型生物的污染危害。脂溶性或内吸传导型农药,易被土壤吸附,移动性差,而被作物根系吸收或经茎叶传输、分布、蓄积在当季作物体内,甚至构成对后季作物的二次药害和再污染,引起陆生环境中自、异养型生物(陆生植物、动物等)及食物链高位次生物的慢性危害。其中残留农药累积量可能以前者居多,有人曾对各种不同的鸟类胸部肌肉的农药含量(DDE,狄氏剂)和其他有机氯杀虫剂进行研究,发现以鱼为主食的苍鹭体内的残留物比以陆栖动物为主食的鹰类体内的残留物多得多,而以陆栖动物为食物的鹰类其残留又比食草鸟类多得多。

进入动物体内的农药,在肝等内脏器官内分解排泄。但是较难分解的农药,如果继续被动物摄取,则不能分解排泄,从而在体内积累下来,特别是DDT和狄氏剂等脂溶性农药,因溶入体内脂肪而能长期残留于体内,使动物体内受到污染危害。累积于动物体内的农药还会转移至蛋和奶中,由此造成各种畜禽兽产品的污染。

人类以动植物的一定部位为食,由于动植物体受污染,必然引起食物的污染。在日本曾对216种食品进行了调查,发现84种食品有DDT残留,最高值为0.8mg/kg;37种有六六六残留,最高值为0.2mg/kg;45种有狄氏剂残留,最高值为0.14mg/kg。我国福建省也曾对人乳中的六六六和DDT做了调查分析,两种农药的检出率均为100%。李鹏琨调查了河南省农药污染现状时指出,尽管六六六早已停止使用,但六六六的综合污染指数仍达0.154,在肉、蛋、奶、植物油中残留污染仍较强,其检出率均为100%,超标率12.5%~30%。有机磷与呋喃丹杀虫剂的残留污染则日趋严重,残留比较突出的是蔬菜和瓜果。

可见，由于残留农药的转移及生物浓缩的作用，才使得农药污染问题变得更为严重。

**（二）残留农药对靶生物的直接毒害**

农药残存在土壤中，对土壤中的微生物、原生动物以及其他的节肢动物、环节动物、软体动物等均产生不同程度的影响。Flemming E. 等(1994)研究发现：3 种杀虫剂——乐果、抗蚜威和 Fenpropimorph 对土壤原生动物自然种群具有消极影响。Fenpropimorph 甚至在最低使用浓度下都有不良影响，乐果施用 10 天能显著地降低土壤微生物的呼吸作用。王振中等(1996)研究有机磷农药废水灌溉对土壤动物群落的影响时发现：土壤动物种类和数量随着农药影响程度的加深而减少，在农药污染严重的试验区动物的种类和数量都显著低于轻度污染区和对照区，有一些种类甚至完全消失。Briiggle 的试验则证明农药污染对土壤动物的新陈代谢以及卵的数量和孵化能力均有影响。

另外，土壤中残留农药对植物的生长发育也有显著的影响。张尤凯等(1996)研究发现三氯乙醛污染的土壤对小麦种子萌发有明显的抑制作用，当浓度为 2mg/L 时，发芽抑制率达 30% ，也有试验指出，农药进入植物体后，可能引起植物生理学变化，导致植物对寄主或捕食者的攻击更加敏感，如使用除草剂已经发现增加了玉米上的病虫害。此外，也有报道农药可以抑制或者促进农作物或其他植物的生长、提早或推迟成熟期。

# 第四节　土壤重金属污染

土壤重金属污染是指由于人类活动将金属加入到土壤中，致使土壤中重金属含量明显高于原有含量、并造成生态环境质量恶化的现象。重金属是指比重等于或大于 5.0 的金属，如 Fe、Mn、Cu、Zn、Cd、Hg、Ni、Co 等；As 是一种准金属，但由于其化学性质和环境行为与重金属多有相似之处，故在讨论重金属时往往包括砷，有的则直接将其包括在重金属范围内。由于土壤中铁和锰含量较高，因而一般认为它们不是土壤污染元素，但在强还原条件下，铁和锰所引起的毒害亦应引起足够的重视。

土壤一旦遭受重金属污染就很难恢复，因而应特别关注 Cd、Hg、Cr、Pb、Ni、Zn、Cu 等对土壤的污染，这些元素在过量情况下有较大的生物毒性，并可通过食物链对人体健康带来威胁。

## 一、重金属的土壤化学行为

进入土壤中的重金属的归宿将由一系列复杂的化学反应和物理与生物过程所控制。虽然不同重金属之间某些化学行为有相似之处，但它们并不存在完全的一致性。当它们加入土壤后，最初的可动性将在很大程度上依赖于添加重金属的形态，也就是说这将依赖于金属的来源。在消化污泥中，与有机质相缔合的金属占有相当大的比例，仅有一小部分以硫化物、磷酸盐和氧化物而存在。熔炼厂的颗粒排放物含有金属氧化物；Pb 由燃烧的石油中以溴代氯化物排出，但在大气和土壤中容易转化为硫酸铅和含氧硫酸铅。由于形态的不同，进入土壤溶液中的金属离子的形态和量也很不相同，并直接影响重金属在土体中的迁移、转化及植物效应。

### (一)重金属在土壤溶液中的形态

除 Mo 之外，所有金属主要以阳离子形态存在于溶液中。Cr 可以 $CrO_4^{2-}$ 的形式进入土壤，但不能以此高氧化态的形式长时间地保留，它将迅速被还原为阳离子 $Cr^{3+}$。重金属以水化形式 $Mn^+(aq)$ 存在于水溶液中，但在土壤溶液中它们将水解形成羟基化合物 $M(OH)_{(n+1)}^+(aq)$。这些羟基化合物中，有一些将成为二聚(dimerize)或多聚体(Polymerize)，而 Fe 和 Cr 的这种多聚化合物可以认为是沉淀金属氧化物的中间体(inter – mediates)。土壤溶液含有另外的有机和无机阴离子，它们能与重金属离子形成络合物，它们与多配位有机官能团(multidentate organic liganels)形成的螯合物非常稳定，在这种情况下，金属将以阴离子的形态存在。一般说来大约有 90% 的 Cu 和 Mn，50% 的 Zn和 25% 的 Co 可能以有机官能团的阴离子络合物而存在。

### (二)重金属在土壤溶液中的含量

单个重金属在溶液中的总量通常很低，一些土壤溶液中的含量为(mg/$cm^3$)：Co 为 0.005，Cu 为 0.008，Zn 为 0.015，Mn 为 0.06。在土壤溶液中 Mo 的浓度为 $0.002 \sim 0.008\mu g/cm^3$；Fe 的浓度为 $0.02 \sim 0.28\mu g/cm^3$。在美国加利福尼亚的 68 个土壤饱和提取液中，Cr、Hg、Ni 和 Pb 的浓度均小于 $0.01\mu g/cm^3$。由于金属很少存在于土壤溶液中，因此它们在土壤中不大容易迁移。譬如，在澳大利亚墨尔本的一个下水农场(Sewage farm)，用生活污水灌溉 70 年，在土壤排水中也只含有很微量的重金属，见表 6 – 12。

表 6 - 12　墨尔本下水农场污水和土壤排水中的重金属含量(μg/ml)

| | Cd | Cr | Cu | Ni | Pb | Zn |
|---|---|---|---|---|---|---|
| 生活污水 | 0.02 | 0.42 | 0.31 | 0.21 | 0.12 | 1.1 |
| 土壤排水 | 0.005 | 0.1 | 0.04 | 0.06 | 0.03 | 0.08 |

### (三)固相沉淀

曾经注意到,土壤溶液中金属离子的浓度有可能为纯固相的金属沉淀所控制。有证据表明,在石灰性土壤中 $CaCO_3$ 可能控制着溶液中 Cd 的浓度,而在酸性土壤中的浓度远远低于由 $CdCO_3$ 或 $Cd(OH)_2$ 的浓度积所预测的值。土壤溶液中 $Cu^{2+}$、$Zn^{2+}$、$Mn^{2+}$ 的浓度亦低于这些元素的碳酸盐或氢氧化物的溶度积所预测的值。这些基于溶度积原理所进行的研究曾否定了某些纯固相化合物作为控制土壤溶液中一些金属离子浓度的因子,这一结果并不意外,因为在大部分土壤中,离子浓度尚不致高到足以超过溶度积而形成纯固相。

这里,需要对 Fe、Cr 和 Mn 做一些说明,在通气良好的土壤中,水合氧化铁可以认为是控制土壤溶液中 $Fe^{3+}$ 浓度的固相,这些纯度不同的氧化物可以单个粒子(discrete particles)存在,或覆盖于其他矿物的表面。在通气良好的土壤中 Cr 的化学行为与 Fe 相类似,$Cr^{3+}$ 的浓度为氧化铬和氢氧化铬所控制,这些稳定化合物的溶解度很低。在通气良好、pH 高于 6 的土壤中,$Mn^{2+}$ 为微生物氧化成非化学计量的氧化物(non-stoichiometric oxides),在该化合物中 Mn 的平均价数为 3~4,氧化作用是迅速的,同时随着 pH 增加到 6 以上,溶液中 $Mn^{2+}$ 离子的浓度迅速降低,到 pH7 左右时,土壤中的 Mn 几乎完全以不溶性的氧化物存在。所以在中性条件下,土壤溶液中 $Mn^{2+}$ 的浓度在很大程度上为 Mn 的氧化物所控制,但它对局部和暂时的 pH 变化,土壤水分含量,以及微生物的活动非常敏感。

### (四)无机胶体吸附

在痕量浓度下,沉淀不是控制土壤浓度的因子,而是其他过程起着重要的作用,使得土壤溶液中金属阳离子的浓度极低。这些过程包括土壤固相组分的交换吸附、静电吸附以及专性吸附。

#### 1. 交换吸附

在通常情况下,土壤无机胶体都带负电荷,因此在其表面上一定吸附很多阳离子,如 $H^+$、$Al^{3+}$、$Ca^{2+}$、$Mg^{2+}$ 等,这些吸附的阳离子主要集中在胶粒表面的扩散层范围内,束缚不够紧密,容易被代换或被降解吸附,称为交换吸附。

离子对黏粒表面吸附位的竞争性与离子浓度、电价、离子径和水合离子径等因素有关。重金属阳离子多数为二价（如镉、铅、铜、锌等），在通常情况下，对吸附的竞争性大于土壤中通常存在的 $Ca^{2+}$、$Mg^{2+}$、$NH_4^+$ 等离子，较易被吸附，其交换方式如下：

$$黏粒—Ca + M^{2+} \rightarrow 黏粒—M^{2+} + Ca^{2+}$$

但在酸性土壤中，由于对吸附位竞争力较强的某些阳离子浓度较高，如 $H^+$、$Fe^{3+}$、$Fe^{2+}$、$Al^{3+}$ 等，外源重金属阳离子趋向游离，增加了活性。

2. 专性吸附

目前，多数人认为专性吸附的定义是：在有常量（或大量）浓度的碱土金属或碱金属阳离子存在时，土壤对痕量浓度（二者浓度一般相差 3~4 个数量级以上）的重金属阳离子的吸附作用，称之为专性吸附。如大量研究证明土壤重金属富集在铁、锰、铝、硅等氧化物中。用这些氧化物或氢氧化物可选择吸附溶液中的微量重金属离子，甚至在溶液酸度处于该区化合物的电荷零点（ZPC）pH 以下，即吸附剂为正电荷条件下，也有显著量的金属阳离子被吸附。土壤 pH 超过 5.5 时，重金属被吸附量显著增加，增加的吸附量多数不被同等离子强度的 $Na^+$、$NH_4^+$ 等阳离子所代换。因此，有观点认为专性吸附并不是胶体扩散层中发生的代换现象，而是发生在内海姆荷兹层（Inner Helmholtz layer）的键合，除非降低体系的 pH，否则较难被取代。由于专性吸附较牢固，可以减少重金属对植物的有效性，对决定土壤容量的意义很大。在重金属浓度很低的情况下，专性吸附量的比例较大。一般认为，当土壤 pH 大于 6.5 时，土壤重金属含量低于土壤阳离子代换容量（CEC）5% 不表现污染危害。

此外，硼、砷、钼、硒、六价铬等在土壤中均常以多价含氧酸根存在，其与无机胶体的作用一般也不属于交换吸附。通常在适宜条件下与土壤氧化物配位壳中的配位体（—OH，—$OH_2$ 等）发生置换反应，该吸附反应也是在内海姆荷兹层中进行，在一定的 pH 下不能被离子强度相同的 $Cl^-$、$NO_3^-$ 等所置换，被称为是阴离子专性吸附。

（五）与土壤有机质的反应

胶态有机质对重金属离子有很强的亲和势，所以对添加重金属的保持能力往往与有机质含量具有良好的相关性。有机质可以提供阳离子交换反应位，但它对阳离子的强亲和势是由于有机质的基团或官能团与金属离子形成了螯合物（或）络合物，这些官能团包括羧基（COOH）、醇羟基（alcoholic）、烯醇羟基（enolic - OH）以及不同类型的羰基（C = O）结构。一般说来，络合物的稳定性随着 pH 的增加而增加,这是由于增加了官能团的电离作用。$Cu^{2+}$ 在一个 pH 很广的范围内都能形成非常稳定的化合物,其他一些金属的络合物稳定顺序为:$Fe^{2+} > Pb^{2+} > Ni^{2+} > Co^{2+} > Mn^{2+} > Zn^{2+}$。

但并不是所有的有机物与重金属的络合作用都能增加重金属的吸附,大量的研究都表明,土壤有机物腐解产生的小分子有机酸或有机络合剂,都可与重金属作用形成可溶性物质,提高土壤溶液中重金属浓度,另外,有机络合剂与重金属之间的络合强度以及络合剂与吸附表面之间的结合强度也直接影响到重金属在土壤中的活度。譬如,在 $Cu^{2+}$ – 吡啶羧酸 – 无定形氧化铁体系中,吡啶羧酸本身虽被吸附,但它的吸附强度弱于它与 $Cu^{2+}$ 之间的络合强度,因而优先与 $Cu^{2+}$ 形成络合物,同时又由于所形成的络合物比 $Cu^{2+}$ 本身更不利于被无定形氧化铁吸附,因而它的存在大大降低了 $Cu^{2+}$ 的吸附。

### (六)与无机络合剂作用

土壤中除存在许多腐殖酸、有机酸等有机络合剂外,还存在许多无机配位体,如 $Cl^-$、$SO_4^{2-}$、$NH_4^+$、$CO_3^{2-}$ 等络合物,对带负电的吸附表面(如大部分的层状铝硅酸盐矿物表面和有机胶体表面),络合作用降低了吸附表面对重金属的吸附强度,甚至还可能产生负吸附,因而重金属离子的吸附量降低,但对带正电的吸附表面,如铁、铝氧化物(体系 pH 在电荷零点以下时),络合作用会降低重金属离子的正电性而增加吸附。

### (七)土壤微生物的固定和活化

土壤中微生物的种类和数量都是相当大的,它在重金属的归宿中也起着不可忽视的作用,有实验表明,Cd 与微生物体或它们的代谢产物络合能固定Cd,并影响它们的生物有效性。有些菌还通过生物转化作用或生理代谢活动使金属由高毒状态变为低毒状态。关于微生物对土壤溶液重金属离子的影响主要可归纳为以下几方面:

#### 1. 胞外络合作用

一些微生物例如动胶菌、蓝细菌、硫酸盐还原菌以及某些藻类,能够产生胞外聚合物如多糖、糖蛋白、脂多糖等,具有大量的阴离子基团,与金属离子结合;某些微生物产生的代谢产物,如柠檬酸是一种有效的金属螯合剂,草酸则与金属形成不溶性草酸盐沉淀。

#### 2. 胞外沉淀作用

在厌氧条件下,硫酸盐还原菌及其他微生物产生的 $H_2S$ 与金属离子作用,形成不溶性的硫化物沉淀。

## 3. 金属的微生物转化

微生物能够通过氧化、还原,甲基化和去甲基化作用转化重金属。大量的研究表明,微生物对重金属的抗性在很多情况下是由细胞中染色体的遗传物质—质粒(Plasmid)或转座子(Transposon)抗性基因决定的。由抗性基因编码的金属解毒酶催化高毒性金属转化成为低毒状态。细菌、放线菌及某些真菌中的汞还原酶催化下列反应:

$$Hg^{2+} \xrightarrow[\text{贡还原酶}]{\overset{NAD(PH) \qquad\qquad NAD(P)^+}{\curvearrowright}} Hg^0$$

形成的产物 $Hg^0$ 从生长环境中挥发出去或以沉淀方式存在。有机汞化合物首先被有机汞裂解酶降解成为 $Hg^{2+}$ 和相应的有机基团,离子汞随后被上述汞还原酶还原成元素汞。汞及其他金属诸如铅、硒、碲、砷、锡、锑等能被微生物甲基化。硒的甲基化产物毒性降低,但汞的甲基化产物则是剧毒的。$Cr^{6+}$ 能被细菌中的铬酸还原酶还原成为 $Cr^{3+}$,高毒的 $As^{3+}$ 可被微生物中的砷酸盐氧化酶氧化成为 $As^{5+}$,更易于被 $Fe^{3+}$ 沉淀。

### (八)土壤根际的富集和降毒

根际微区是一个只有 $0.1 \sim 4mm$ 的区域,在该区域中,由于植物根系的存在,从而在物理、化学、生物特征方面产生有异于土体的现象,显著影响重金属在土壤中的活性和生物有效性。

### 1. 根际氧化还原屏障形成

许多重金属元素的溶解度是由氧化还原状态来决定的,还原态铁、锰($Fe^{2+}$、$Mn^{2+}$)比其氧化态($Fe^{3+}$、$Mn^{4+}$)的溶解度高。因此,当生长于还原性基质上的植株根际产生氧化态微环境时,土体中还原态离子穿越这一氧化区到达根表时,游离金属离子的活度由于被氧化成溶解度很低的氧化态而明显下降,从而降低了其毒害能力。反之,生长于氧化性基质上的植株根际由于根系和根际微生物呼吸耗氧,根系分泌物中含有还原性物质,根际 Eh 一般低于土体 $50 \sim 100mV$,土壤的还原条件将会影响变价金属元素的活性和有效性,如 $Cr^{6+}$ 的还原去除,微生物的固定等。有研究表明,细菌细胞壁和原生质膜阴离子能结合溶液中的镉,但在好氧条件下又会释放回溶液中,在还原条件下则不发生镉的迁移。

### 2. 根际 pH 屏障形成

植物可能通过形成根际 pH 屏障来限制重金属离子进入原生质。重金属的溶解度往往依赖于 pH 的变化,当 pH 升高时,形成水解产物,pH 降低时,溶解度又增加。因此植物维持相对中性的根际 pH 能有效地降低重金属离子的浓度,改变这些有害金属在土壤溶液中的形态。Shuman 等(1993)对耐铝性作物的研究发现,Atlas66 对铝的耐受是由于其根际产生高 pH,使 $Al^{3+}$ 呈羟基铝聚合物而沉淀。

### 3. 根系分泌物的络合作用

有许多实验表明,重金属胁迫下会导致根系分泌物的大量释放,可溶性分泌物,如单糖、有机酸、氨基酸等,以活化元素的作用突出,它们或通过改变根际 pH 和氧化还原状况,或通过螯合作用和还原作用来增加元素的溶解性和移动性,不溶性化合物,如多糖,脱落的细胞、组织、挥发性化合物等则在抵御重金属的毒害中起着重要的作用。图 6 - 6 是根对金属离子的主动吸收过程,从图 6 - 6 中可见,污染金属是否吸收还取决于:①L1、L2、L3 和 L4 的浓度。②ML1、ML2、ML3 和 ML4 的稳定常数。

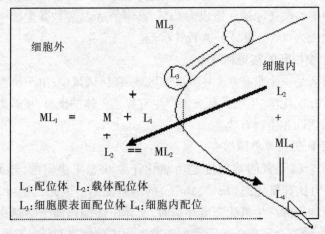

图 6 - 6 根对金属离子的主动吸收

实验表明,根泌物是非常重要的配位体,铝胁迫环境许多作物根系分泌大量柠檬酸,可能就存在这种生物解毒机制。Shi 和 Hang(1988)指出,铝与柠檬酸的螯合物能降低铝在膜脂上结合和进入人工脂质囊泡的能力。此外,络合物的形成也直接制约着重金属在土壤中的化学行为,有研究指出,pH < 3.6 时,柠檬酸与铝的络合物降低土壤溶液的铝达 85%。我们的实验也发现,小麦根系分泌物可使红壤对铅、镉的吸附作用增强。

## 二、重金属的生物效应

重金属元素一方面由于化学性质不甚活泼,迁移能力低,另一方面受耕层土壤有机、无机组分吸附、缔合也限制了它们的移动能力,因此重金属无论为生物必需与否,在土壤中含量超过其容量水平都会引起生物毒性。许炼锋(1993)通过镉对砖红壤微生物的影响研究,指出镉与微生物的显著相关性,且水田与旱地土壤不同,水田土壤中的细菌数量与土壤添加镉浓度呈显著至极显著的负相关,而旱地土壤则以真菌数量与其呈显著的负相关。Reber(1992)则指出重金属对微生物的影响不仅仅表现在降低微生物的种群密度上,它还能引起细菌群体丧失部分降解能力。

重金属对植物的毒性研究则相当多,一般认为,作物受害程度和体内重金属含量并不与土壤中该元素总浓度相关,而与该元素在土壤中某种形态的含量相关性甚佳,我们通常称之有效态。进入植物体的重金属离子可以与有机组分生成稳定性不同的配位化合物,二价重金属配位化合物的稳定性为:$Cu > Ni > Co > Zn > Mn$,稳定性大的金属有机物大部分被富集、浓缩于根部,向地上部输送困难,稳定性小的则反之。如日本学者茅野在水稻水培试验中发现,水溶液中铜浓度为 $0.3mg/L$ 时,稻根内铜浓度达 $300mg/kg$,浓缩了 1 000 倍,而茎叶和穗部铜浓度则大大低于根部;而水溶液中锰浓度为 $32mg/L$ 时,根部锰浓度约 $200mg/kg$,只浓缩了 7 倍,但地上部分锰浓度却超过了根内浓度。造成这两种离子在根内浓缩率差异悬殊的原因,在于根内外游离态铜离子浓度差远大于锰的缘故。

因而,重金属对有机物的这种络合稳定性也一定程度上反映了重金属对植物的毒性大小。关于重金属对植物的毒性影响随不同重金属种类、不同栽培条件以及不同作物等因子的不同而有显著的变化,但概括起来,也无外乎以下几方面的影响:

### (一)对种子萌发的影响

试验表明,水中 $Cr^{6+}$ 浓度大于 $0.1mg/L$ 时,就开始抑制水稻种子的萌芽,在 $1mg/L$ 以上,对小麦种子萌发也有不利影响。

### (二)对生理生化过程的影响

日本发现,大豆对土壤镉很敏感,土壤镉 $5mg/L$ 以上即可发生新梢黄化现象,土镉含量更高时可出现茎端停止伸长、萎缩,叶脉和叶柄组织出现紫褐色。

### (三)对作物产量的影响

有试验表明,投加 $Cr^{6+}$ 时,在 50mg/L 以下水稻就明显地受到了影响。$Cr^{6+}$ 对小麦的影响比水稻还大,即投加 $Cr^{6+}$ 在 10mg/L 时,小麦就明显受影响,籽粒减产 28.6%。统计表明,小麦水稻产量都与土壤投加浓度呈负相关(表 6–13)。

表 6–13　草甸褐土 $Cr^{6+}$ 浓度和作物产量的关系

| 作物 | 回归方程 | 相关系数 | 显著水平 |
| --- | --- | --- | --- |
| 水稻 | $y = 1\ 679.330\ 2 - 6.960\ 9x$ | −0.97 | 0.01 |
| 小麦 | $y = 47.433\ 8 - 14.679\ 2x$ | −0.98 | 0.01 |

以上我们讨论的都是重金属对靶生物——微生物和植物的毒害作用,但重金属的污染效应并不仅仅局限于此,影响更大、作用更广的也许还是重金属的过量残留问题,后者将导致对动物或人的毒性。如镉的污染效应主要取决于农作物残留对动物和人的健康的考虑,日本规定糙米中镉不得超过 0.4mg/kg,否则不得出售,而糙米含镉 1mg/kg 时,称为"镉米"。长期食用 Cd 污染(大于 1mg/kg)的"镉米"就会患骨痛病,轻则也会引起高血压、钠阻留,以及酶系统和生育力受影响。

## 第五节　场地土壤污染的防治

对于场地土壤污染,必须贯彻"预防为主,防治结合"的环境保护方针。

### 一、弄清楚场地土壤污染的来源

一般情况下土壤污染主要来自灌溉水、固体废弃物的农业利用以及大气沉降物。因此,改进水质和大气污染、坚持灌溉水质标准、农用污泥标准和其他环境标准并设立防治土壤污染的法规和监督体制等是防止土壤污染的最重要措施,这些对策可在一定程度上控制排入土壤的污染物质,但是在拟定环境标准时,应考虑到土壤污染的特点。就是说,即使污染源的浓度(例如灌溉水)控制得已相当低,但对重金属这类积累性的污染物来说,会逐渐被土壤所富集,所以标准制定的依据应尽量考虑得全面些。

### 二、合理施用化肥和农药

禁止或限制使用剧毒,高残留性农药,大力发展高效、低毒、低残留农药,发展生物防治措施。例如禁止使用虽是低残留,但急性、毒性大的农药,如有机磷制剂中的一〇五九和一六〇五。禁止使用高残留的有机氯农药。根据农药特性,合理施用,制定使用农药的安全间隔期。采用综合防治措施,既要防治病虫害对农作物的威胁,又要做到既高效又经济地把农药对环境和人体健康的影响限制在最低程度。同时,为保证农业的增产,应合理施用化学肥料,施用过量会造成土壤或地下水的污染。

### 三、增加土壤容量和提高土壤净化能力

增加土壤有机质含量、沙掺黏改良沙性土壤,以增加和改善土壤胶体的种类和数量,增加土壤对有害物质的吸附能力和吸附量,从而减少污染物在土壤中的活性。发现、分离和培养新的微生物品种,以增强生物降解作用,是提高土壤净化能力的极为重要的一环。

### 四、建立监测系统网络,定期对辖区土壤环境质量进行检查,建立系统的档案资料

要规定优先检测的土壤污染物和检测标准方法,这方面可参照有关国际组织的建议和我国国情来编制土壤环境污染的目标,按照优先顺序进行调查、研究及实施对策。

### 五、污染土壤的改良

已经污染了的土壤可根据实际情况进行改良:①改变耕作和管理制度,如二苯醚在嫌气条件下稳定,被其污染的土壤可采用耕翻、晒堡等措施来加速分解。利用元素不同氧化还原状态下的稳定性差异,受汞和砷污染的土壤可种植旱作,受铬污染的土壤可种植水稻。②施加改良剂,主要目的是加速有机物的分解和使重金属固定在土壤中,如添加有机质可加速土壤中农药的降解,减少农药的残留量;铁盐可使 $As^{3+}$ 氧化成 $As^{5+}$ 而吸附于土壤上,从而减少了 As 对水稻的毒害。施用石灰可减少一些重金属的危害。③采用农业生态工程措施,在污染土壤上繁育非食用的种子、种经济作物或种树,从而减少污染物进入食物链的途径。或利用某些特定的动、植物和微生物较快地吸走或降解土壤中的污染物质,而达到净化土壤的目的。④工程治理,利用物理(机械)、物理化学原理治理污染土壤,主要有客土、换土、去表土;隔离法;清洗法;热处理;电化法等,是一种最为彻底、稳定、治本的措施。但投资大,适于小面积的

重度污染区。近年来,把其他工业领域,特别是污水、大气污染治理技术引入土壤治理过程中,为土壤污染治理研究开辟了新途径,如磁分离技术、阴阳离子膜代换法、生物反应器等。虽然大多处于试验探索阶段,但积极吸收、转化新技术、新材料,在保证治理效果的基础上,降低治理成本,提高工程实用性,有着重要的实际意义。

# 第七章　场地土壤污染控制技术

　　场地污染土壤修复和控制技术是一项复杂的工程实践,包括场地调查、方案筛选、修复施工等多个环节。常用的修复技术包括:客土挖掘、稳定固化、化学淋洗、气提、热处理、生物修复等,往往一个场地污染环境的修复需要一种优化的技术或技术组合。为目标污染场地选定合理的技术也成为整个修复过程中的技术难点。

# 第一节 土壤修复概述

## 一、土壤修复

土壤修复是指利用物理、化学和生物的方法转移、吸收、降解和转化土壤中的污染物,使其浓度降低到可接受水平,或将有毒有害的污染物转化为无害的物质。从根本上说,污染土壤修复的技术原理可包括为:①改变污染物在土壤中的存在形态或同土壤的结合方式,降低其在环境中的可迁移性与生物可利用性。②降低土壤中有害物质的浓度。

美国在 20 世纪 90 年代用于污染土壤修复方面的投资有近 1 000 亿美元。污染土壤修复的理论与技术已成为整个环境科学与技术研究的前沿。土壤修复的过程相当漫长,当前解决土壤污染问题,需要有不同学科的科学家如土壤学、农学、生态学、生物地球化学、海洋科学以及涉及农业、林业、渔业等有关的生产单位和政府决策者的共同努力。

中国土壤污染已对土地资源可持续利用与农产品生态安全构成威胁。全国受有机污染物污染的农田已达 3 600 万 $hm^2$,污染物类型包括石油类、多环芳烃、农药、有机氯等;因油田开采造成的严重石油污染土地面积达 1 万 $hm^2$,石油炼化业也使大面积土地受到污染;在沈抚石油污水灌区,表层和底层土壤多环芳烃含量均超过 600mg/kg,造成农作物和地下水的严重污染。全国受重金属污染土地达 2 000 万 $hm^2$,其中严重污染土地超过 70 万 $hm^2$,其中 13 万 $hm^2$ 土地因镉含量超标而被迫弃耕。正因为如此,中国的污染土壤修复研究,正经历着由实验室研究向实用阶段的过渡,即将进入一个快速、全面的治理时期。

## 二、土壤修复背景

土壤本来是各类废弃物的天然收容所和净化处理场所,土壤接纳污染物,并不表示土壤即受到污染,只有当土壤中收容的各类污染物过多,影响和超过了土壤的自净能力,从而在卫生学上和流行病学上产生了有害的影响,才表明土壤受到了污染。造成土壤污染的原因很多,如工业污泥、垃圾农用、污水灌溉、大气中污染物沉降,大量使用含重金属的矿物质化肥和农药等。

中国现有耕地有近 1/5 受到不同程度的污染,污染土壤将导致农作物减产,其至有可能引起农产品中污染物超标,进而危害人体健康。另外,随着经济发展与城市化的加速,工矿企业导致的场地污染也十分严重。由于产业结构与城市布局的变化与调整,有些化工、冶金等污染企业纷纷搬迁,加上一些企业的倒闭,污染场地不断产生。土壤是人类社会生产活动的重要物质基础,是不可缺少、难以再生的自然资源。没有处理的污染场地像是化学定时炸弹,一旦大面积爆发将会对国家可持续发展造成难以估量的影响,因此必须对土壤污染的预防和污染土壤修复予以高度重视,妥善管理并加以修复,使其得到合理利用。

### 三、土壤污染现状

2006 年 7 月,全国土壤污染状况调查及污染防治专项工作视频会议中显示,全国土壤污染的总体形势相当严峻,据不完全调查,全国受污染的耕地约有 1.5 亿亩,污水灌溉污染耕地 3 250 万亩,固体废弃物堆存占地和毁田 200 万亩,合计约占耕地总面积的 1/10 以上,其中多数集中在经济较发达的地区。严重的土壤污染造成巨大危害。据估算,全国每年因重金属污染的粮食达 1 200 万 t,造成的直接经济损失超过 200 亿元。

对于目前国内土壤污染的具体情况,并没有明确的官方数据。分析认为,目前我国的土壤污染尤其是土壤重金属污染有进一步加重的趋势,不管是从污染程度还是从污染范围来看均是如此。据此估计,目前我国已有 1/6 的农地受到重金属污染,而我国作为人口密度非常高的国家,土壤中的污染对人的健康影响非常大,土壤污染问题也已逐步受到重视。

随着科学发展观的深入贯彻落实,国家对环境保护工作越来越重视,对水、大气、土地的污染等监控力度日益加大,"十二五"规划中,节能环保已被列为七大战略性新兴产业之首,其中土壤修复被纳入环保产业的重点发展之列,国家将财政、税收、金融等方面提供政策支持,同时地方政府土壤污染防治意识增强,根据环境管理和土壤污染防治的需要,分别制定了相关配套措施。目前我国土壤修复技术长期停留在实验室水平,较缺乏经济有效的土壤修复产业化成熟经验。因此,加快实验室技术走向工程现场时改善我国土壤环境的迫切要求。国内主要缺乏技术工程化的承载者——具有技术特色的实力型修复企业,缺乏修复领域的高层次工程技术人才,数据公开性差导致污染场地的基础数据不健全,缺乏实用技术的成套设备装置。因此,与国外拥有成熟土壤修复技术公司共同合作,开放适合本土化技术越来越迫切。

## 四、土壤污染修复相关政策

2012 年 3 月出台的《"十二五"规划纲要》将节能环保列为七大战略性新兴产业之首。其中,土壤修复是在环保产业的重点发展之列并明确提出要强化土壤污染防治监督管理。

在环境产业发达的国家,土壤修复产业占整个环保产业的市场份额高达 30% ~ 50%。国内的一些科研机构包括清华大学以及中国科学院等纷纷开始研究土壤修复项目。事实上,国内土壤修复市场正被国内外看好。国外的一些土壤修复咨询机构,如荷兰 DHV 集团等也纷纷进入国内,带动了国内修复产业的意识、技术和市场的发展。在北京、上海、南京等经济相对发达且污染场地较多的区域,也迅速涌现了一批土壤修复工程类企业。

国务院 2016 年 5 月印发的《土壤污染防治行动计划》提出,到 2020 年,全国土壤污染加重趋势将得到初步遏制,土壤环境质量总体保持稳定,农用地和建设用地土壤环境安全得到基本保障,土壤环境风险得到基本管控。到 2030 年,全国土壤环境质量稳中向好,农用地和建设用地土壤环境安全得到有效保障,土壤环境风险得到全面管控。到 21 世纪中期,土壤环境质量全面改善,生态系统实现良性循环;到 2020 年,受污染耕地安全利用率达到 90% 左右,污染地块安全利用率达到 90% 以上;到 2030 年,受污染耕地安全利用率达到 95% 以上,污染地块安全利用率达到 95% 以上。

## 五、土壤修复现状

从行业发展来看,自 2009 年以来,环保产业成长速度明显加快。受此影响,国内土壤修复的产业链也逐步进入有序化和细分化阶段,形成从土壤污染项目的检测到风险评估,再到修复工程的实施,进而还有相应修复设备商的上中下游产业价值链。

我国土壤修复技术研究起步较晚,加之区域发展不均衡性,土壤类型多样性,污染场地特征变异性,污染类型复杂性,技术需求多样性等因素,主要以植物修复为主,已建立许多示范基地、示范区和试验区,并取得许多植物修复技术成果,以及修复植物资源化利用技术成果。物理/化学修复技术中研究运用较多的是:固化—稳定化,淋洗,化学氧化—还原,土壤电动力学修复。目标是污染场地土壤的原位修复技术。联合修复技术中研究运用较多的是:微生物(动物)—植物联合修复技术,化学(物化)—生物联合修复技术,物理—化学联合修复技术。目标是混合污染场地土壤修复技术。

据统计,我国约 43.75% 土壤修复项目规模较小,集中在 5 000 万元以下。2 亿元以上相对大规模项目比例仅占 18.75%。与美国和欧洲分别已修复 30 283 处和 80 700 处污染场地项目相比,我国已修复的场地数不超过 200 个,土壤修复市场尚处萌芽阶段,但发展态势良好。

据中国未来产业研究院发布的《2016—2020 年中国土壤修复行业发展前景与投资预测分析报告》显示,2015 年全国土壤修复合同签约额达到 21.28 亿元,比 2014 年的 12.74 亿元增长 67%。全国从事土壤修复业务的企业数量增长至 900 家以上,在 2014 年约 500 家企业的基础上翻了将近一番。2015 年全国土壤修复工程项目超过 100 个。土壤淋洗、原位加热、微生物化学还原等一批高精尖修复技术被实际运用在土壤地下水修复工程项目中。

目前,土壤环保已逐步上升成为全国环保工作的重点,一些非上市和上市公司已开始参与各地方政府启动的示范项目。一些经济发达的省市如上海、江苏、北京等走在前列。随着未来土壤修复产业化的全面启动,这些地区的市场将率先扩容,已在这些地区中标示范项目的土壤修复公司有望率先受益。2014～2020 年,国内土壤修复产业的市场规模接近 6 900 亿元。

### 六、土壤修复技术简介

场地土壤及地下水污染的修复技术很多,但实际上,经济实用的修复技术很少。土壤修复技术归纳起来常用的有以下几种:

1. 热力学修复技术

利用热传导、热毯、热井或热墙等,或热辐射、无线电波加热等实现对污染土壤的修复。

2. 热解吸修复技术

以加热方式将受有机物污染的土壤加热至有机物沸点以上,使吸附土壤中的有机物挥发成气态后再分离处理。热解以及处理设备见图 7-1。

热解吸附技术是目前世界上最先进的污染废弃物处理技术之一,主要处理对象为农药污染土壤、油田含油废弃物、罐底油泥等。其作业原理为利用污染废弃物中有机物的热不稳定性,通过非焚烧的间接加热方式实现污染物与土壤的分离,并可将废弃物中的固相、油相、水相、气相绝大部分回收利用,从根本上实现无害化处理,因此该技术被广泛应用于全球的油田废弃物处理作业。

图7-1　场地土壤修复热解吸处理设备

3. 焚烧法

将污染土壤在焚烧炉中焚烧,使高分子量的有害物质挥发和半挥发,分解成低分子的烟气,经过除尘、冷却和净化处理使烟气达到排放标准。

4. 土地填埋法

将废物作为一种泥浆将污泥施入土壤通过施肥、灌溉、添加石灰等方式调节土壤的营养、湿度和 pH 保持污染物在土壤上层的好氧降解。对于可以用土壤酸度计检测土壤 pH 与湿度,用土壤 EC 计检测土壤 EC,查看土壤改良效果。

5. 化学淋洗

借助能促进土壤环境中污染物溶解或迁移的化学(生物化学)溶剂,在重力作用下或通过水头压力推动淋洗液注入被污染的土层中,然后再把含有污染物的溶液从土壤中抽提出来,进行分离和污水处理的技术。

6. 堆肥法

利用传统的堆肥方法,堆积污染土壤,将污染物与有机物,稻草、麦秸、碎木片和树皮等、粪便等混合起来,依靠堆肥过程中的微生物作用来降解土壤中难降解的有机污染物。

7. 植物修复

运用农业技术改善土壤对植物生长不利的化学和物理方面的限制条件,使之适于种植,并通过种植优选的植物及其根际微生物直接或间接吸收、挥发、分离、降解污染物,恢复重建自然生态环境和植被景观。

### 8.渗透反应墙

渗透反应墙是一种原位处理技术,在浅层土壤与地下水,构筑一个具有渗透性、含有反应材料的墙体,污染水体经过墙体时其中的污染物与墙内反应材料发生物理、化学反应而被净化除去。

### 9.生物修复

利用生物特别是微生物催化降解有机污染物,从而修复被污染环境或消除环境中污染物的一个受控或自发进行的过程。其中微生物修复技术是利用微生物、土著菌、外来菌、基因工程菌,对污染物的代谢作用而转化、降解污染物,主要用于土壤中有机污染物的降解。通过改变各种环境条件,如营养、氧化—还原电位、共代谢基质,强化微生物降解作用以达到治理目的。

## 第二节 场地环境评价及修复实施流程

### 一、我国场地环境评价的框架和技术标准体系

2014 年 2 月 19 日,环保部批准发布了 5 项污染场地系列环保标准,即《场地环境调查技术导则》( HJ 25.1—2014 )、《场地环境监测技术导则》( HJ 25.2—2014 )、《污染场地风险评估技术导则》( HJ 25.3—2014 )、《污染场地土壤修复技术导则》( HJ 25.4—2014 )、《污染场地术语》( HJ 682—2014 )。

### 二、场地环境评价与修复流程

#### 1.基本程序

场地环境调查评估与修复全过程管理是在场地污染调查的基础上,分析场地内污染物对未来受体的潜在风险,并采取一定的管理或工程措施避免、降低、缓和潜在风险的过程,因此整个过程也可称为场地风险管理。场地环境调查评估与修复管理全过程可划分为两个部分:一是场地环境调查评估,二是污染场地修复管理。工业企业场地环境调查评估与修复管理技术框架见图7-2。

场地责任主体承担场地环境调查评估与修复治理工作。按照以下情形确认场地责任主体:按照"谁污染、谁治理"的原则,造成场地污染的单位和个人承担场地环境调查评估和治理修复的责任;造成场地污染的单位因改制或者合并、分立等原因发生变更的,依法由继承其债权、债务的单位承担场地环境

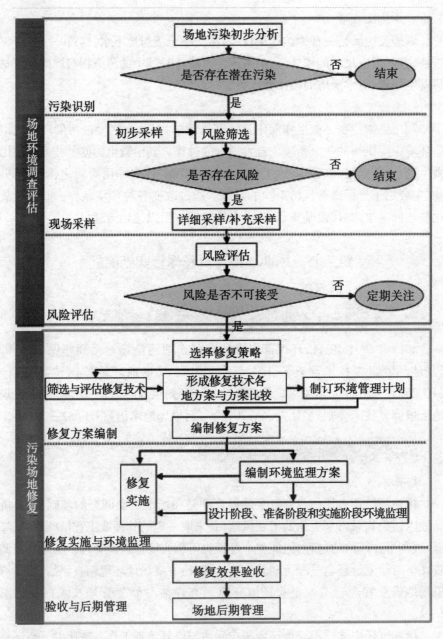

图 7-2 场地环境评估与修复流程

调查评估和治理修复责任;造成场地污染的单位已将土地使用权依法转让的,由土地使用权受让人承担场地环境调查评估和治理修复责任;造成场地污染的单位因破产、解散等原因已经终止,或者无法确定权利义务承受人的,由所在地县级以上地方人民政府依法承担场地环境调查评估和治理修复责任。

对于拟关停、搬迁和正在关停、搬迁的工业企业场地,关停、搬迁的工业企业应组织开展原址场地的环境调查评估工作,并及时公布场地的土壤和地下水环境质量状况。经场地环境调查评估认定为污染场地的,场地责任主体应落实治理修复责任并编制治理修复方案,将场地环境调查、风险评估和治理修复等所需费用列入搬迁成本。

对于拟开发利用的关停、搬迁的工业企业场地,未按有关规定开展场地环境调查及风险评估的、未明确治理修复责任主体的,禁止进行土地流转;污染场地未经治理修复的,禁止开工建设与治理修复无关的任何项目。

对暂不开发利用的关停、搬迁的工业企业场地,责任主体应组织开展场地环境调查评估,基于场地环境调查评估情况及现实情况,暂不治理修复的,应采取必要的隔离等风险防控措施,防止污染扩散,控制环境风险。

场地责任主体应委托专业机构开展场地环境调查评估,并将场地环境调查评估报告报所在地设区的市级以上地方环保部门备案。场地环境调查评估确定场地需修复时,场地责任主体应委托专业机构实施治理修复,并委托专业机构编制场地修复方案报所在地设区的市级以上地方环保部门备案。对于开展治理修复的场地,场地责任主体应委托专业机构对治理修复工程实施环境监理。

在治理修复工作完成后,场地责任主体应组织开展场地修复验收工作,必要时应开展后期管理工作,委托专业机构进行第三方验收和后期管理,将相关材料和结果报所在地设区的市级以上地方环保部门备案,并在实施过程中接受当地环保部门的监督和检查。

场地环境调查评估、治理修复相关从业单位应按照《场地环境调查技术导则》《场地环境监测技术导则》《污染场地风险评估技术导则》《污染场地土壤修复技术导则》及本指南等环保标准、规范开展场地环境调查、风险评估及治理修复工作。场地使用权人等相关责任主体应当将场地环境调查评估情况及相应的治理修复工作进展情况等信息,通过门户网站、有关媒体予以公开,或者印制专门的资料供公众查阅。

2. 场地环境调查评估

场地环境调查评估包括第一阶段场地调查(污染识别)、第二阶段场地调查(现场采样)、风险评估 3 个阶段。第一阶段场地调查为场地环境污染初步识别与分析,当认为场地可能存在污染或无法判断时,应进入场地开始第二阶段场地调查工作。

第二阶段场地调查分初步采样和详细采样。初步采样是通过现场初步采样和实验室检测进行风险筛选。若确定场地已经受到污染或存在健康风险时,则需进行详细采样,必要时进行补充采样分析,确认场地污染的程度与范围,并为风险评估提供数据支撑,进入第三阶段工作。

第三阶段为风险评估,明确场地风险的可接受程度。根据场地污染状况,场地环境调查评估工作可以终止于上述任一阶段。责任主体应委托专业机构编制场地环境调查评估报告,并报所在地设区的市级以上地方环保部门备案。必要时,所在地设区的市级以上地方环保部门应当组织专家对工业企业场地环境调查评估报告的科学性、合理性进行论证评审。

**3. 污染场地修复**

经过环境调查评估确定场地存在污染的,场地责任主体应组织开展场地修复工作。

(1)修复方案编制　污染场地修复方案编制也称可行性研究,包括以下几个步骤:一是根据场地环境调查与风险评估结果,细化场地概念模型并确定场地修复总体目标,通过初步分析修复模式、修复技术类型与应用条件、场地污染特征、水文地质条件、技术经济发展水平,制定相应修复策略;二是通过修复技术筛选,找出适用于目标场地的潜在可行技术,并根据需要进行相应的技术可行性试验与评估,确定目标场地的可行修复技术;三是通过各种可行技术合理组合,形成能够实现修复总体目标的潜在可行的修复技术备选方案,在综合考虑经济、技术、环境、社会等指标进行方案比选基础上,确定适合于目标场地的最佳修复技术方案;四是制订配套的环境管理计划,防止场地修复过程的二次污染,为目标场地的修复工程实施提供指导,并为场地修复环境监管提供技术支持;五是基于上述选择修复策略,筛选与评估修复技术,形成修复技术备选方案与方案比选,制订环境管理计划的工作,编制修复方案。

责任主体应委托专业机构编制污染场地修复方案,并报所在地设区的市级以上地方环保部门备案。必要时,所在地设区的市级以上地方环保部门应当组织专家对污染场地治理修复方案等文件的科学性、合理性进行论证评审。

(2)修复实施与环境监理　修复实施是指修复实施单位受污染场地责任主体委托,依据有关环境保护法律法规、场地环境调查评估备案文件、场地修复方案备案文件等,制订污染场地修复工程施工方案,进行施工准备,并组织现场施工的过程。

修复环境监理是指环境监理单位受污染场地责任主体委托,依据有关环境保护法律法规、场地环境调查评估备案文件、场地修复方案备案文件等,对场地修复过程实施专业化的环境保护咨询和技术服务,协助、指导和监督施工单位全面落实场地修复过程中的各项环保措施。

责任主体应委托专业机构实施治理修复工程,并委托专业机构对修复工程实施环境监理。

(3)修复验收与后期管理 污染场地修复验收是在污染场地修复完成后,对场地内土壤和地下水以及修复后的土壤和地下水进行调查和评估的过程,主要是确认场地修复效果是否达到验收标准,若需开展后期管理,还应评估后期管理计划合理性及落实程度。场地修复验收的工作内容包括:文件审核与现场勘察、采样布点方案制订、现场采样与实验室检测、修复效果评价、验收报告编制。

根据场地情况,必要时需评估场地修复后的长期风险,提出场地长期监测和风险管理要求。后期管理是按照后期管理计划开展包括设备及工程的长期运行与维护、长期监测、长期存档与报告等制度、定期和不定期的回顾性检查等活动的过程。

责任主体应在污染场地修复工程完成后,开展场地修复验收工作,必要时还应开展场地后期管理。责任主体应委托专业机构进行场地修复验收和后期管理工作评估,将相关材料和结果报所在地设区的市级以上地方环保部门备案,并在实施过程中接受当地环保部门的监督和检查。必要时,所在地设区的市级以上地方环保部门应当组织专家对工业企业场地修复验收报告和后期管理评估报告的科学性、合理性进行论证评审。

### 三、场地环境调查评估与修复

#### (一)第一阶段调查——污染识别

1. 目的和工作内容

第一阶段的目的是识别可能存在的污染源和污染物,初步排查场地是否存在污染可能性,必要情况下需要首先进行应急清理。主要工作内容是通过资料收集与分析、现场踏勘、人员访谈等方式开展调查,初步分析场地环境污染状况,编制第一阶段调查报告。本阶段原则上不进行现场采样分析。

## 2. 场地污染识别方法

（1）资料收集与分析 场地环境调查技术人员应通过信息检索、部门走访、电话咨询等途径，广泛收集场地及周边区域的自然环境状况、环境污染历史、地质、水文地质等信息。

被调查单位应积极配合，力所能及地为调查人员提供所需的资料信息。通过对工艺、原材料及储存和生产设施等相关资料的审核，调查人员应根据专业知识和经验判断资料的有效性，并分析场地可能涉及的危险物质以及这些危险物质的使用、存储区域。资料收集的主要内容依据《场地环境调查技术导则》（HJ 25.1）。

（2）现场踏勘 现场踏勘的目的是通过对场地及其周边环境设施的现场调查，观察场地污染痕迹，核实资料收集的准确性，获取与场地污染有关的线索。场地环境调查人员应采用专业调查表格、GPS 定位仪、摄（录）像设备等手段，仔细观察、辨别、记录场地及其周边重要环境状况及其疑似污染痕迹，并可采用 X 射线荧光分析仪（XRF）、光离子检测仪（PID）等野外便携式筛查仪器进行现场快速测量，辅助识别和判断场地污染状况。现场工作人员应遵守安全法规，按照规定的程序和要求进行调查工作。必要时应在进入场地前进行专门的培训，并在企业有关工作人员带领下进行场地环境调查。现场踏勘的范围、内容、方法执行《场地环境调查技术导则》（HJ 25.1）。现场踏勘的重点一般包括：

1）场地可疑污染源 观察所有可见污染源的位置、类型、规模和控制设施（例如防渗材料、结构、老化程度）；观察分析可疑污染物的污染区域、潜在污染途径（如输油管道、油渠、灌溉渠道）及发生污染的可能。

2）场地污染痕迹 调查场地污染痕迹，如植被损害、各种容器及排污设施损坏和腐蚀痕迹，场地内的气味、地面、屋顶及墙壁的污渍和腐蚀痕迹等。不同行业的场地污染特征不同，污染物种类和造成污染的环节都不同，需结合各行业的污染特征，有针对性开展现场踏勘工作。

3）涉及危险物质的场所 危险物质的使用与存储的踏勘包括：使用的危险物质的种类和数量，涉及的容器和储存条件，包括没有封闭或发生损坏的储存容器的数量和容器类型；地上、地下储存设施及其配套的输送管线情况，记录储藏池（库）数量、储存物质、容量、建设年代、监测数据、周边管线等内容；各类集水池，考察其是否含危险物质或与其有关；盛装未知物质的容器不管是否发生泄漏均应调查，包括储存容器的数量、容器类型和储存条件；电力及液压设备的场地是否使用含多氯联苯的设备;注意场地内道路、停车设施及与场地紧邻的市政道路情况,重点识别并察看可能运输危险物质的进场路线;注意上述现场是否有强烈的、刺鼻的气味;询问熟悉生产线情况的人员关于物料是否已从生产线完全卸载,反应釜、塔、容器、管道中的物料是否已基本清除,在确保健康与安全的条件下可进行适当的直接观察;注意建筑物内是否有明显的固体废物堆积,观察其存放情况;注意是否有固体废物存放在容器内,以及容器的密封状况;设备保温层的完整性,了解保温材料的类型和使用时间。

4)建(构)筑物　建(构)筑物调查包括:建(构)筑物的现状及完善情况,如建筑物的数量、层数、大致年代等;生产装置区、储存区、废物处置场所等区域的地面铺装情况,是否存在由于生产装置的腐蚀和跑、冒、滴、漏造成的地面、屋顶、墙壁的污渍和腐蚀痕迹;采暖和制冷系统所用冷热媒介质的类型及储存情况;建(构)筑物及各种管线保温情况,重点关注石棉的使用、储存等情况;生产装置区、储存区、废物处置场所等以外区域的室外地面铺装情况,地面污渍痕迹,以及室外可能因污染引起的植被生长不正常情况;生产排放的污水水质,相关的处理构筑物(如排水管、排水沟、水池等)的使用情况,污水处理系统的建设年代和处理工艺等;明显堆积或填充废弃的建筑垃圾或其他固体废物形成的土堆、洼地等;场地内所有的水井,是否存在颜色、气味等水质异常情况。

5)周边相邻区域　现场踏勘应包括场地的周围区域,踏勘范围应由现场调查人员根据污染迁移情况来判断。周边相邻区域调查包括:场地四周相邻企业,包括企业污染物排放源、污染物排放种类等,并分析其是否与评价场地污染存在关联;场地附近已确定的污染场地,重点调查已确认污染场地的污染物,以及对本场地的环境影响和污染途径;观察和记录场地及周围是否有可能受污染物影响的居民区、学校、医院、饮用水源保护区以及其他公共场所等地点,并在报告中明确其与场地的位置关系。

(3)人员访谈　对场地知情人员采取咨询、发放调查表等形式进行访谈,包括场地管理机构和地方政府官员、环境保护主管部门官员、场地过去和现在各阶段的使用者、相邻场地的工作人员和居民等。访谈内容、对象、方法、内容整理及分析依据《场地环境调查技术导则》(HJ 25.1)。

3. 场地污染应急清理

在进行场地踏勘时,若发现场地及周边有危险物质泄漏时,应迅速对泄漏情况及危害程度进行快速评估,并确定是否需要立即采取措施清除泄漏源。

一旦确认需要进行紧急清除,则应立即通知有关部门,采取应急处理措施。

快速评估一般分为 4 个步骤。步骤一是搜集事故与污染物信息、场地水文资料等基本信息;步骤二是采用经验判断和简单的数学模型判断事故的危害和紧迫程度以及对附近敏感点的影响,快速获取所需信息;步骤三是综合前两阶段获取的信息进行分析与决策,制定场地应急控制措施;步骤四为应急措施的实施及效果评估,并确定是否需要采取进一步的行动。

**4.分析判断**

污染识别阶段分析判断的目的是确定是否可能污染。若场地发现污染痕迹、或被认为存在潜在污染以及无法判断污染可能性时,例如未发现污染痕迹,但生产中使用危险化学品及石油产品、或排放有毒有害物质的场地,因历史状况不清等原因无法判断场地是否受到污染时,应作为潜在污染场地。若判断结果为可能污染,应进一步建立场地初步概念模型。场地概念模型是综合描述场地污染源释放的污染物通过土壤、水、空气等环境介质进入人体,并对场地周边及场地未来居住、工作人群的健康产生影响的关系模型。场地概念模型包括污染源、污染物的迁移途径、人体接触污染的介质和方式等,一般随着调查和评估的深入逐步完善和细化。场地污染概念模型应包括:

(1)场地应关注的 污染物种类:根据生产工艺、原辅材料、产品种类、"三废"等情况,以及残留的原生污染物受物理化学过程影响产生的次生污染物,分析场地可能存在的污染物种类。

(2)场地潜在污染区域 根据场地生产装置、各种管线、危险化学品及石油产品储存设施、污染物排放方式、现场污染痕迹、污染物的迁移特性等,分析场地潜在污染区域。

(3)水文地质条件分析 结合污染物特征,分析场地地层分布情况、地下水分布特征等影响污染物在环境介质中迁移转化的水文地质条件。

(4)污染物 特征及其在环境介质中的迁移分析:①原辅材料和产品运输过程中,由于泄漏、挥发和事故进入周边环境。②生产过程中产生的废气和烟(粉)尘通过大气扩散至生产设施周边甚至厂房以外。③废水排放沟渠破裂时进入土壤和地下水。④废物堆存点污染物经雨水淋洗并随地表径流扩散进入附近河流。⑤废物堆存点污染物或污染土壤经降水淋滤进入地下水,并随地下径流在地下水流方向迁移。

(5)受体分析 根据污染场地未来用地规划,分析确定未来受污染场地影响的人群。

（6）暴露途径分析　根据未来人群的活动规律和污染在环境介质的迁移规律,分析和确定未来人群接触污染物的暴露点,分析和建立暴露途径。

（7）危害识别　在前述分析的基础上,初步进行场地污染物危害识别。若第一阶段场地环境调查认为场地未受到污染,则场地环境调查结束,并编制第一阶段调查报告。

5. 第一阶段调查报告编制

第一阶段调查报告应包括场地基本情况、场地环境调查的主要工作内容、场地污染的初步分析结论及依据。其中主要工作内容应突出说明使用和排放的危险物质及使用量、污染痕迹、污染概念模型等。另外,需要针对场地环境调查过程中的不确定因素对评价结论的影响进行分析,并应将判断场地污染与否的关键佐证材料作为报告附件。

### （二）第二阶段调查——现场采样

1. 目的和工作内容

第二阶段调查以采样分析为主,确定场地的污染物种类、污染分布及污染程度。主要工作内容为初步采样、场地风险筛选、详细采样和第二阶段报告编制。初步采样又称为确认采样,主要是通过与场地筛选值比较,分析和确认场地是否存潜在风险及关注污染物;详细采样目的是确定污染物具体分布及污染程度。

2. 初步采样

（1）制订采样计划　开展现场采样前,应先制订现场采样计划。采样计划内容包括:核查已有信息、判断潜在污染情况、制订采样方案（包括采样目的、采样布点、采样方法、样品保存与流转、样品分析等）、确定质量标准与质量控制程序、制订场地调查安全与健康计划等。

（2）初步采样分析项目　采样分析项目应包括第一阶段调查识别的污染物;对于不能确定的项目,可选取少量潜在典型污染样品进行筛选分析。一般工业场地可选择的检测项目有:重金属、挥发性有机物（VOCs）、半挥发性有机物（SVOCs）、氰化物、石棉和其他有毒有害物质。如遇土壤和地下水明显异常而常规检测项目无法识别时,可采用生物毒性测试方法进行筛选判断;如遇有明显异臭或刺激性气味,而项目无法检测时,应考虑通过恶臭指标等进行筛选判断。

场地环境调查涉及地表水和残余废弃物监测,按照《场地环境监测技术导则》(HJ 25.2)执行。

(3)初步采样布点要求

1)采样位置　初步采样时,一般不进行大面积和高密度的采样,只是对疑似污染的地块进行少量布点与采样分析。采用判断布点方法,在场地污染识别的基础上选择潜在污染区域进行布点,重点是场地内的储罐储槽、污水管线、污染处理设施区域、危险物质储存库、物料储存及装卸区域、历史上可能的废渣地下填埋区、"跑、冒、滴、漏"严重的生产装置区、物料输送管廊区域、发生过污染事故所涉及的区域、受大气无组织排放影响严重的区域、受污染的地下水污染区域、道路两侧区域、相邻企业等区域。

对于污染源较为分散的场地和地貌严重破坏的场地,以及无法确定场地历史生产活动和各类污染装置位置时,可采用系统布点法(也称网格布点法)。布点数量可参考《场地环境评价导则》(DB11/T 656)中的相关推荐数目。

无法在疑似污染地块,特别是罐槽、污染设施等底部采样时,则应尽可能接近疑似污染地块且在污染物迁移的下游方向布置采样点。采样点和可能污染点相差距离较大时,应在设施拆除后,在设施底部补充采样。

监测点位的数量与采样深度应根据场地面积、污染类型及不同使用功能区域等确定。

2)采样数量　采样点数目应足以判别可疑点是否被污染,在每个疑似污染地块内或设施底部布置不少于3个土壤或地下水采样点。地下水采样可不只局限在厂界内,对场地内地下水上游、下游及污染区域内至少各设置一个监测井,地下水监测井设点与土壤采样点可并点考虑。

在其他非疑似污染地块内,可采用随机布点方法,少量布设采样点,以防止污染识别过程中的遗漏。

3)采样深度　采样深度应综合考虑场地地层结构、污染物迁移途径和迁移规律、地面扰动深度等因素。若对场地信息了解不足,难以合理判断采样深度,可依据《场地环境调查技术导则》(HJ 25.1)的要求设置采样点;在实际调查过程中可结合现场实际情况进行确定。

第一,当土层特性垂直变异较大时,应保证在不同性质土层至少有1个土壤样品,采样点一般布置在各土层交界面(如弱透水层顶部等);当同一性质土层厚度较大或同一性质土层中出现明显污染痕迹时,应根据实际情况在同一土层增加采样点。

第二,地下水采样一般以最易受污染的第一层含水层为主;当第二层含水层作为主要保护对象且可能会受到污染时,应设置地下水监测组井,同时采集第一层和第二层地下水样品;当有地下储存设施时,应在储存设施以下至含水层底板,选2~3个不同的深度进行取样;当隔水层相对较差或两层含水层之间存在水力联系、场地内存在透镜体或互层等地质条件时,可考虑设置组井并进行深层采样。

第三,当第一层含水层为非承压类型,土壤钻孔或地下水监测井深度应至含水层底板顶部。采样点的具体设置如下:①表层。根据土层性质变化、是否有回填土等情况确定表层采样点的深度,表层采样点深度一般为0.5m以内。②表层与第一层弱透水层之间。应至少保证1个采样点。当表层与弱透水层的厚度较大时,可考虑增加采样点。各采样点的具体位置可根据便携式现场测试仪器、土壤污染目视判断(如异常气味和颜色等)来确定。③地下水位线。地下水位线附近至少设置1个土壤采样点。④含水层。当地下水可能受污染时,应增加含水层采样点。⑤含水层底板(弱透水层)。含水层底板顶部应设置1个土壤采样点。

第四,当第一层含水层为承压水时,若不设置地下水监测井,土壤采样深度应不超过第一层弱透水层顶板;若设置地下水监测井,则应达到第一层含水层底板(当第一层含水层厚度大于5m时,建井深度应至少为地下水水面以下5m)。

采样点的具体设置如下:①表层。根据土层性质变化,是否有回填土等情况确定表层采样点的深度,表层采样点深度一般为0.5m以内。②表层与第一层弱透水层之间。至少保证1个采样点。当表层与弱透水层的厚度较大时,可考虑增加采样点;各采样点具体位置可根据便携式现场测试仪器、土壤污染目视判断来确定。③地下水位线。设置监测井时,地下水位线附近至少设置1个土壤采样点。④含水层及含水层底板。在地下水可能受污染情况下,应增加含水层内及含水层底板采样点。对于不需建井的钻孔,钻孔深度不应打穿弱透水层。

(4)现场采样

1)采样准备 根据采样计划,制订采样计划表,准备各种记录表单、必需的监控器材、足够的取样器材并进行消毒或预先清洗。

2)现场定位 根据采样计划,对采样点进行现场定位测量(高程、坐标)。采用地物法和仪器测量法,可选择的仪器主要有经纬仪、水准仪、全站仪和高精度的全球定位仪。定位测量完成后,可用钉桩、旗帜等器材标志采样点。

3）计划调整　场地采样过程可能受地下管网（如煤气管、电缆）、建筑物等影响而无法按采样计划实施，场地评价人员应分析其对采样的影响，可根据现场的实际情况适当调整采样计划，或提出在场地障碍物清除后，是否需要开展场地的补充评价。

出现下列情况可调整采样计划：当现场条件受限无法实施采样时，采样点位置可根据现场情况进行适当调整；现场状况和预期之间差异较大时，如现场水文地质条件与布点时的预期相差较大时，应根据现场水文地质勘测结果，调整布点或开展必要的补充采样。

4）样品采集　根据采样计划，现场采集土壤及地下水样品，同时采集现场质量控制样。在采样时，应做好现场记录。

5）样品运输与保存　针对不同检测项目，选择不同的样品保存方式。目标污染物为无机物的样品通常用塑料瓶（袋）收集；目标污染物为挥发性和半挥发性有机物的样品宜使用具有聚四氟乙烯密封垫的直口螺口瓶收集。

运输样品时，应填写实验室准备的采样送检单，并尽快将样品与采样送检单一同送往分析检测实验室。采样送检单应保证填写正确无误并保存完整。

6）注意事项

第一，防止采样过程的交叉污染。在两次钻孔之间，钻探设备应该进行清洗；当同一钻孔在不同深度采样时，应对钻探设备、取样装置进行清洗；当与土壤接触的其他采样工具重复使用时，应清洗后使用。采样过程中要佩戴手套。为避免不同样品之间的交叉污染，每采集一个样品须更换一次手套。每采完一次样，都须将采样工具用自来水洗净后再用蒸馏水淋洗一遍。液体汲取器则为一次性使用。

第二，防止采样的二次污染。每个采样点钻探结束后，应将所有剩余的废弃土装入垃圾袋内，统一运往指定地点储存；洗井及设备清洗废水应使用塑料容器进行收集，不得随意排放。

第三，现场质量控制。规范采样操作：采样前组织操作培训，采样中一律按规程操作，设置第三方监理。采集质量控制样：现场采样质量控制样一般包括现场平行样、现场空白样、运输空白样、清洗空白样等，且质量控制样的总数应不少于总样品数的10%。规范采样记录：将所有必需的记录项制成表格，并逐一填写。采样送检单必须注明填写人和核对人。

第四，个人防护。根据国家有关危险物质使用及健康安全等相关法规制订现场人员安全防护计划,并对相关人员进行必要的培训。现场人员须按有关规定,使用个人防护装备。严格执行现场设备操作规范,防止因设备使用不当造成的各类工伤事故发生。对现场危险区域,如深井、水池等应进行标志。

第五,应急处理。当现场评价过程中发现存在危险物质泄漏时,应对泄漏情况及危害程度进行快速评估,并确定是否需要立即采取措施清除泄漏源。一旦确认需要进行紧急清除,则应立即通知场地业主和当地环保部门。

(5)样品分析

1)现场样品分析 现场可采用便携式分析仪器设备进行样品的定性和半定量分析。

水样的温度须在现场进行分析测试,溶解氧、pH、电导率、色度、浊度等监测项目亦可在现场进行分析测试,并应保持监测时间一致性。

岩心样品采集后,用取样铲从每段岩心中采集少量土样置于自封塑料袋内并密封,一般应在有明显污染痕迹或地层发生明显变化的位置采样。之后适当对土样进行揉捏以确保土样松散,使其稳定 5 ~ 10min 后将相应仪器或设备(如 PID 检测器等)探头伸入自封袋内并读取样品的读数。

2)实验室样品分析

a. 土壤样品分析 土壤的常规理化特征,如土壤 pH、粒径分布、容重、孔隙度、有机质含量、渗透系数、阳离子交换量等的分析测试应按照《岩土工程勘察规范》(GB 50021)执行。土壤样品关注污染物的分析测试应按照《土壤环境质量标准》(GB 15618)和《土壤环境监测技术规范》(HJ/T 166)中的指定方法执行。污染土壤的危险废物特征鉴别分析应按照《危险废物鉴别标准》(GB 5085)和《危险废物鉴别技术规范》(HJ/T 298)中的指定方法执行。

b. 其他样品分析 地下水样品、地表水样品、环境空气样品、残余废弃物样品的分析应分别按照《地下水环境监测技术规范》(HJ/T 164)、《地表水和污水监测技术规范》(HJ/T 91)、《环境空气质量手工监测技术规范》(HJ/T 194)、《恶臭污染物排放标准》(GB 14554)、《危险废物鉴别标准》(GB 5085)和《危险废物鉴别技术规范》(HJ/T 298)中的指定方法执行。

3)其他要求 样品分析方法首选国家标准和规范中规定的分析方法。对国内没有标准分析方法的项目,可以参照国外的方法。

4)实验室质量控制 设置实验室质量控制样。主要包括:空白样品加标样、样品加标样和平行重复样。要求每 20 个样品或者至少每一批样品做一个系列的实验室质量控制样,也可根据情况适当调整。质量控制样品,包括土壤和地下水,应不少于总检测样品的 10% 。

(6)检测结果分析 实验室检测结果和数据质量进行分析。主要包括:分析数据是否满足相应的实验室质量保证要求;通过采样过程中了解的地下水埋深和流向、土壤特性和土壤厚度等情况,分析数据的代表性;分析数据的有效性和充分性,确定是否需要进行补充采样;根据场地内土壤和地下水样品检测结果,分析场地污染物种类、浓度水平和空间分布。

3.场地风险筛选

通过将场地污染初步采样结果与国家和地方等相关标准以及清洁对照点浓度比较,排查场地是否存在风险。相关标准可采用国家相关土壤和地下水标准、国家以及地区制定的场地污染筛选值,国内没有的可参照国际上常用的筛选值,或者应用场地参数计算适用于该场地的特征筛选值。若污染物筛选值低于当地背景值,采用背景值作为筛选值。

一般在确定了开发场地土地利用功能的情况下:若污染物检测值低于相关标准或场地污染筛选值,并且经过不确定性分析表明场地未受污染或健康风险较低,可结束场地调查工作并编制第二阶段场地调查报告。若检测值超过相关标准或场地污染筛选值,则认为场地存在潜在人体健康风险,应开展详细采样,并进行第三阶段风险评估。

4.详细采样

(1)制订采样计划 同(二)中第一条的采样计划要求。

(2)土壤采样点位布设 污染场地土壤采样常用的点位布设方法包括判断布点法、随机布点法、分区布点法及系统布点法等,其适用条件见表 7 - 1。

表 7 - 1 常见的布点方法及适用条件

| 布点方法 | 使用条件 |
| --- | --- |
| 判断布点法 | 适用于潜在污染明确的场地 |
| 随机布点法 | 适用于污染分布均匀的场地 |
| 分区补点法 | 使用与污染分布不均匀,并获得污染分布情况的场地 |
| 系统布点法 | 适用于各类场地情况,特别是污染分布不明确或污染分布范围大的情况,可以获得污染分布,但其精度受到网格间距大小影响 |

判断布点法适用于潜在污染明确的场地。

随机布点法适用于场地内土壤特征相近、土地使用功能相同的区域。具体方法是将监测区域分成面积相等的若干地块,从中随机(随机数的获得可以利用掷骰子、抽签、查随机数表的方法)抽取一定数量的地块,在每个地块内布设一个监测点位。抽取的样本数要根据场地面积、监测目的及场地使用状况确定。分区布点法适用于场地内土地使用功能不同及污染特征明显差异的场地。具体方法是:将场地划分成不同的小区,根据小区的面积或污染特征确定布点的方法。场地内土地使用功能的划分一般分为生产区、办公区、生活区。

系统布点法适用于场地土壤污染特征不明确或场地原始状况严重破坏的情形。具体方法是:将监测区域分成面积相等的若干地块(网格),每个地块内布设一个监测点位。网格点位数应视所评价场地的面积及潜在污染源的数目、污染物迁移情况等确定,原则上网格大小不应超过 1 600m²,也可参考《场地环境评价导则》(DB11/T 656)中的相关推荐数目。

土壤采样布点中需要注意以下情形:

当场地污染为局部污染,且热点地区(第一阶段及第二阶段初步采样所确认的污染地块)分布明确时,应采用判断布点法在污染热点地区及周边进行密集取样,布点范围应略大于判断的污染范围。当确定的热点区域范围较大时,也可采用更小的网格单元,在热点区域内及周边采用网格加密的方法布点。在非热点地区,应随机布置少量采样点,以尽量减少判断失误。随机布点数目不应低于总布点数的 5%。如需采集土壤混合样,可根据每个监测地块的污染程度和地块面积,将其分成 1~9 个均等面积的网格,在每个网格中心进行采样,将同层的土样制成混合样(挥发性有机物污染的场地除外)。

深层采样点的布置应根据初步采样所揭示的污染物垂直分布规律来确定,符合污染初步采样阶段的相关要求及《场地环境监测技术导则》(HJ 25.2)的相关要求。

当详细采样不能满足风险评估要求,或划定场地污染修复范围的要求时,应该采用判断布点法进行一次或多次补充采样,直至有足够数据划定污染修复范围为止。必要时,可开展土壤气、场地人群和动植物调查等,以进行更深层次的风险评估。

(3)地下水监测点位布设　地下水监测点点位按《场地环境监测技术导

则》(HJ 25.2)布设。当场地地质条件比较复杂时,应设置组井(丛式监测井)。

(4)采样的技术要求 详细采样阶段的现场采样、样品分析、检测结果分析同(二)初步采样中相关技术要求。

(5)物理样的采集与土工试验 物理样的采集与土工试验是在详细采样阶段为风险评估提供数据支撑,以模拟污染物在环境介质中的迁移过程。主要包括以下参数的测试获取:土壤粒径分布、土壤容重、含水量、天然密度、饱和度、孔隙比、孔隙率、塑限、塑性指数、液性指数、实验室垂直渗透系数和水平渗透系数以及粒径分布曲线等物理参数。具体参数根据风险评估需要确定。

(6)其他调查方法 除了进行土壤和地下水采样之外,目前在场地污染调查实践中常采用便携式仪器、地球物理勘查技术等进行调查。

1)便携式仪器调查 常用的便携式仪器包括检测挥发性气体的光离子化检测仪(PID)、检测重金属的 X 线荧光分析仪(XRF)等。实际操作时,可根据便携仪器的测量值,确定具体的采样位置。一般可用洛阳铲、手动螺旋钻等在采样点处凿孔,并使用便携仪器测定污染物组分的浓度;在初步采样和详细采样认定的污染较重的区域,可采用便携仪器进行加密检测。常用的便携仪器功能及优缺点见表7-2。

表7-2 便携式仪器的功能及优缺点

| 仪器名称 | 主要功能 | 优缺点 |
|---|---|---|
| X 线荧光分析仪(XRF) | 检测土壤中的重金属 | 优点:快速进行现场分析<br>缺点:需要前期训练操作人员;可能受到基质干扰;检测限较高 |
| 火焰离子检测仪(FID) | 版定量检测土壤中 VOCs 组分的含量 | 优点:迅速获得结果<br>缺点:只能检测到 VOCs 组分 |
| 光离子检测仪(PID) | 检测土壤中 VOCs、部分 SVOCs 和无机物的浓度 | 优点:迅速获得结果;容易使用<br>缺点:测试结果受环境湿度等影响;不能确定特定的邮寄组分浓度 |

2)地球物理勘查技术 污染场地调查中涉及的地球物理方法包括地质雷达法、高密度电阻率法、综合测井技术等。在实际工作中,往往需要多种物探方法开展场地调查,常用物探方法应用范围及特点见表7-3。

表7-3 常用物探方法的应用范围及特点

| 地球物理方法 | 应用范围及特点 | 使用调查阶段 |
|---|---|---|
| 地质雷达法 | 石油类污染场地、垃圾场、城市污水等,勘探污染源、污染范围和深度,可进行一维、二维、三维地面原位测试 | 初步采样和详细采样 |
| 高密度电阻率法 | 石油类污染场地、垃圾场、城市污水等,勘探污染源、污染范围和深度,可进行二维、三维地面原位测试 | 详细采样 |
| 声波及千层地震勘探 | 城市污水渠、核废料处理和垃圾填埋场等领域勘探,确认地下水埋深、垃圾场边界、核废料处理井结构等 | 详细采样 |
| 跨孔电磁波/超声波 CT 成像法 | 适用于各类污染场地勘测空间污染源、污染边界和污染通道的精细测量 | 详细采样 |
| 综合物探探井技术 | 可针对所有场地污染调查钻孔实施多参数综合物探测井,原位测定污染介质的属性和异常特征 | 详细采样 |

5. 第二阶段报告编制

第二阶段场地调查报告应至少包括以下内容:场地污染情况,包括场地基本信息、主要污染物种类和来源及可能污染的重点区域;现场采样与实验室分析,包括采样计划、采样与分析方法、检测数据、质量控制、检测结果分析;场地污染风险筛选及场地环境污染评价的结论和建议。

当第二阶段风险筛选结果表明场地确实已经受到污染或存在潜在的人体健康风险时,应启动第三阶段工作。

### (三)第三阶段调查——风险评估

1. 目的和工作内容

第三阶段的目的是通过风险评估,确定场地污染带来的健康风险是否可接受,依据场地初步修复目标值划定修复范围。主要工作内容包括:场地健康风险评估,确定修复目标和修复范围,编制第三阶段报告。

### 2.风险评估程序和方法

场地健康风险评估是在分析污染场地土壤和地下水中污染物通过不同暴露途径进入人体的基础上,定量估算致癌污染物对人体健康产生危害的概率,或非致癌污染物的危害水平与程度(危害熵)。主要内容为危害识别、暴露评估、毒性评估和风险表征,工作程序见图7-3。

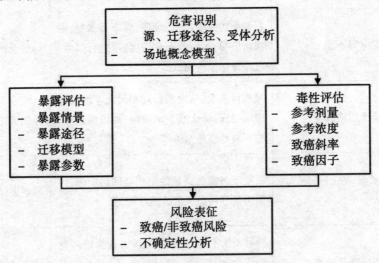

图 7-3　污染场地风险评估工作程序

(1)危害识别　场地危害识别的主要任务是根据第一阶段和第二阶段的调查、采样和分析获取的资料,结合场地的规划用地性质,确定关注污染物及其空间分布,识别敏感受体类型,进一步完善场地概念模型,指导场地风险评价。场地危害识别的工作内容包括:确定场地主要污染源、污染物浓度及其向环境释放的方式;根据污染场地未来用地规划,分析和确定未来受污染场地影响的人群;根据污染物及环境介质的特性,分析污染物在环境介质中的迁移和转化;根据未来人群的活动规律和污染在环境介质中的迁移规律,分析和确定未来人群接触或摄入污染物的方式,确定暴露方式;在污染源、污染物在环境中的迁移转化、暴露方式和受体分析的基础上,分析和建立暴露途径;综合各种暴露途径,建立场地污染概念模型。场地概念模型需在随后的暴露评估和风险评估中进一步完善和修订。

在场地风险评估中,如果污染源和受体之间未形成完整的"源—迁移途径—受体"暴露风险链条,则认为不存在风险,风险评估将停止进行。

(2)暴露评估　暴露评估是在危害识别的基础上,分析场地土壤和地下水中关注污染物进入并危害敏感受体的情景,确定场地土壤和地下水中的污染物对敏感人群的暴露途径,确定污染物在环境介质中的迁移模型和敏感人群的暴露模型,确定与场地污染状况、土壤性质、地下水特征、敏感人群和关注污染物性质等相关的模型参数值,计算敏感人群摄入来自土壤和地下水的污染物所对应的暴露量。暴露评估的主要工作内容包括分析暴露情景、识别暴露途径、选择迁移模型和确定暴露参数。

1)暴露情景 暴露情景是特定土地利用方式下,场地污染物经由不同方式迁移并到达受体的一种假设性场景描述,即关于场地污染暴露如何发生的一系列事实、推定和假设。根据场地用地规划,确定场地的未来用地情景。根据受体特征,分析受体人群与场地污染物的接触方式。可将用地情景分为敏感用地(包括住宅、文化设施、教育用地等)和非敏感用地(包括工业用地、商业用地、物流仓储用地等),由于绿地情景的暴露途径和暴露参数较为特殊,因此一般将用地情景分为居住、工商业和公园三类用地进行计算和分析。

a. 居住情景 普通住宅、公寓、别墅等用地方式,可作为居住情景进行暴露情景分析。受体分为儿童、青少年和成人,接触方式一般包括:①直接摄入污染土壤。②经皮肤接触污染土壤而吸收污染物。③通过呼吸系统吸入污染的土壤尘。④吸入土壤及地下水中的挥发性有机污染物。⑤饮用受污染的地下水和地表水。对于污染物的致癌效应,应考虑人群的终身暴露危害;对于污染物的非致癌效应,应以儿童为敏感受体,一般以儿童期暴露来评估污染物的非致癌危害。

b. 工商业情景 办公楼、展览馆、交通设施等用地方式,可视为工商业情景进行暴露情景分析。受体为成人,接触方式包括:①直接摄入污染土壤。②经皮肤接触污染土壤而吸收污染物。③通过呼吸系统吸入污染的土壤尘。④吸入土壤及地下水中的挥发性有机污染物。⑤饮用受污染的地下水和地表水。

对于污染物的致癌效应和非致癌效应,一般以成人期的暴露来进行评估。

c. 公园情景 游乐场、公园、绿地等用地方式,可视为公园情景进行暴露情景分析。公园情景下的接触方式参照居住情景进行分析,但一般不考虑室内呼吸途径的风险。

不能确定土地利用方式的场地,建议按照居住情景进行分析。另外,还需要考虑施工期建筑工人的风险影响,施工人员的接触方式包括:①直接摄入污染土壤。②经皮肤接触污染土壤而吸收污染物。③通过呼吸系统吸入污染的土壤尘。④吸入土壤及地下水中的挥发性有机污染物。⑤饮用受污染的地下水和地表水。

上面列出了不同用地情况下可能的暴露接触方式和途径,实际工作中,应根据具体情况来确定。暴露情景分析时,可结合未来场地风险控制措施的应用(如暴露途径阻断措施等),分析不同风险控制情景下的风险水平。

2)暴露途径　场地污染土壤的暴露途径包括:经口摄入污染土壤、皮肤直接接触污染土壤、吸入土壤颗粒物、吸入室外土壤挥发气体、吸入室内土壤挥发气体。场地污染地下水的途径包括:吸入室外地下水挥发气体、吸入室内地下水挥发气体、饮用地下水。

在分析污染物进入人体的暴露途径时,未考虑蔬菜摄入途径。因为本技术指南中所指场地主要为工业污染场地,通常情况下,在工业场地上一般不会种植食用植物。当确实存在这种情况时,建议采用国内外的相关标准进行判断,以确定是否存在健康危害。场地土壤和地下水中污染物的暴露途径汇总见图7-4。在风险评估时,应根据场地污染和未来受体具体情况进行选择和分析。

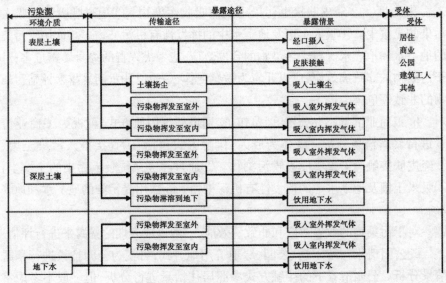

图7-4　污染场地暴露途径汇总示意图

3)迁移模型　场地污染源和暴露点不在同一位置时,应采用相关迁移模型确定暴露点污染物浓度。场地污染物迁移模型一般包括:表层土壤中污染物挥发(VFss)、表层土壤扬尘(PEF)、深层土壤中污染物挥发至室外(VFsamb)、深层土壤中污染物挥发至室内（VFsesp）、地下水中污染物挥发至室外（VFwamb）、地下水中污染物挥发至室内（VFwesp）、土壤中污染物淋溶到地下水（LF）。常用的迁移模型见《污染场地风险评估技术导则》（HJ 25.3）。

4）暴露参数　暴露参数包括暴露频率、暴露时间、土壤摄入量、人体相关参数等，推荐的暴露参数默认值见《污染场地风险评估技术导则》（HJ 25.3）、《场地环境评价导则》（DB11/T 656）。各种暴露途径涉及的土壤和水文地质参数可根据现场调查获得。作为计算场地风险筛选值时，也可采用一定区域范围内的土壤和地质水文参数。

（3）毒性评估　污染物毒性常用污染物质对人体产生的不良效应以剂量—反应关系表示。对于非致癌物质如具有神经毒性、免疫毒性和发育毒性等物质，通常认为存在阈值现象，即低于该值就不会产生可观察到的不良效应。对于致癌和致突变物质，一般认为无阈值现象，即任意剂量的暴露均可能产生负面健康效应。

污染物毒性参数包括：计算非致癌危害熵的慢性参考剂量（非挥发性有机物）和参考浓度（挥发性有机物）、计算致癌风险的致癌斜率（非挥发性有机物）和单位致癌系数（挥发性有机物）。常见的污染物毒性参数见《污染场地风险评估技术导则》（HJ 25.3）。污染物毒性参数也可根据国际上认可的毒性数据库适时进行更新。

（4）风险表征

1）致癌/非致癌风险计算　风险表征是以场地危害识别、暴露评估和毒性评估的结果为依据，把风险发生概率和/或危害程度以一定的量化指标表示出来，从而确定人群暴露的危害度。

主要工作内容包括：计算单一污染物某种暴露途径的致癌和非致癌危害熵、单一污染物所有暴露途径的致癌和非致癌危害熵、所有关注污染物的累积致癌和非致癌危害熵计算。风险表征计算公式见《污染场地风险评估技术导则》（HJ 25.3）。

2）不确定性分析　对风险评估过程的不确定性因素进行综合分析评价，称为不确定性分析。场地风险评估结果的不确定性分析，主要是对场地风险评估过程中由输入参数误差和模型本身不确定性所引起的模型模拟结果的不确定性进行定性或定量分析，包括风险贡献率分析和参数敏感性分析等。具体不确定性分析方法见《污染场地风险评估技术导则》（HJ 25.3）。

3. 确定场地风险控制值和初步修复范围

（1）确定风险可接受水平　风险可接受水平是指一定条件下人们可以接受的健康风险水平。致癌风险水平以场地土壤、地下水中污染物可能引起的癌症发生概率来衡量,非致癌危害熵以场地土壤和地下水中污染物浓度超过污染容许接受浓度的倍数来衡量。通常情况下,将单一污染物的致癌风险可接受水平设定为 $1 \times 10^{-6}$、非致癌危害熵可接受水平设定为1。风险可接受水平直接影响到污染场地的修复成本,在具体风险评估时,可以根据各地区社会与经济发展水平选择合适的风险水平。

（2）计算场地风险控制值　场地风险控制值也常称作初步修复目标值,是根据场地可接受污染水平、场地背景值或本底值、经济技术条件和修复方式（修复和工程控制）、当地社会经济发展水平等因素综合确定的、场地土壤和地下水中的污染物修复后需要达到的限值。

计算修复目标值分为计算单个暴露途径土壤和地下水中污染物致癌风险和非致癌危害熵的修复目标值,以及计算所有暴露途径土壤和地下水中污染物致癌风险和非致癌危害熵的修复目标值两种情况。当场地污染物存在多种暴露途径时,一般采取第二种方法,即先计算所有暴露途径的累积风险,再计算修复目标值。计算单个暴露途径以及综合暴露途径风险控制值的方法可参考《污染场地风险评估技术导则》（HJ 25.3）。

4. 第三阶段报告编制

第三阶段场地环境风险评估报告应至少包括以下内容:场地基本信息、场地染识别与场地污染概念模型、现场采样与实验室分析、风险评估与修复目标和复范围、需要环境无害化处理的生产设施和废物、场地环境评估的结论和建议。

# 第三节　污染场地土壤修复方法和原理

## 一、换土技术

用新鲜未受污染的土壤替换或部分替换原污染土壤,以稀释原污染物浓度,增加土壤环境容量。

## 二、土壤化学修复技术

土壤化学修复技术主要是通过化学添加剂清除和降低土壤中的污染物的

方法。针对土壤中污染物的特点,选用合适的化学清除剂和合适的方法,利用化学清除剂的物理化学性质及土壤对污染物、化学清除剂的吸附作用等,清除污染物或降低污染物的浓度至安全标准范围,且所施化学药剂不对土壤环境系统造成二次污染。针对化学修复农药残留污染土壤,化学添加剂通过改变土壤的结构及农药的吸附、吸收、迁移、淋溶、挥发、扩散和降解,改变农药在土壤中的残留累积。表面活性剂、天然生物表面活性剂、有机溶剂等都是常用的污染土壤的清洗剂。

### 三、土壤生物修复技术

综合运用现代生物技术,使土壤中的有害污染物得以去除,土壤质量得以提高或改善的过程,既包括微生物修复,也包括植物、动物和酶等修复方法。生物修复与其他的污染土壤的处理技术相比,具有成本低、无二次污染及处理效果好等优点,能达到对污染土壤永久清洁修复的目的。在这方面,有关微生物对土壤中有机污染物降解的研究较多。研究表明,植物修复与微生物修复相比,有时更适应于污染土壤的现场修复。

1. 按修复的生物划分

主要包括微生物修复,也包括植物、动物和酶等修复方法。

2. 按修复的空间划分

(1)原位修复 不移动受污染土壤,通过直接加营养物、供氧或使受污染地下水与降解菌充分接触,加快污染物分解。美国犹他州对航空发动机油污染的土壤,通过竖井抽风。

(2)异位修复技术 将受污染土壤、沉积物移离原地,或在原地翻动土壤使之与降解菌接种物、营养物及支撑材料混合,集中起来进行生物降解,又包括耕作法、堆肥法、生物浆床反应法和厌氧处理法。

### 四、污染场地修复异位固化(稳定化)技术

1. 技术适用性

(1)适用的介质 污染土壤。

(2)可处理的污染物类型 金属类、石棉、放射性物质、腐蚀性无机物、氰化物、砷化合物等无机物以及农药(除草剂)、石油或多环芳烃类、多氯联苯类以及二噁英等有机化合物。

(3)应用限制条件 不适用于挥发性有机化合物和以污染物总量为验收

目标的项目。

当需要添加较多的固化(稳定)剂时,对土壤的增容效应较大,会显著增加后续土壤处置费用。

2. 技术介绍

(1)原理 向污染土壤中添加固化剂(稳定化剂),经充分混合,使其与污染介质、污染物发生物理、化学作用,将污染土壤固封为结构完整的具有低渗透性的固化体,或将污染物转化成化学性质不活泼形态,降低污染物在环境中的迁移和扩散。

(2)系统构成和主要设备 主要由土壤预处理系统、固化(稳定)剂添加系统、土壤与固化(稳定)剂混合搅拌系统组成。其中,土壤预处理系统具体包括土壤水分调节系统、土壤杂质筛分系统、土壤破碎系统。主要设备包括土壤挖掘系统(如挖掘机等)、土壤水分调节系统(如输送泵、喷雾器、脱水机等)、土壤筛分破碎设备(如振动筛、筛分破碎斗、破碎机、土壤破碎斗、旋耕机等)、土壤与固化(稳定)剂混合搅拌设备(双轴搅拌机、单轴螺旋搅拌机、链锤式搅拌机、切割锤击混合式搅拌机等)。

(3)关键技术参数或指标

1)固化(稳定)剂的种类及添加量 固化(稳定)剂的成分及添加量将显著影响土壤污染物的稳定效果,应通过试验确定固化(稳定)剂的配方和添加量,并考虑一定的安全系数。目前国外应用的固化(稳定)技术药剂添加量大都低于20%。

2)土壤破碎程度 土壤破碎程度大有利于后续与固化(稳定)剂的充分混合接触,一般要求土壤颗粒最大的尺寸不宜大于 5 cm。

3)土壤与固化(稳定)剂的混匀程度 混合程度是该技术一个关键性瓶颈指标,混合越均匀固化(稳定化)效果越好。土壤与固化(稳定)剂的混匀程度往往依靠现场工程师的经验判断,国内外还缺乏相关标准。

4)土壤固化(稳定化)处理效果评价 土壤固化(稳定化)修复效果通常需要物理和化学两类评价指标:物理指标包括无侧限抗压强度、渗透系数;化学指标为浸出液浓度。

a. 物理学评价指标 经固化(稳定化)处理后的固化体,其无侧限抗压强度要求大于 0.35MPa(50 psi),而固化后用于建筑材料的无侧限抗压强度至少要求达到 27.58MPa(4 000 psi)。渗透系数表征土壤对水分流动的传导能力,经固化处理后的渗透系数一般要求不大于 $1 \times 10^{-6}$ cm/s。

b.化学评价指标　针对固化(稳定化)后土壤的不同再利用和处置方式,采用合适的浸出方法和评价标准。

3.技术应用基础和前期准备

土壤物理性质(机械组成、含水率等)、化学特性(有机质含量、pH 等)、污染特性(污染物种类、污染程度等)均会影响到异位固化(稳定)修复技术的适用性及其修复效果。应针对不同类型的污染物,特别是砷、铬等毒性和活性较大的污染物,选择不同的固化(稳定)剂;应基于土壤类型研究固化(稳定)剂的添加量与污染物浸出毒性的相互关系,确定不同污染物浓度时的最佳固化(稳定)剂添加量。

4.主要实施过程

根据场地污染空间分布信息进行测量放线之后开始土壤挖掘;挖掘出的土壤根据情况进行土壤预处理(水分调节、土壤杂质筛分、土壤破碎等);固化(稳定)剂添加;土壤与固化(稳定)剂混合搅拌、养护;固化/稳定体的监测与处置、验收。

5.运行维护和监测

(1)土壤挖掘安全　围栏封闭作业,设立警示标志,规避地下隐蔽设施。

(2)安全防护　工人应注意劳动防护。

(3)防止二次扩散　采取措施防止雨水进入土壤,防止降雨冲洗土壤携带污染物进入周边环境,防止刮风时尘土飞扬,造成二次扩散。

(4)长期监测　根据国外经验,对于固化(稳定化)后采用回填处理的土壤,需要在地下水的下游设置至少 1 口监测井,每季度监测一次,持续 2 年,确保没有泄漏。

6.修复周期及参考成本

污染土壤方量、修复工艺、土壤养护时间、施工设备、修复现场平面布局等均显著影响处理周期。一般而言,水泥基固化修复需要较长的养护时间,稳定化修复需要的养护时间较短。根据施工机械台班等设置情况,异位土壤固化(稳定化)修复的每天处理量 100 ~ 1 200m³。根据污染物不同类型及其污染程度需要添加不同剂量、不同种类的固化(稳定)剂;土壤污染深度、挖掘难易程度、短驳距离长短等都会影响修复成本。据美国 EPA 数据显示,对于小型场地(1 000 cy,约合 765 m³)处理成本为 160 ~ 245 美元/m³,对于大型场地(50 000 cy,约合 38 228 m³)处理成本为 90 ~ 190 美元/m³;国内一般为 500 ~ 1 500 元/m³。

7. 国外应用情况

固化(稳定化)是比较成熟的固体废物处置技术,20 世纪八九十年代,美国环境保护署率先将固化(稳定化)技术用于污染土壤的修复研究。据美国超级基金项目统计,1982～2008 年污染源处理项目中,有 203 项应用该技术,占污染源异位修复项目的 21.4%,是使用最多的污染源修复技术。2004 年,英国环保组织编写了《污染土壤稳定(固化)处理技术导则》。

8. 国内案例分析

(1)国内应用情况　我国的污染土壤固化(稳定化)研究起步于 21 世纪初。2010 年以来,该技术在工程上的应用快速增长,已成为重金属污染土壤修复的主要技术方法之一。据不完全统计,目前国内实施土壤固化(稳定化)修复的工程案例已超过 50 项。

(2)国内案例介绍

1)工程背景　某地块原为发电厂,将开发为文化创意街区。对场地进行网格化划分后进行土壤质量监测,确定污染单元后进行加密监测。由于该地块要求尽量削减修复时间,以缓解地块再开发面临的施工进度压力,同时该地块对现场遗留土壤质量的要求较高,综合考虑以上因素,确定采用污染土壤清挖、现场处理、异地处置的方式对地块进行修复,以《展览会用地土壤环境质量评价标准(暂行)》(HJ 350—2007)的 A 级标准做场地清理的判断标准。

2)工程规模　场地面积为 5 400 $m^2$,土壤污染深度为 1～4 m,需修复的总土方量约为 1.24 万 $m^3$。

3)主要污染物及污染程度　场地大部分地块土壤污染物为重金属铜、铅、锌,其中一个地块为多环芳烃。污染物的最大监测浓度为:铜 7 220 mg/kg、铅 4 150 mg/kg、锌 3 340mg/kg、苯并(a)蒽 4.6 mg/kg、苯并(b)荧蒽 5.78 mg/kg、苯并(a)芘 4.07 mg/kg。

4)土壤理化特征　土壤为黏性土,呈微碱性。Cu、Pb、Zn 在土壤中主要以二价阳离子形式存在,较易转化为氢氧化物或被吸附。

5)技术选择　该修复项目要求时间短、修复费用低,同时污染物以重金属和低浓度的多环芳烃为主,基于现场土壤开展了异位固化(稳定)修复技术可行性评价研究,该技术能满足制定的修复目标;从场地特征、资源需求、成本、环境、安全、健康、时间等方面进行详细评估,最终选定处理时间短、技术成熟操作灵活且对场地水文地质特性要求较为宽松的固化(稳定)化技术进行处理。

6）工艺流程和关键设备 修复工程技术路线和施工流程主要过程包括污染土壤挖掘、土壤含水量控制、粉状稳定剂布料添加、混匀搅拌处理、养护反应、外运资源化利用、现场验收监测等环节。采用挖掘机进行土壤挖掘，挖掘深度深于1 m时，土壤含水量较高，采用晾晒风干方式降低土壤含水量；使用筛分破碎铲斗进行土壤与粉状稳定剂的混匀搅拌，同时实现土壤的破碎。验收监测包括挖掘后基坑采样及污染物全量分析、稳定化处理后土壤采样及浸出毒性测试。关键设备主要有土壤挖掘设备、土壤短驳运输设备、土壤（稳定剂）混合搅拌设备等组成。

7）主要工艺及设备参数 基于现场污染土壤进行了大量实验室研究，确定了最佳稳定剂类型和添加量。稳定剂主要由粉煤灰、铁铝酸钙、高炉渣、硫酸钙以及碱性激活剂组成，另外，为了增强对重金属污染物的吸附作用添加了约30%的黏土矿物质。稳定剂的质量添加比例为16.5%。土壤（稳定剂）混合搅拌设备为筛分破碎铲斗，该设备能实现土壤与稳定剂的混匀，由于土壤水分含量较低，在混匀搅拌过程中可实现土壤的破碎。

8）成本分析 该项目包含建设施工投资、稳定剂费用、设备投资、运行管理费用，处理成本约480万元，其运行过程中的主要能耗为挖掘机及筛分破碎铲斗的油耗、普通照明、生活用水用电，约为60万元。

9）修复效果 经过挖掘后所采集土壤样品中污染物含量均低于制定的修复目标值。稳定处理后的土壤，参照《固体废物浸出毒性浸出方法硫酸硝酸法》（HJ/T 299—2007）提取浸出液，浸出液中污染物的浓度均低于制定的土壤浸出液污染物浓度目标值，满足修复要求并通过业主独立委托的某地环境监测中心验收监测。

### 五、污染土壤异位化学氧化（还原）技术

1. 技术适用性

（1）适用的介质 污染土壤。

（2）可处理的污染物类型 化学氧化可处理石油烃、BTEX（苯、甲苯、乙苯、二甲苯）、酚类、MTBE（甲基叔丁基醚）、含氯有机溶剂、多环芳烃、农药等大部分有机物；化学还原可处理重金属类（如 $Cr^{6+}$）和氯代有机物等。

（3）应用限制条件 异位化学氧化不适用于重金属污染的土壤修复，对于吸附性强、水溶性差的有机污染物应考虑必要的增溶、脱附方式；异位化学

还原不适用于石油烃污染物的处理。

2.技术介绍

(1)原理  向污染土壤添加氧化剂或还原剂,通过氧化或还原作用,使土壤中的污染物转化为无毒或相对毒性较小的物质。常见的氧化剂包括高锰酸盐、过氧化氢、芬顿试剂、过硫酸盐和臭氧。常见的还原剂包括连二亚硫酸钠、亚硫酸氢钠、硫酸亚铁、多硫化钙、$Fe^{2+}$、$Fe^0$ 等。

(2)系统构成和主要设备  修复系统包括土壤预处理系统、药剂混合系统和防渗系统等。其中:

1)预处理系统  对开挖出的污染土壤进行破碎、筛分或添加土壤改良剂等。该系统设备包括破碎筛分铲斗、挖掘机、推土机等。

2)药剂混合系统  将污染土壤与药剂进行充分混合搅拌,按照设备的搅拌混合方式,可分为两种类型:采用内搅拌设备,即设备带有搅拌混合腔体,污染土壤和药剂在设备内部混合均匀;采用外搅拌设备,即设备搅拌头外置,需要设置反应池或反应场,污染土壤和药剂在反应池或反应场内通过搅拌设备混合均匀。该系统设备包括行走式土壤改良机、浅层土壤搅拌机等。

3)防渗系统  为反应池或是具有抗渗能力的反应场,能够防止外渗,并且能够防止搅拌设备对其损坏,通常做法有两种,一种采用抗渗混凝土结构,一种是采用防渗膜结构加保护层。

(3)关键技术参数  影响异位化学氧化/还原技术修复效果的关键技术参数包括:污染物的性质、浓度、药剂投加比、土壤渗透性、土壤活性还原性物质总量或土壤氧化剂耗量(SoilOxidant Demand,SOD)、氧化还原电位、pH、含水率和其他土壤地质化学条件。

1)土壤活性还原性物质总量  氧化反应中,向污染土壤中投加氧化药剂,除考虑土壤中还原性污染物浓度外,还应兼顾土壤活性还原性物质总量的本底值,将能消耗氧化药剂的所有还原性物质量加和后计算氧化药剂投加量。

2)药剂投加比  根据修复药剂与目标污染物反应的化学反应方程式计算理论药剂投加比,并根据实验结果予以校正。

3)氧化还原电位  对于异位化学还原修复,氧化还原电位一般在 $-100 \text{ mV}$ 以下,并可通过补充投加药剂、改变土壤含水率、改变土壤与空气接触面积等方式进行调节。

4)pH  根据土壤初始 pH 条件和药剂特性,有针对性的调节土壤 pH,一般 pH 范围 4.0~9.0。常用的调节方法如加入硫酸亚铁、硫黄粉、熟石灰、草木灰及缓冲盐类等。

5)含水率　对于异位化学氧化(还原)反应,土壤含水率宜控制在土壤饱和持水能力的90%以上。

**3.技术应用基础和前期准备**

对选择的修复技术进行小试实验测试,判断修复效果是否能达到修复目标要求,并探索药剂投加比、反应时间、氧化还原电位变化、pH 变化、含水率控制等,作为技术应用可行性判断的依据。小试实验参数指导中试扩大化试验,根据试验现象确定大规模实施的可行性,并记录工程参数,指导工程实施。

**4.主要实施过程**

污染土壤清挖;将污染土壤破碎、筛分,筛除建筑垃圾及其他杂物;药剂喷洒;通过多次搅拌将修复药剂与污染土壤充分混合,使修复药剂与目标污染物充分接触;监测、调节污染土壤反应条件,直至自检结果显示目标污染物浓度满足修复目标要求;通过验收的修复土壤按设计要求合理处置。

**5.运行维护和监测**

异位化学氧化(还原)反应进行过程中,应监测污染物浓度变化,判断反应效果。通过监测残余药剂含量、中间产物、氧化还原电位、pH 及含水率等参数,根据数据变化规律判断反应条件并及时加以调节,保证反应效果,直至修复完成。

异位化学氧化(还原)技术所需要的工程维护工作较少,如采用碱激活过硫酸盐氧化时需要监测并维持一定的 pH,采用厌氧生物化学还原技术时要注意维持一定的含水率以保证系统的厌氧状态。使用氧化剂时要根据氧化剂的性质,按照规定进行存储和使用,避免出现危险。

**6.修复周期及参考成本**

异位化学氧化(还原)技术的处理周期与污染物初始浓度、修复药剂与目标污染物反应机制有关。化学氧化(还原)修复的周期较短,一般可以在数周到数月内完成。处理成本,在国外为 200~660 美元/$m^3$;在国内,一般为500~1 500 元/$m^3$。

**7.国外应用情况**

异位氧化(还原)处理技术反应周期短、修复效果可靠,在国外已经形成了较完善的技术体系,应用广泛。

表7-4　异位化学氧化/还原技术应用案例

| 序号 | 场地名称 | 修复药剂 | 目标污染物 | 规模 |
|---|---|---|---|---|
| 1 | 美国明尼苏达木材制造厂 | 芬顿试剂和活化过硫酸盐 | 五氯苯酚 | 656t |
| 2 | 韩国光州某军事基地燃料存储区 | 过氧化氢 | 石油烃 | 930m³ |
| 3 | 美国马里兰州某赛车场地 | 某K药剂 | 苯系物、甲基萘 | 662m³ |
| 4 | 加拿大亚伯达某废弃管道 | 过氧化氢 | 苯系物 | 8 800 m³ |
| 5 | 美国亚拉巴马州某场地 | 某D药剂（强还原性铁矿物质＋缓释碳源） | 毒杀芬、滴滴涕、DDD和DDE | 4 500t |
| 6 | 美国犹他州图埃勒县军方油库 | 某D药剂（强还原性铁矿物质＋缓释碳源） | 三硝基甲苯、环三亚甲基三硝胺 | 7 645 m³ |

8. 国内典型案例(一)

　　某企业始建于1958年,是特殊钢生产基地,场地南侧为焦化厂,场地污染区块主要靠近焦化厂附近,主要污染物为多环芳烃类。其中苯并(a)芘、萘、二苯并(a,h)蒽的修复目标值为1.56mg/kg、2.93mg/kg、1.56mg/kg。施工工期100天。

　　采用原地异位化学氧化搅拌工艺处理(图7-5),处理土方量为3 500m³。场地土壤检出率较高的污染物为苯并(a)芘、萘、二苯并(a,h)蒽、苯并(a)蒽、苯并(b)荧蒽、茚并(1,2,3-cd)芘。其中苯并(a)芘最高检出含量为23.1mg/kg,萘的最高检出浓度为23.2mg/kg,其他污染物浓度在10~20mg/kg。本场地污染深度为0~2m。本场地表面1m左右为素填土,-7.2~-1.0m均为粉质黏土。场地内地下水为潜水,初见水位约为-1.5m,稳定水位在-1.8m~-1.0m,地下水受大气降水入渗补给明显。

　　选用原地异位化学氧化搅拌工艺,可实现药剂与污染物的充分混合及反应。药剂采用某K药剂(主要成分为过硫酸盐及专利活化剂)。

　　主要工序为:定位放线→土方清挖→筛分预处理→土壤倒运至反应池→药剂投加→机械搅拌7~8天(pH监测)→倒运至待检区反应(氧化剂残留)→

验收合格→土壤干化→土壤回填→工程竣工。

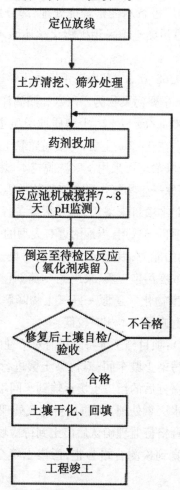

**图7-5 污染土壤化学氧化处理工艺流程**

　　主要使用挖掘机设备,用于土壤挖掘筛分、药剂添加、土壤搅拌、土壤干化处理等。监测仪器有氧化剂残留测试套件、pH计等。

　　原地异位反应池化学氧化搅拌费用主要包括反应池建设费用、药剂费用、机械设备费用、过程监测费用、检测费用等,其中药剂费用占总修复费用的40%~50%。综合分析,项目修复费用为1 100元/m³。

　　9. 国内典型案例(二)

　　项目场地原为农药厂,20世纪60年代开始生产有机氯农药六六六和滴滴涕,后来也生产其他农药。农药厂关闭后经过场地污染调查与健康风险评价,六六六和滴滴涕修复目标值分别是 2.1mg/kg 和 37.8mg/kg。该场地大部分污染土壤外运到水泥厂进行水泥窑焚烧处理,部分低浓度(六六六和滴滴涕浓度均低于 50mg/kg)污染土壤采用生物化学还原 + 好氧生物降解联合修复技术。施工工期 2 年。

该场地工程规模 29.68 万 m³,其中采用生物化学还原 + 好氧生物降解联合修复的土壤 8 万 m³。主要污染物为六六六和滴滴涕污染,两者最高浓度分别达 4 000mg/kg、20 000mg/kg 以上。土壤质地类型主要为建筑杂填土和粉质黏土,建筑杂填土集中在 0 ~ 2m 土层,污染粉质黏土最深达 9m。

有机氯农药污染土壤治理可采用土壤洗脱技术、热脱附修复技术、水泥窑协同处置技术和化学还原—生物氧化联合修复技术等。由于洗脱技术对土壤的质地有一定要求,因此本项目未采用;热脱附设备投入较大,高含水率情况下运行费用高,因此本项目未选用;当地附近有大型的水泥厂,且经过了改造,具备协同处理危险废物的能力,因此对于高浓度污染土壤采用水泥窑焚烧处理的方式;对于部分低浓度污染土壤,采用某 D 药剂(主要成分为强还原性铁矿物质和缓释碳源)的生物化学还原 + 好氧生物降解联合修复技术,该技术对环境友好、无毒、节能,修复成本相对较低。

工艺流程(图 7 - 6):项目施工准备阶段时对治理的污染土壤范围进行测量放线,建设药剂修复污染土壤车间;对污染土壤进行开挖与破碎筛分,去除大块建筑垃圾等杂物;筛分后的污染土壤运输到车间堆置;车间内污染土壤添加药剂与旋耕搅拌、加水厌氧处理 5d,再旋耕好氧处理 3d,如此循环处理 3 个周期;自验收采样检测合格待监理确认后出土到待检场堆放,如果检测不合格则继续加药周期处理,直到检测合格为止;污染土壤全部处理后进行竣工验收。

建设修复车间,污染土壤在车间堆高 60cm,以利于旋耕搅拌与加水厌氧;根据试验,药剂每周期添加 1%;添加药剂后要加水至土壤饱和,保证厌氧 5d;厌氧后需好氧反应 3d,每天要旋耕搅拌 2 个来回;处理 3 个周期后采样自检,自检合格后土壤到待检场堆放。主要设备有液压驱动筛分斗、旋耕机。

生物化学还原 + 生物氧化联合修复技术涉及的成本主要包括修复车间建设费、土方工程费、药剂费、人工机械费、旋耕费用和采样检测费用等,污染土壤的处理成本为 700 元/m³。

修复 3 个周期后有机氯农药浓度降低到修复目标值以下,少数污染浓度稍高的土壤药剂处理 5 个周期后达标。

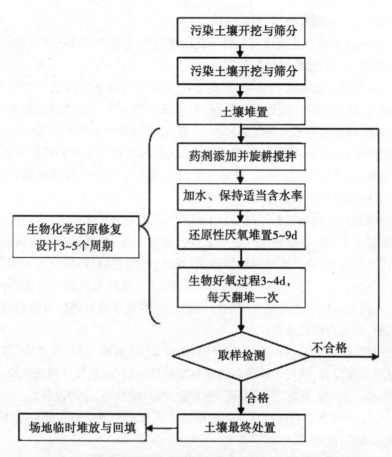

图7-6 生物化学还原+好氧生物降解联合修复工艺流程

### 六、污染场地修复异位热脱附技术

1. 技术适用性

(1)适用的介质 污染土壤。

(2)可处理的污染物类型 挥发及半挥发性有机污染物(如石油烃、农药、多环芳烃、多氯联苯)和汞。

(3)应用限制条件 不适用于无机物污染土壤(汞除外),也不适用于腐蚀性有机物、活性氧化剂和还原剂含量较高的土壤。

2. 技术介绍

(1)原理 通过直接或间接加热,将污染土壤加热至目标污染物的沸点以上,通过控制系统温度和物料停留时间有选择地促使污染物气化挥发,使目标污染物与土壤颗粒分离,然后去除。

(2)系统构成和主要设备　异位热脱附系统可分为直接热脱附和间接热脱附,也可分为高温热脱附和低温热脱附。

1)直接热脱附由进料系统、脱附系统和尾气处理系统组成　进料系统:通过筛分、脱水、破碎、磁选等预处理,将污染土壤从车间运送到脱附系统中。脱附系统:污染土壤进入热转窑后,与热转窑燃烧器产生的火焰直接接触,被均匀加热至目标污染物气化的温度以上,达到污染物与土壤分离的目的。尾气处理系统:富集气化污染物的尾气通过旋风除尘、焚烧、冷却降温、布袋除尘、碱液淋洗等环节去除尾气中的污染物。

2)间接热脱附由进料系统、脱附系统和尾气处理系统组成　与直接热脱附的区别在于脱附系统和尾气处理系统。脱附系统:燃烧器产生的火焰均匀加热转窑外部,污染土壤被间接加热至污染物的沸点后,污染物与土壤分离,废气经燃烧直排。尾气处理系统:富集气化污染物的尾气通过过滤器、冷凝器、超滤设备等环节去除尾气中的污染物。气体通过冷凝器后可进行油水分离,浓缩,回收有机污染物。

进料系统设备:如筛分机、破碎机、振动筛、链板输送机、传送带、除铁器等;脱附系统设备:回转干燥设备或是热螺旋推进设备;尾气处理系统设备:旋风除尘器、二燃室、冷却塔、冷凝器、布袋除尘器、淋洗塔、超滤设备等。

(3)关键技术参数或指标　热脱附技术关键参数或指标主要包括土壤特性和污染物特性两类。

1)土壤特性

a.土壤质地　土壤质地一般划分为沙土、壤土、黏土。沙土土质疏松,对液体物质的吸附力及保水能力弱,受热易均匀,故易热脱附;黏土颗粒细,性质正好相反,不易热脱附。

b.水分含量　水分受热挥发会消耗大量的热量。土壤含水率在5% ~ 35%,所需热量在491.4 ~ 1 201.2 KJ。为保证热脱附的效能,进料土壤的含水率宜低于25%。

c.土壤粒径分布　如果超过50%的土壤粒径小于200目,细颗粒土壤可能会随气流排出,导致气体处理系统超载。最大土壤粒径不应超过5 cm。

2)污染物特性

a.污染物浓度　有机污染物浓度高会增加土壤热值,可能会导致高温损害热脱附设备,甚至发生燃烧爆炸,故排气中有机物浓度要低于爆炸下限

25%。有机物含量高于1%~3%的土壤不适用于直接热脱附系统,可采用间接热脱附处理。

b. 沸点范围    一般情况下,直接热脱附处理土壤的温度范围为150~650℃,间接热脱附处理土壤温度为120~530℃。

c. 二噁英的形成    多氯联苯及其他含氯化合物在受到低温热破坏时或者高温热破坏后低温过程易生产二噁英。故在废气燃烧破坏时还需要特别的急冷装置,使高温气体的温度迅速降低至200℃,防止二噁英的生成。

3. 技术应用基础和前期准备

异位热脱附技术应用前,需要识别土壤污染物的类型及其浓度,了解土壤质地、粒径分布和湿度等参数,同时还需要确定场地信息、处理土壤体积、项目周期和处理目标等。此外,还需要考虑是否有足够的空间进行土壤预处理,公用设施(燃料、水、电)是否满足要求,以及管理部门和当地群众对热脱附技术的接受程度等。

4. 主要实施过程

(1)土壤挖掘    对地下水位较高的场地,挖掘时需要降水使土壤湿度符合处理要求。

(2)土壤预处理    对挖掘后的土壤进行适当的预处理,例如筛分、调节土壤含水率、磁选等。

(3)土壤热脱附处理    根据目标污染物的特性,调节合适的运行参数(脱附温度、停留时间等),使污染物与土壤分离。

另外,收集脱附过程产生的气体,通过尾气处理系统对气体进行处理后达标排放。

5. 运行维护和监测

根据热脱附装置的工艺流程和设备的运行状况和特点,制定完善的设备维护和保养制度,并编制相应的维修和保养手册,确保装置的稳定和安全运行。系统中热脱附的炉体、燃烧腔体、烟气管道、急冷和中和装置、布袋除尘器及引风机等主要设备应作为维护的重点部位。设备系统应建立大修制度,大修周期应按系统设备的实际运行时间确定,一般大修周期不应超过1年。

热脱附装置自动化程度高,一般采用PLC系统(程序逻辑控制系统)对污染土壤进出料和热脱附过程等进行控制,对如进料速率、供油速度、加热温度、氧气含量、CO浓度、$CO_2$浓度及停留时间等重要参数进行监控。

6.修复周期及参考成本

异位热脱附技术的处理周期可能为几周到几年,实际周期取决于以下因素:污染土壤的体积,污染土壤及污染物性质,设备的处理能力。一般单台处理设备的能力在 3 ~ 200 t/h,直接热脱附设备的处理能力较大,一般20 ~ 160 t/h;间接热脱附的处理能力相对较小,一般 3 ~ 20 t/h。

影响异位热脱附技术处置费用的因素有:处置规模、进料含水率、燃料类型、土壤性质、污染物浓度等。国外对于中小型场地(2 万 t 以下,约合 26 800 $m^3$)处理成本为 100 ~ 300 美元/$m^3$,对于大型场地(大于 2 万 t,约合 26 800 $m^3$)处理成本为 50 美元/$m^3$。根据国内生产运行统计数据,污染土壤热脱附处置费用为 600 ~ 2 000 元/t。

7.国外应用情况

热脱附技术在国外始于 20 世纪 70 年代,广泛应用于工程实践,技术较为成熟。在 1982 ~ 2004 年,约有 70 个美国超级基金项目采用异位热脱附作为主要的修复技术。部分国外应用案例信息见表 7-5。

表7-5  异位热脱附技术应用案例

| 序号 | 场地名称 | 目标污染物 | 规模 |
|---|---|---|---|
| 1 | 工业乳胶超级基金场地美国新泽西州 | 有机氯农药、PCBs、PAHs | 41 045 $m^3$ |
| 2 | FCX 华盛顿超级基金场地 | 农药、氯丹、DDT、DDE | 10 391$m^3$ |
| 3 | 海军航空站塞西基地美国福罗里达州 | 石油烃和氯代溶剂 | 11 768t |
| 4 | 美国某杂酚油生产厂路易斯安那州 | 多环芳烃类污染物 | 129 000 $m^3$ |
| 5 | 美国西部某农药厂 | 汞 | 26 000 t |

8.国内应用分析

(1)国内应用情况  我国对异位热脱附技术的应用处于起步阶段,已有少量应用案例。

(2)国内案例介绍

1)工程背景  某两个退役化工厂曾大规模生产农药、氯碱、精细化工、高分子材料等近百个品种。经场地调查与风险评估发现,两个厂区内土壤及厂区毗邻河道底泥均受到以 VOCs 和 SVOCs 为主的复合有机污染,开发前需要进行修复。

2)工程规模  12 万 $m^3$。

3)主要污染物及污染程度  主要污染物为卤代 VOCs、BTEX、有机磷农药、多环芳烃等。其中,二甲苯最高浓度为 2 344 mg/kg,修复目标值为 6.99 mg/kg;毒死蜱最高浓度 29 600mg/kg,修复目标值为 46 mg/kg。

4)土壤理化特征　现场调查结果显示,污染土壤主要为粉土、淤泥质粉质黏土和粉沙,含水率 25% ~35% 。

5)技术选择　综合以上污染物特性、污染物浓度、土壤特征以及项目开发建设需求,异位热脱附技术对污染物的去除效率可达 99.99% ,适合处理本项目中 VOCs、SVOCs 的复合污染土壤。

6)工艺流程和关键设备　其工艺流程如图 7 – 6 所示。

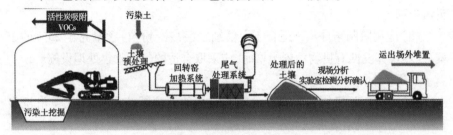

**图 7 – 6　热脱附技术工艺流程**

7)主要工艺及设备参数

a. 污染土壤进料阶段　将污染土壤转运至储存车间内的预处理区域,粒径小于 50mm 的土块直接被送入回转窑,超规格的土块经过破碎后再次返回振荡筛进行筛分。

b. 回转窑加热阶段　将污染土壤均匀加热到设定的温度(300 ~500℃),并按照设定速率向窑尾输送,在此期间土壤中的污染物充分气化挥发。

c. 尾气处理阶段　尾气处理系统包括二燃室、急冷塔、布袋除尘器和酸性气体洗涤塔等。烟囱上装有烟气实时在线监测装置,经过处理后的尾气达标排放。

**表 7 – 6　异位热脱附技术主要设备参数**

| 指标 | 说明 | 指标 | 说明 |
| --- | --- | --- | --- |
| 平均处理能力 | 30t/h | 占地面积 | 1 900 m² |
| 回转窑工作温度 | 300 ~500℃ | 氧化焚烧室工作温度 | 1 200 ℃ |
| 氧化燃烧室气体停留时间 | >2s | 氧化焚烧室污染物去除率 | 99.99 999% |

8)成本分析

本项目实际工程中热脱附部分费用包括:人工费、挖运费、设备折旧、设备运输和安装(拆除)费、燃料费、动力费、检修及维护费等,约为 1 000 元/m³。

9)修复效果  已处理污染土壤 10 000 t,处理后污染土壤浓度达到修复目标。

## 七、污染场地修复异位土壤洗脱技术

**1. 技术适用性**

(1)适用的介质  污染土壤。

(2)可处理的污染物类型  重金属及半挥发性有机污染物、难挥发性有机污染物。

(3)应用限制条件  不适合于土壤细粒(黏粒、粉粒)含量高于 25% 的土壤;处理含挥发性有机物污染土壤时,应采取合适的气体收集处理设施。

**2. 技术介绍**

(1)原理  污染物主要集中分布于较小的土壤颗粒上,异位土壤淋洗是采用物理分离或增效淋洗等手段,通过添加水或合适的增效剂,分离重污染土壤组分或使污染物从土壤相转移到液相的技术。经过淋洗处理,可以有效地减少污染土壤的处理量,实现减量化。

(2)系统构成和主要设备  异位土壤淋洗处理系统一般包括土壤预处理单元、物理分离单元、淋洗单元、废水处理及回用单元及挥发气体控制单元等。具体场地修复中可选择单独使用物理分离单元或联合使用物理分离单元和增效淋洗单元。

主要设备包括土壤预处理设备(如破碎机、筛分机等)、输送设备(皮带机或螺旋输送机)、物理筛分设备(湿法振动筛、滚筒筛、水力旋流器等)、增效淋洗设备(洗脱搅拌罐、滚筒清洗机、水平振荡器、加药配药设备等)、泥水分离及脱水设备(沉淀池、浓缩池、脱水筛、压滤机、离心分离机等)、废水处理系统(废水收集箱、沉淀池、物化处理系统等)、泥浆输送系统(泥浆泵、管道等)、自动控制系统。

(3)关键技术参数或指标  影响土壤淋洗修复效果的关键技术参数包括:土壤细粒含量、污染物的性质和浓度、水土比、淋洗时间、淋洗次数、增效剂的选择、增效淋洗废水的处理及药剂回用等。

1)土壤细粒含量  土壤细粒的百分含量是决定土壤淋洗修复效果和成本的关键因素。细粒一般是指粒径小于 75μm 的粉粒、黏粒。通常异位土壤淋洗处理对于细粒含量达到 25% 以上的土壤不具有成本优势。

2）污染物性质和浓度　污染物的水溶性和迁移性直接影响土壤淋洗特别是增效淋洗修复的效果。污染物浓度也是影响修复效果和成本的重要因素。

3）水土比　采用旋流器分级时，一般控制给料的土壤浓度在 10% 左右；机械筛分根据土壤机械组成情况及筛分效率选择合适的水土比，一般为 5:1 到 10:1。增效淋洗单元的水土比根据可行性实验和中试的结果来设置，一般水土比为 (3 ~ 20):1。

4）淋洗时间　物理分离的物料停留时间根据分级效果及处理设备的容量来确定；一般时间为 20 min 到 2 h，延长淋洗时间有利于污染物去除，但同时也增加了处理成本，因此应根据可行性实验、中试结果以及现场运行情况选择合适的淋洗时间。

5）淋洗次数　当一次分级或增效淋洗不能达到既定土壤修复目标时，可采用多级连续淋洗或循环淋洗。

6）增效剂类型　一般有机污染选择的增效剂为表面活性剂，重金属增效剂可为无机酸、有机酸、络合剂等。增效剂的种类和剂量根据可行性实验和中试结果确定。对于有机物和重金属复合污染，一般可考虑两类增效剂的复配。

7）增效淋洗废水的处理及增效剂的回用　对于土壤重金属淋洗废水，一般采用铁盐 + 碱沉淀的方法去除水中重金属，加酸回调后可回用增效剂；有机物污染土壤的表面活性剂淋洗废水可采用溶剂增效等方法去除污染物并实现增效剂回用。

3. 技术应用基础和前期准备

技术应用前期需要了解：土壤粒径组成，土壤类型、物理状态和湿度，污染物类型和浓度，土壤有机质含量，土壤阳离子交换量，土壤 pH 及缓冲容量，场地修复目标。

前期应开展技术可行性实验，评估异位土壤淋洗技术是否适合于特定场地的修复；初步证实技术可行后，可根据需要进行中试试验，为修复工程设计提供基础参数。

4. 主要实施过程

污染土壤挖掘及预处理，包括筛分和破碎等，剔除超尺寸（如大于 100 mm）的大块杂物并进行清洗；预处理后的土壤进入物理分离单元，采用湿法筛分或水力分选，分离出粗颗粒和沙粒，经脱水筛脱水后得到清洁物料；分级后的细粒直接进入或进行增效淋洗后进入污泥脱水系统，泥饼根据污染性质选择最终处理处置技术；淋洗系统的废水经物化或生物处理去除污染物后，可回用或达标排放；若土壤含有挥发性重金属或有机污染物，应对预处理及土壤淋洗单元设置废气收集装置，并对收集的废气进行处理；定期采集处理后粗颗粒、沙粒及细粒土壤样品以及处理前后淋洗废水样品进行分析，掌握污染物的去除效果。

5. 修复周期及参考成本

处理周期一般为 3~12 个月。异位土壤淋洗修复的周期和成本因土壤类型、污染物类型、修复目标不同而有较大差异，与工程规模以及设备处理能力等因素也相关，一般需通过试验确定。据不完全统计，在美国应用的成本为 53~420 美元/m³，欧洲的应用成本 15~456 欧元/m³，平均为 116 欧元/m³。国内的工程应用成本为 600~3 000 元/m³。

6. 运行维护和监测

异位土壤淋洗系统的运行可通过自动控制系统控制，操作简单、效果稳定。需定期对各单元设备进行维护和检修以保证系统正常运行。实时观测运行过程中设备负荷、运行功率、运行状态等，检查设备是否有漏液、漏料、堵料等异常状况。

运行过程中应根据实际工程处理进度定期采集处理前后各土壤组分样品、水样进行分析监测，如土壤涉及挥发性有机物污染还需定期检测气体收集单元和气体处理单元尾气。

7. 国外应用情况

污染土壤异位淋洗修复技术在加拿大、美国、欧洲及日本等已有较多的应用案例，目前已应用于石油烃类、农药类、POPs 类、重金属等多种污染场地。

8. 国内典型案例

项目位于某有机氯农药厂内，该农药企业有 40 多年的生产历史，于 2000 年关闭，后该地块规划为城市建设用地。

工程规模 1 000m³。主要污染物为六六六和滴滴涕；经检测分析杂填层六六六初始浓度为 4.52~46.4mg/kg，滴滴涕初始浓度为 9.81~33.2mg/kg。六六六和滴滴涕属于有机氯农药，疏水性强，溶解度低，在环境中持久存在，难于通过生物和化学方式降解。项目处理土壤主要为杂填层，其碎石、石砾等粗粒（2~10mm）含量在 58% 左右，沙粒（0.3~2mm）含量接近 25%，细粒（小于0.3mm）在 17% 左右。选择异位土壤洗脱技术对场地杂填土进行处理。

工艺流程：

第一，采用挖掘机将土壤从污染区域转运至原土堆放区。

第二，采用挖掘破碎机对原土进行初级破碎后，转运至进料土堆放区，进行二次粉碎筛分后，装载至进料仓中。

第三，通过输送带输入至湿法振动筛分设备，对污染土进行分级，将物料按粒径分为大于10mm的粗料，2~10mm的沙砾以及小于2mm的细粒。

第四，通过皮带输送带，使粗料进入滚筒洗石机，在滚筒洗石机内通过水流的冲刷、物料与滚筒内壁、物料之间的摩擦作用，粗料表面的黏土经过滤孔进入集水箱，排放至细粒暂存池内，而清洗干净的粗料则输送到粗料堆放区。

第五，通过皮带输送带将沙砾进入螺旋洗砂机，通过冲刷和摩擦作用，表面黏粒通过后端溢流口进入黏粒暂存池，清洗干净的沙砾则通过螺旋推送及皮带传输到沙砾堆放区。

第六，振动筛分后的细粒泥浆通过滑槽进入到泥浆暂存池。

第七，暂存池中泥浆通过管道输入高频振动筛，对泥浆进行二次筛分处理，进一步将细粒进行减量化，大于0.3mm的细沙进入螺旋洗砂机处理，小于0.3mm的黏粒泥浆通过管道输送到增效淋洗装置。

第八，通过加药系统向淋洗装置中加入增效剂后，开启搅拌装置进行增效淋洗处理。

第九，停止搅拌，静置2h或更长时间，黏粒和淋洗液自然分层后，上清液通过分层排放管道进入淋洗液存放箱进行循环使用；下部黏粒则通过淋洗罐底部管道输送到泥水分离系统。

第十，黏粒与絮凝剂分别经过管道输送，并在混合器内充分混合后，输送到泥水分离单元，分离后的黏粒进入黏粒收集箱，淋洗废水进入废水收集箱。

第十一，废水经过多级物化处理后，去除有毒有害物质，最后进入回用水箱。增效剂大部分留在溶液中，可以回用到增效淋洗系统。

增效淋洗土壤修复系统总体处理能力：50 t/d。筛分系统设计处理能力10 t/h。增效淋洗装置单体容积12m³。增效淋洗液固比为(3~4)∶1，淋洗时间2h，增效剂为非离子表面活性剂。

系统设备运行成本约300元/m³，运行过程中能耗为系统设备的电耗，约为36 kWh/m³；主要物耗为增效剂表面活性剂和废水处理药剂、絮凝剂等，成本约240元/m³。

经过水洗和增效淋洗处理后，总体上物料的六六六去除率为88.5%，滴滴涕去除率为 85.8%,达到了去除率 85% 以上修复目标要求,通过了工程项目验收。

## 八、污染场地水泥窑协同处置技术

1. 技术适用性

(1)适用的介质　污染土壤。

(2)可处理的污染物类型　有机污染物及重金属。

(3)应用限制条件　不宜用于 Hg、A、Pb 等重金属污染较重的土壤;由于水泥生产对进料中氯、硫等元素的含量有限值要求,在使用该技术时需慎重确定污染土的添加量。

2. 技术介绍

(1)原理　利用水泥回转窑内的高温、气体长时间停留、热容量大、热稳定性好、碱性环境、无废渣排放等特点,在生产水泥熟料的同时,焚烧固化处理污染土壤。有机物污染土壤从窑尾烟气室进入水泥回转窑,窑内气相温度最高可达 1 800℃,物料温度约为 1 450℃,在水泥窑的高温条件下,污染土壤中的有机污染物转化为无机化合物,高温气流与高细度、高浓度、高吸附性、高均匀性分布的碱性物料(CaO 等)充分接触,有效地抑制酸性物质的排放,使得硫和氯等转化成无机盐类固定下来;重金属污染土壤从生料配料系统进入水泥窑,使重金属固定在水泥熟料中。

(2)系统构成和主要设备　水泥窑协同处置的土壤修复技术包括污染土壤贮存、预处理、投加、焚烧和尾气处理等过程。在原有的水泥生产线基础上,需要对投料口进行改造,还需要必要的投料装置、预处理设施、符合要求的储存设施和实验室分析能力。

水泥窑协同处置主要由土壤预处理系统、上料系统、水泥回转窑及配套系统、监测系统组成。

土壤预处理系统在密闭环境内进行,主要包括密闭贮存设施(如充气大棚)、筛分设施(筛分机)、尾气处理系统(如活性炭吸附系统等),预处理系统产生的尾气经过尾气处理系统后达标排放。

上料系统主要包括存料斗、板式喂料机、皮带计量秤、提升机,整个上料过程处于密闭环境中,避免上料过程中污染物和粉尘散发到空气中,造成二次污染。

水泥回转窑及配套系统主要包括预热器、回转式水泥窑、窑尾高温风机、三次风管、回转窑燃烧器、篦式冷却机、窑头袋收尘器、螺旋输送机、槽式输送机。监测系统主要包括氧气、粉尘、氮氧化物、二氧化碳、水分、温度在线监测以及水泥窑尾气和水泥熟料的定期监测,保证污染土壤处理的效果和生产安全。

(3)关键技术参数或指标 影响水泥窑协同处置效果的关键技术参数包括:水泥回转窑系统配置、污染土壤中碱性物质含量、重金属污染物的初始浓度、氯元素和氟元素含量、硫元素含量、污染土壤添加量。

1)水泥回转窑系统配置 采用配备完善的烟气处理系统和烟气在线监测设备的新型干法回转窑,单线设计熟料生产规模不宜小于 2 000t/d。

2)污染土壤中碱性物质含量 污染土壤提供了硅质原料,但由于污染土壤中 $K_2O$、$Na_2O$ 含量高,会使水泥生产过程中中间产品及最终产品的碱当量高,影响水泥品质。因此,在开始水泥窑协同处置前,应根据污染土壤中的 $K_2O$、$Na_2O$ 含量确定污染土壤的添加量。

3)重金属污染物初始浓度 入窑配料中重金属污染物的浓度应满足《水泥窑协同处置固体废物环境保护技术规范》(HJ 622)的要求。

4)污染土壤中的氯元素和氟元素含量 应根据水泥回转窑工艺特点,控制随物料入窑的氯和氟投加量,以保证水泥回转窑的正常生产和产品质量符合国家标准,入窑物料中氟元素含量不应大于 0.5%,氯元素含量不应大于 0.04%。

5)污染土壤中硫元素含量 水泥窑协同处置过程中,应控制污染土壤中的硫元素含量,配料后的物料中硫化物硫与有机硫总含量不应大于 0.014%。从窑头、窑尾高温区投加的全硫与配料系统投加的硫酸盐硫总投加量不应大于 3 000 mg/kg。

6)污染土壤添加量 应根据污染土壤中的碱性物质含量,重金属含量,F、Cl、S 元素含量及污染土壤的含水率,综合确定污染土壤的投加量。

3. 技术应用基础和前期准备

在利用水泥窑协同处置污染土壤前,应对污染土壤及土壤中污染物质进行分析,以确定污染土壤的投加点及投加量。污染土壤分析指标包括污染土壤的含水率、烧失量、成分等,污染物质分析指标包括:污染物质成分,Cl、F、S 浓度,重金属以及 Cl、F、S 元素含量等。

4. 主要实施过程

将挖掘后的污染土壤在密闭环境下进行预处理(去除掉砖头、水泥块等影响工业窑炉工况的大颗粒物质);对污染土壤进行检测,确定污染土壤的成分及污染物含量,计算污染土壤的添加量;污染土壤用专门的运输车转运到喂料斗,为避免卸料时扬尘造成的二次污染,卸料区应密封;计量后的污染土壤经提升机由管道进入喂料点,送入窑尾烟室高温段处置;定期监测水泥回转窑烟气排放口污染物浓度及水泥熟料中污染物含量。

**5.运行维护和监测**

因水泥窑协同处置是在水泥生产过程中进行的,协同处置不能影响水泥厂正常生产、不能影响水泥产品质量、不能对生产设备造成损坏。因此,水泥窑协同处置污染土壤过程中,除了需按照新型干法回转窑的正常运行维护要求进行运行维护外,为了掌握污染土壤的处置效果及对水泥品质的影响,还需定期对水泥回转窑排放的尾气和水泥熟料中特征污染物进行监测,并根据监测结果采取应对措施。

**6.修复周期及参考成本**

水泥窑协同处置技术的处理周期与水泥生产线的生产能力及污染土壤投加量相关,而污染土壤投加量又与土壤中污染物特性、污染程度、土壤特性等有关,一般通过计算确定污染土壤的添加量和处理周期,添加量一般低于水泥熟料量的4%。水泥窑协同处置污染土壤在国内的工程应用成本为800～1 000元/m³。

**7.国外应用情况**

水泥窑是发达国家焚烧处理工业危险废物的重要设施,已得到了广泛应用,即使难降解的有机废物(包括POPs)在水泥窑内的焚毁去除率率也可达到99.99%到99.9 999%。从技术上水泥窑协同处置完全可以用于污染土壤的处理,但由于国外其他污染土壤修复技术发展较成熟,综合社会、环境、经济等多方面考虑,在国外水泥窑协同处置技术在污染土壤处理方面应用相对较少。

## 九、场地污染修复原位固化(稳定化)技术

**1.技术适用性**

(1)适用的介质　污染土壤。

(2)可处理的污染物类型　金属类、石棉、放射性物质、腐蚀性无机物、氰化物以及砷化合物等无机物,农药(除草剂)、石油或多环芳烃类、多氯联苯类以及二噁英等有机化合物。

(3)应用限制条件　该技术不宜用于挥发性有机物化合物,不适用于污

染物总量为验收目标的项目。

2.技术介绍

（1）原理　通过一定的机械力在原位向污染介质中添加固化剂（稳定剂），在充分混合的基础上，使其与污染介质、污染物发生物理、化学作用，将污染介质固封在结构完整的具有低渗透系数固态材料中，或将污染物转化成化学性质不活泼形态，降低污染物在环境中迁移和扩散。

（2）系统构成和主要设备　主要由挖掘、翻耕或螺旋钻等机械深翻松动装置系统、试剂调配及输料系统、气体收集系统、工程现场取样监测系统以及长期稳定性监测系统组成。

主要设备包括机械深翻搅动装置系统（如挖掘机、翻耕机、螺旋中空钻等）、试剂调配及输料系统（输料管路、试剂储存罐、流量计、混配装置、水泵、压力表等）、气体收集系统（气体收集罩、气体回收处理装置）、工程现场取样监测系统（驱动器、取样钻头、固定装置）、长期稳定性监测系统（气体监测探头、水分、温度、地下水在线监测系统等）。

（3）关键技术参数或指标　主要包括：污染介质组成及其浓度特征、污染物组成、污染物位置分布、固化剂（稳定剂）组成与用量、场地地质特征、无侧限抗压强度、渗透系数以及污染物浸出特性。

1）污染介质组成及其浓度特征　污染介质中可溶性盐类会延长固化剂（稳定剂）的凝固时间并大大降低其物理强度，水分含量决定添加剂中水的添加比例，有机污染物会影响固化体中晶体结构的形成，往往需要添加有机改性黏结剂来屏蔽相关影响，修复后固体的水力渗透系数会影响到地下水的侵蚀效果。

2）污染物组成　对无机污染物，添加固化剂（稳定剂）即可实现非常好的固化（稳定化）效果；对无机物和有机物共存时，尤其是存在挥发性有机物（如多环芳烃类），则需添加除固化剂以外的添加剂以稳定有机污染物。

3）污染物位置分布　污染物仅分布在浅层污染介质当中时，通常采用改造的旋耕机或挖掘铲装置实现土壤与固化剂混合；当污染物分布在较深层污染介质当中时，通常需要采用螺旋钻等深翻搅动装置来实现试剂的添加与均匀混合。

4）固化剂（稳定剂）组成与用量　有机物不会与水泥类物质发生水合作用，对于含有机污染物的污染介质通常需要投加添加剂以固定污染物。石灰和硅酸盐水泥一定程度上还会增加有机物质的浸出。同时，固化剂添加比例决定了修复后系统的长期稳定性特征。

5）场地地质特征　水文地质条件、地下水水流速率、场地上是否有其他构筑物、场地附近是否有地表水存在，这些都会增加施工难度并会对修复后系统的长期稳定性产生较大影响。

6）无侧限抗压强度　修复后固体材料的抗压强度一般应大于 $538.20Pa/m^2$，材料的抗压强度至少要和周围土壤的抗压强度一致。

7）渗透系数　衡量固化（稳定化）修复后材料的关键因素。渗透系数小于周围土壤时，才不会造成固化体侵蚀和污染物浸出。固化（稳定化）后固化体的渗透系数一般应小于 $10cm/s$。

8）浸出性特征　针对固化（稳定化）后土壤的不同再利用和处置方式，采用合适的浸出方法和评价标准，具体方法见表 7-7。

表 7-7　典型固化/稳定化处理效果评价方法

| 评价方法类型 | 主要评价方法 | 关键特征 | 优势 | 不足 |
| --- | --- | --- | --- | --- |
| 最大释放水平的测试 | 美国：USEPA1311，1312<br>荷兰：NEN7371<br>中国：HJ/T 299—2007<br>HJ/T 300—2007 | 固化体破碎后达到浸出平衡<br>参照固废的管理体系，带有一定的强制性<br>设定明确评价标准限值，如 40 CFR 261.24，MCL 等 | 方法简单，便于操作；时间和经济成本均较低<br>有较多的科学性验证结论 | 主要模拟非规范填埋场渗滤液和酸雨对污染物的浸提<br>浸出方法仅考虑最不利情况，过于保守<br>不能真实反映实际环境情况 |
| 动态释放能力的测试 | 荷兰：NEN7375<br>欧盟：CEN/TS14405；2004 | 保持固化体本身物理特性<br>基于固化体本身物理通量<br>考虑风险累积 | 更接近于实际环境状况<br>降低预处理难度<br>能够反映随时间变化的趋势 | 操作相对复杂，所需要的时间较长<br>影响因素相对较多，实验的重现性不高 |

| 评价方法类型 | 主要评价方法 | 关键特征 | 优势 | 不足 |
|---|---|---|---|---|
| 针对再利用情景的浸出方法体系 | 美国：USEPA1313－1316 | 基于土壤再利用情景，设置4种不同的浸出方法 | 接近于实际环境状况 可以根据实际情况，选择不同的浸出测试方法 | 部分测试方法相对复杂，耗时较长 方法的稳定性和重现性有待于改进 还缺乏相应的评价标准 |

3.技术应用基础和前期准备

在利用该技术进行修复前,应进行相关测试评估污染场地应用原位固化(稳定化)技术的可行性,并为下一步工程设计提供基础参数。具体测试参数包括:①固化(稳定化)药剂选择,需考虑药剂间的干扰以及化学不兼容性、金属化学因素、处理和再利用的兼容性、成本等因素。②分析所选药剂对其他污染物的影响。③优化药剂添加量。④污染物浸出特征测试。⑤评估污染介质的物理化学均一性。⑥确定药剂添加导致的体积增加量。⑦确定性能评价指标。⑧确定施工参数。

4.主要实施过程

首先基于修复目标建立修复材料的性能参数,进行实验室可行性分析,确定固化剂、添加剂和水的最佳混合配料比。然后进行场地试验,进一步优化实施技术,建立运行性能参数。最后,实施修复工程,并对修复过程实施后的材料性能进行长期监控与监测。

实施过程具体包括:针对污染场地情况选择回转式混合机、挖掘机、螺旋钻等钻探装置对深层污染介质进行深翻搅动,并在机械装置上方安装灌浆喷射装置;通过液压驱动、液压控制将药剂直接输送到喷射装置,运用搅拌头螺旋搅拌过程中形成的负压空间或液压驱动将粉体或泥浆状药剂喷入污染介质中,或使用高压灌浆管来迫使药剂进入污染介质孔隙中。通过安装在输料系统阀端的流量计检测固化剂的输入速度、掺入量,使其按照预定的比例与污染介质以及污染物进行有效地混合;对于固化(稳定化)处理过程中释放的气体,通过收集罩输送至处理系统进行无害化处理;选择不同的采样工具,对不同深度和位置的修复后样品进行取样分析;布置长期稳定性监测网络,定期对系统的稳定性和浸出性(地下水)进行监测。

5. 运行维护和监测

修复实施过程质量控制的主要内容包括:①确保药剂添加比例与实验室及中试阶段所验证比例的一致性。②确保药剂与污染介质的充分混合。③对处理后的材料进行取样分析以验证其是否符合固化(稳定化)修复性能指标。④核实处理后的体积。实施监测的主要内容包括:①地下水是否渗透进入固化材料中。②所有样品是否超过土壤修复标准。③固化体是否发生物理或化学退化。④通过地下水监测判断是否发生污染物浸出。⑤利用监测模型评估未来浸出的可能性。

6. 修复周期及参考成本

处理周期一般为 3~6 个月。具体应视修复目标值、工程大小、待处理土壤体积、污染物化学性质及其浓度分布情况及地下土壤特性等因素而定。根据美国 EPA 数据显示,应用于浅层污染介质修复成本为 50~80 美元/m³,对于深层修复成本为 195~330 美元/m³。

7. 国外应用情况

原位固化(稳定化)是比较成熟的废物处置技术,经过几十年的研究,已成功应用于污染土壤、放射性废物、底泥和工业污泥的无害化和资源化。与其他技术相比,该技术对于大多数的无机污染物以及一些有机污染物都具有显著的修复效果,此技术在顽固性及混合型污染场地的修复中具有明显的优势,处理时间短、适用范围广,装置及材料简单易得。

美国、英国等国家率先开展了污染土壤的固化(稳定化)研究,并制定了相应的技术导则。据美国环保署统计,2005~2008 年应用该技术的案例占修复工程案例的 7%。原位技术不需要对污染土壤进行搬运,节省了运输费用,减小了有机污染物挥发的可能性。此外,原位固化(稳定化)也成功应用到了棕地污染修复中。

表7-8　国外应用情况

| 序号 | 场地名称 | 目标污染物 | 规模 |
|------|----------|-----------|------|
| 1 | 美国阿肯色州西孟菲斯填埋场 | PAHs、PCBs、Pb | 121 405.6 m² |
| 2 | 美国哥伦布天然气场地 | PAHs、BTEX、氰化物 | 无数据 |
| 3 | 美国卡罗莱纳州南部科伯斯公司阿什利河超级基金场地 | PAHs、DNAPL | 7 436.1 m² |
| 4 | 美国新泽西州港市前木材处理棕地 | A、木材防腐剂 | 72 843.4m² |

## 十、场地污染修复原位化学氧化(还原)技术

1. 技术适用性

(1)适用的介质　污染土壤和地下水。

(2)可处理的污染物类型　化学氧化可以处理石油烃、BTEX(苯、甲苯、乙苯、二甲苯)、酚类、MTBE(甲基叔丁基醚)、含氯有机溶剂、多环芳烃、农药等大部分有机物化学还原可以处理重金属类(如六价铬)和氯代有机物等。

(3)应用限制条件　土壤中存在腐殖酸、还原性金属等物质,会消耗大量氧化剂;在渗透性较差的区域(如黏土),药剂传输速率可能较慢;化学氧化(还原)过程可能会发生产热、产气等不利影响。同时,土壤修复的化学氧化(还原)反应受 pH 影响较大。

2. 技术介绍

(1)原理　通过向土壤或地下水的污染区域注入氧化剂或还原剂,通过氧化或还原作用,使土壤或地下水中的污染物转化为无毒或相对毒性较小的物质。常见的氧化剂包括高锰酸盐、过氧化氢、芬顿试剂、过硫酸盐和臭氧。常见的还原剂包括硫化氢、连二亚硫酸钠、亚硫酸氢钠、硫酸亚铁、多硫化钙等。

(2)系统构成和主要设备　由药剂制备(储存)系统、药剂注入井(孔)、药剂注入系统(注入和搅拌)、监测系统等组成。其中,药剂注入系统包括药剂储存罐、药剂注入泵、药剂混合设备、药剂流量计、压力表等组成;药剂通过注入井注入污染区,注入井的数量和深度根据污染区的大小和污染程度进行设计;在注入井的周边及污染区的外围还应设计监测井,对污染区的污染物及药剂的分布和运移进行修复过程中及修复后的效果监测。可以通过设置抽水井,促进地下水循环以增强混合,有助于快速处理污染范围较大的区域。

(3)关键技术参数或指标　影响原位化学氧化(还原)技术修复效果的关键技术参数包括:药剂投加量、污染物类型和质量、土壤均一性、土壤渗透性、地下水位、pH和缓冲容量、地下基础设施等。

1)药剂投加量　药剂的用量由污染物药剂消耗量、土壤药剂消耗量、还原性金属的药剂消耗量等因素决定。由于原位化学氧化(还原)技术可能会在地下产生热量,导致土壤和地下水中的污染物挥发到地表,因此需要控制药剂注入的速率,避免发生过热现象。

2)污染物类型和质量　不同药剂适用的污染物类型不同。如果存在非水相液体(NAPL),由于溶液中的氧化剂只能和溶解相中的污染物反应,因此反应会限制在氧化剂溶液或非水相液体(NAPL)界面处。如果LNAPL(轻质非水相液体)层过厚,建议利用其他技术进行清除。

3)土壤均一性　非均质土壤中易形成快速通道,使注入的药剂难以接触到全部处理区域,因此均质土壤更有利于药剂的均匀分布。

4)土壤渗透性　高渗透性土壤有利于药剂的均匀分布,更适合使用原位化学氧化(还原)技术。由于药剂难以穿透低渗透性土壤,在处理完成后可能会释放污染物,导致污染物浓度反弹,因此可采用长效药剂(如高锰酸盐、过硫酸盐)来减轻这种反弹。

5)地下水水位　该技术通常需要一定的压力以进行药剂注入,若地下水位过低,则系统很难达到所需的压力。但当地面有封盖时,即使地下水位较低也可以进行药剂投加。

6)pH和缓冲容量　pH和缓冲容量会影响药剂的活性,药剂在适宜的pH条件下才能发挥最佳的化学反应效果。有时需投加酸以改变pH条件,但可能会导致土壤中原有的重金属溶出。

7)地下基础设施　若存在地下基础设施(如电缆、管道等),则需谨慎使用该技术。

3.技术应用基础和前期准备

原位化学氧化(还原)技术的应用需要充分了解原位化学氧化(还原)反应和传质过程。应用该技术之前,需通过实验室研究确定药剂处理效果和投加量,并进行中试试验进一步确定和优化设计参数,确定注入点的水平和垂向有效影响半径、土壤结构分布、污染去除率、反应产物等。还可以通过建立场地概念模型、反应传质模型等方式指导系统设计和运行。

进行原位化学氧化(还原)修复系统设计时,需重点考虑注入井布设的间距和深度、药剂注入量、监测井布设的间距和深度等。还要注意工人的培训、化学药剂的安全操作以及修复产生废弃物的管理。

4. 主要实施过程

（1）处理系统建设　依据和现场中试试验确定的注入井位置和数量，建立原位化学氧化或还原处理系统。

（2）药剂注入过程　依据前期实验确定的药剂对污染物的降解效果，选择适用的药剂。再结合中试试验，确定注入浓度、注入量和注入速率，实时监测药剂注入过程中的温度和压力变化。药剂注入前需要通过药剂搅拌系统进行充分混合。

（3）进行污染土壤和地下水原位化学氧化（还原）的修复过程监测以及修复后的监测　主要包括对污染物浓度、pH、氧化还原电位等参数进行监测，如果污染物浓度出现反弹，可能需要进行补充注入。

5. 运行维护和监测

原位化学氧化（还原）修复技术的运行维护相对简单，运行过程中需对药剂注入系统以及注入井和监测井进行相应的运行维护。

监测包括修复过程监测和效果监测。修复过程监测通常在药剂注射前、注射中和注射后很短时间内进行，监测参数包括药剂浓度、温度和压力等。若修复过程中产生大量气体或场地正在使用，则可能还需要对挥发性有机污染物、爆炸下限（LEL）等参数进行监控。效果监测的主要目的是依据修复前的背景条件，确认污染物的去除、释放和迁移情况，监测参数为污染物浓度、副产物浓度、金属浓度、pH、氧化—还原电位和溶解氧。若监测结果显示污染物浓度上升，则说明场地中存在未处理的污染物，需要进行补充注入。

6. 修复周期及参考成本

该技术处理周期与污染物特性，污染土壤及地下水的埋深和分布范围极为相关。使用该技术清理污染源区的速度相对较快，通常需要 3 ~ 24 个月。修复地下水污染羽流区域通常需要更长的时间。

其处理成本与特征污染物、渗透系数、药剂注入影响半径、修复目标和工程规模等因素相关，主要包括注入井（监测井）的建造费用、药剂费用、样品检测费用以及其他配套费用。美国使用该技术修复地下水处理成本约为 123 美元/m³。

7. 国外应用情况

该技术在国外已经形成了较完善的技术体系，应用广泛。据美国环保署统计,2005～2008年应用该技术的案例占修复工程案例总数的4%。应用案例如表7-9所示。

表7-9 原位化学氧化(还原)技术应用案例

| 序号 | 场地名称 | 目标污染物 | 规模 | 污染介质 | 氧化剂(还原剂) |
|------|----------|-----------|------|----------|----------------|
| 1 | 美国超级基金项目 | As | / | 地下水 | 溶氧 |
| 2 | 美国华盛顿州某重金属污染场地 | $Cr^{6+}$ | 16 000 $m^3$ | 土壤 | 硫基专利还原剂 |
| 3 | 荷兰某金属处理公司 | 三氯乙烯、二氯乙烯 | / | 土壤 | 芬顿试剂臭氧(过氧化物) |
| 4 | 美国丹佛市某制造厂 | 苯系物 | 900 $m^2$ | 地下水 | 双氧水 |
| 5 | 加拿大安大略省某军事基地 | 三氯乙烯、四氯乙烯 | 2 500 $m^2$ | 地下水 | 高锰酸钾 |

8. 国内典型案例

(1)国内应用情况 该技术在国内发展较快,已有工程应用。

(2)国内案例介绍

1)工程背景 某原农药生产场地,场地调查与风险评估发现场地中部分区域存在土壤或地下水污染,主要污染物为邻甲苯胺、对氯甲苯、1,2-二氯乙烷,需要进行修复。

2)工程规模 土壤污染量约25 000$m^3$,地下水污染面积约6 000$m^2$,深度18m。

3)主要污染物及污染程度 根据场地调查数据,土壤中的主要污染物为邻甲苯胺、对氯甲苯、1,2-二氯乙烷,最大污染浓度分别为10.6mg/kg、36mg/kg、8.9mg/kg。地下水中的主要污染物为邻甲苯胺、1,2-二氯乙烷,最大污染浓度分别为1.27mg/kg、2mg/kg。土壤的修复目标值为对氯甲苯6.5mg/kg,邻甲苯胺0.7mg/kg,1,2-二氯乙烷1.7mg/kg。

4)技术选择 综合场地污染物特性、污染物浓度及土壤特征以及项目开发需求,选定原位化学氧化技术进行非挖掘区地下水污染治理。

5)工艺流程和关键设备 地下水原位化学氧化现场处置工艺流程见图7-7、图7-8。

具体步骤为:

第一,测定地下水污染物浓度、pH等参数,作为污染本底值。

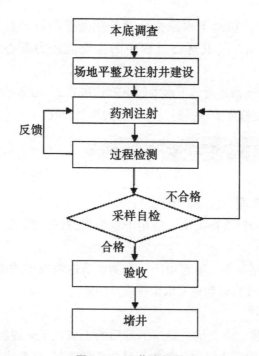

图7-7 工艺流程图

第二,进行系统设计,建设注射井、降水井及监测井。

第三,配置适当浓度的药剂溶液,向污染区域进行注射。

第四,药剂注射完成一段时间后,采样观察地下水气味、颜色变化情况,并对地下水污染物浓度进行过程监测。

第五,连续监测达标区域停止药剂注射,污染浓度检出较高,或颜色明显异常、异味较重的区域,则增加药剂注射量或加布注射井,直至达到修复标准。

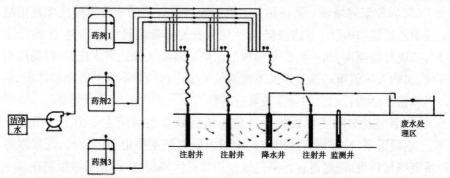

图7-8 项目主要工艺示意图

6)成本分析 该地下水原位化学氧化处置项目的投资、运行和管理费用110~150元/m³,其运行过程中的主要能耗为离心泵的电耗,约为1.5 kWh/m³。

7)修复效果 修复后地下水中邻甲苯胺和1,2-二氯乙烷浓度分别低于修复目标值,满足修复要求并通过环保局的修复验收。

## 十一、场地修复土壤阻隔填埋技术

1. 技术适用性

(1)适用的介质 污染土壤。

(2)可处理的污染物类型 适用于重金属、有机物及重金属有机物复合污染土壤。

(3)应用限制条件 不宜用于污染物水溶性强或渗透率高的污染土壤,不适用于地质活动频繁和地下水水位较高的地区。

2. 技术介绍

(1)原理 将污染土壤或经过治理后的土壤置于防渗阻隔填埋场内,或通过敷设阻隔层阻断土壤中污染物迁移扩散的途径,使污染土壤与四周环境隔离,避免污染物与人体接触和随降水或地下水迁移进而对人体和周围环境造成危害。按其实施方式可以分为原位阻隔覆盖和异位阻隔填埋。

(2)原位阻隔覆盖 是将污染区域通过在四周建设阻隔层,并在污染区域顶部覆盖隔离层,将污染区域四周及顶部完全与周围隔离,避免污染物与人体接触和随地下水向四周迁移。也可以根据污染场地实际情况结合风险评估结果,选择只在场地四周建设阻隔层或只在顶部建设覆盖层。

(3)异位阻隔填埋 是将污染土壤或经过治理后的土壤阻隔填埋在由高密度聚乙烯膜(HDPE)等防渗阻隔材料组成的防渗阻隔填埋场里,使污染土壤与四周环境隔离,防止污染土壤中的污染物随降水或地下水迁移,污染周边环境,影响人体健康。该技术虽不能降低土壤中污染物本身的毒性和体积,但可以降低污染物在地表的暴露及其迁移性。

(4)系统构成和主要设备 原位土壤阻隔覆盖系统主要由土壤阻隔系统、土壤覆盖系统、监测系统组成。土壤阻隔系统主要由 HDPE 膜、泥浆墙等防渗阻隔材料组成,通过在污染区域四周建设阻隔层,将污染区域限制在某一特定区域;土壤覆盖系统通常由黏土层、人工合成材料衬层、沙层、覆盖层等一层或多层组合而成;监测系统主要是由阻隔区域上下游的监测井构成。异位土壤阻隔填埋系统主要由土壤预处理系统、填埋场防渗阻隔系统、渗滤液收集系统、封场系统、排水系统、监测系统组成。其中:该填埋场防渗系统通常由HDPE膜、土工布、钠基膨润土、土工排水网、天然黏土等防渗阻隔材料构筑而成。根据项目所在地地质及污染土壤情况需要,通常还可以设置地下水导排系统与气体抽排系统或者地面生态覆盖系统。

(5)主要设备包括　阻隔填埋技术施工阶段涉及大量的施工工程设备,土壤阻隔系统施工需冲击钻、液压式抓斗、液压双轮铣槽机等设备,土壤覆盖系统施工需要挖掘机、推土机等设备,填埋场防渗阻隔系统施工需要吊装设备、挖掘机、焊膜机等设备,异位土壤填埋施工需要装载机、压实机、推土机等设备,填埋封场系统施工需要吊装设备、焊膜机、挖掘机等设备。阻隔填埋技术在运行维护阶段需要的设备相对较少,仅异位阻隔填埋土壤预处理系统需要破碎、筛分设备、土壤改良机等设备。

3. 关键技术参数或指标

影响原位土壤阻隔覆盖技术修复效果的关键技术参数包括:阻隔材料的性能、阻隔系统深度、土壤覆盖层厚度等。

(1)阻隔材料　阻隔材料渗透系数要小于 $1 \times 10^{-7} cm/s$,阻隔材料要具有极高的抗腐蚀性、抗老化性,具有强抵抗紫外线能力,使用寿命100 年以上,无毒无害。阻隔材料应确保阻隔系统连续、均匀、无渗漏。

(2)阻隔系统深度　通常阻隔系统要阻隔到不透水层或弱透水层,否则会削弱阻隔效。

(3)土壤覆盖厚度　对于黏土层通常要求厚度大于 300 mm,且经机械压实后的饱和渗透系数小于 10cm/s;对于人工合成材料衬层,要满足《垃圾填埋场用高密度聚乙烯土工膜》( CJ/T 234)相关要求。

影响异位土壤阻隔填埋技术修复效果的关键技术参数包括:防渗阻隔填埋场的防渗阻隔效果及填埋的抗压强度、污染土壤的浸出浓度、土壤含水率等。

1)阻隔防渗效果　该阻隔防渗填埋场通常是由压实黏土层、钠基膨润土垫层(GCL)和 HDPE 膜组成,该阻隔防渗填埋场的防渗阻隔系数要小于 $1 \times 10^{-7} cm/s$。

2)抗压强度　对于高风险污染土壤,需经固化稳定化后处置。为了能安全贮存,固化体必须达到一定的抗压强度,否则会出现破碎,增加暴露表面积和污染面积,一般在 0.1 ~ 0.5MPa 即可。

3)浸出浓度　高风险污染土壤经固化(稳定化)处置后浸出浓度要小于相应《危险废物鉴别标准浸出毒性鉴别》(GB 5085.3)中浓度规定限制。

4)土壤含水率　土壤含水率要低于20%。

**4.技术应用基础和前期准备**

在利用土壤阻隔技术前,应进行相应的可行性测试,目的在于评估污染土壤是否适用该技术。原位土壤阻隔覆盖技术测试参数包括:土壤污染类型及程度、场地水文地质、土壤污染深度、土壤渗透系数等,可根据需要在现场进行工程中试。异位土壤阻隔填埋技术测试参数包括:土壤含水率、土壤重金属含量、土壤有机物含量、土壤重金属浸出浓度、土壤渗透系数、场地水文地质等,可以在实验室开展相应的小试实验或中试实验。

**5.主要实施过程**

根据污染程度与污染土壤的不同情况,该技术可以与其他修复技术联合使用。

对于高风险污染土壤可以联合固化(稳定化)技术使用后,对污染土壤进行填埋;对于低风险污染土壤可直接填埋在阻隔防渗的填埋场内或原位阻隔覆盖。该技术一方面可以隔绝土壤中污染物向周边环境迁移,另一方面可使其污染物在阻隔区域内自然降解。

原位土壤阻隔覆盖技术主要实施过程:①确定污染阻隔区域边界。②在污染阻隔区域四周设置由阻隔材料构成的阻隔系统。③在污染区域表层设置覆盖系统。④定期对污染阻隔区域进行监测,防止渗漏污染。

异位土壤阻隔填埋技术主要实施过程:

第一,对挖掘后的污染土壤进行适当的预处理。

第二,建设填埋场防渗系统,根据地下水位情况建设地下水导排系统。

第三,将预处理后的污染土壤填埋在阻隔填埋场。

第四,填埋完毕后进行填埋场封场系统,并建设相应的排水系统,根据填埋土壤性质建设导气收集系统。

第五,填埋场监测系统,定期监测地下水水质,防止渗漏造成污染。

**6.运行维护和监测**

原位土壤阻隔覆盖技术的运行维护主要是定期维护阻隔体的完整性,指标包括:HDPE 膜有无破损、覆盖黏土层是否有大型植物生长、上下游地下水水质情况(监测污染土壤中特征污染因子)等。

异位土壤阻隔填埋技术的运行维护主要是对阻隔防渗填埋场的运行维

护。根据填埋土壤的不同类型,设置必要的运行维护措施。若填埋的是有机物污染土壤,为防止有机污染物在降解过程中产生气体,要设置相应的气体收集系统、渗滤液收集系统;如填埋的是重金属污染土壤,则只需要设置渗滤液收集系统。同时,为了防止降水进入填埋区域,在技术实施完毕后应进行封场生态恢复。一方面可以防止雨水和积水进入该填埋区域,避免污染物浸泡;另一方面封场生态恢复后可以重新恢复该填埋区域的利用价值,可以建设公园绿地等。

对该阻隔系统的监测主要是沿着阻隔区域地下水水流方向设置地下水监测井,监测井分别设置在阻隔区域的上游、下游和阻隔区域内部。通过比较分析流经该阻隔区域内的地下水中目标污染物含量变化,及时了解阻隔区域对周围环境的影响,并适时做出响应,防止二次污染。

7. 修复周期及参考成本

该技术的处理周期与工程规模、污染物类别、污染程度密切相关,相比其他修复技术,该技术处理周期较短。

该技术的处理成本与工程规模等因素相关,通常原位土壤阻隔覆盖技术应用成本为 $500 \sim 800$ 元/$m^3$;异位土壤阻隔填埋技术应用成本为 $300 \sim 800$ 元/$m^3$。

8. 国外应用情况

污染土壤阻隔填埋技术早在 20 世纪 80 年代初期就已经开始应用,该技术在国外已经应用 30 多年,已成功用于近千个工程,技术已经相对比较成熟,国外部分案例信息见表 7 - 10。

表 7 - 10　土壤阻隔填埋技术应用案例

| 序号 | 场地名称 | 目标污染物 | 规模 |
|---|---|---|---|
| 1 | 佛罗里达州 Pepper 钢铁合金厂场地修复 | PCBs、Pb、As | 65 000$m^3$ |
| 2 | Kassauf - Kimerling 电池处理项目 | Cr、Pb | 34 000$m^3$ |
| 3 | 美国 Lawrence Livermore National Laboratory Site 300(填埋场) | 重金属、有机物 | 9 700$m^3$ |
| 4 | 美国 Kerramerican Mine site(金属矿) | Zn 等重金属 | 77 000$m^3$ |

9. 国内应用分析

(1)国内应用情况　我国对该技术的最早应用是在 2007 年,以阻隔填埋方式处置重金属污染土壤;2010 年,某工程采用 HDPE 膜作为主要阻隔材料,阻挡污染物随地下水的水平迁移,将污染物以及污染土壤与外界环境隔绝,杜绝污染扩散,保护周围土壤和地下水。

原位土壤阻隔覆盖技术未对污染物进行降解和去除,由于"以风险控制为目标"的修复理念尚未被国内环境管理部门认可,该技术在国内尚未大规模推广。土壤异位阻隔填埋技术通常与固化(稳定化)修复技术联用,在国内发展已比较成熟,已广泛用于重金属污染土壤的处置,相关技术设备已能够完全本土化。该联用技术具有处置速度快、效果好、可操作性强、成本低、对土壤质地限制要求少,可适用不同类型污染土壤的优点。

(2)国内案例介绍

1)工程背景　某水源地对重金属污染土壤进行综合治理,以异位土壤阻隔填埋方法治理土壤中重金属污染,该区域原为企业用地后变更为水源地,由于该工期较短为5个月,修复标准严格,清挖参照《展览会用地土壤环境质量标准》A级标准,阻隔填埋标准参照《地表水环境质量标准》IV类水体标准值,为此对高风险污染土壤经清挖处置后,采取土壤阻隔填埋技术。

2)工程规模　17万 $m^3$ 污染土壤。

3)主要污染物及污染程度　主要污染物为:Cr、Pb、Cd、As、Cu、Zn、Hg、Ni。Cr最高污染浓度28 500mg/kg,Pb最高污染浓度7 514mg/kg,Cd最高污染浓度0.97mg/kg,As最高污染浓度30.41mg/kg,Cu最高污染浓度3 560mg/kg,Zn最高污染浓度3 926mg/kg,Hg最高污染浓度6.05mg/kg,Ni最高污染浓度106mg/kg。

4)土壤理化特性　该项目污染土壤主要为粉黏和黏土,渗透系数较低,达到 $1 \times (10^{-8} \sim 10^{-7})$ cm/s。

5)技术选择　综合以上污染物特性、污染物浓度、土壤特征以及项目开发建设需求,最终选定技术成熟、成本较低、运行管理简单的污染土壤阻隔填埋技术。

6)工艺流程和关键设备　见图7-9。

图7-9　工艺流程图

具体为:污染土壤清挖预处理包括土壤破碎筛分、固化稳定化,土壤阻隔填埋场建设,土壤分层填埋压实,土壤填埋完毕封场。

7）关键设备　本处置过程用到的关键处置设备为土壤改良机、土壤压实机、挖掘机等。

8）主要工艺及设备参数　考虑到本项目重金属污染较为严重，采取固化（稳定化）处置后，再进入填埋场阻隔填埋。污染土壤固化（稳定化）采用土壤改良机，该设备由进料设备、加药设备和搅拌出料设备构成，履带移动式，可方便到达任何修复现场，最大处理能力 $50\sim80m^3/h$。填埋场阻隔防渗主要选用 1.5mm HDPE 膜和 $600g/m^2$ 土工布，采用热熔挤压式手持焊接机、温控自行式热合机、土工布缝纫机等设备进行焊接。

9）成本分析　该项目包含建设施工投资、设备投资、运行管理费用等的处理成本约 500 元/$m^3$。

10）修复效果　项目实施后满足修复要求并通过环保局的修复验收，保护了水源地水质安全。

### 十二、场地修复生物堆技术

1. 技术适用性

（1）适用的介质　污染土壤、油泥。

（2）可处理的污染物类型　石油烃等易生物降解的有机物。

（3）应用限制条件　不适用于重金属、难降解有机污染物污染土壤的修复，黏土类污染土壤修复效果较差。

2. 技术介绍

（1）原理　对污染土壤堆体采取人工强化措施，促进土壤中具备污染物降解能力的土著微生物或外源微生物的生长，降解土壤中的污染物。

（2）系统构成和主要设备　生物堆主要由土壤堆体、抽气系统、营养水分调配系统、渗滤液收集处理系统以及在线监测系统组成。其中，土壤堆体系统具体包括：污染土壤堆、堆体基础防渗系统、渗滤液收集系统、堆体底部抽气管网系统、堆内土壤气监测系统、营养水分添加管网、顶部进气系统、防雨覆盖系统。抽气系统包括：抽气风机及其进气口管路上游的气水分离和过滤系统、风机变频调节系统、尾气处理系统、电控系统、故障报警系统。营养水分调配系统主要包括：固体营养盐溶解搅拌系统、流量控制系统、营养水分投加泵及设置在堆体顶部的营养水分添加管网。渗滤液收集系统包括：收集管网及处理装置。在线监测系统主要包括：土壤含水率、温度、二氧化碳和氧气在线监测系统。

主要设备包括：抽气风机、控制系统、活性炭吸附罐、营养水分添加泵、土壤气监测探头以及氧气、二氧化碳、水分、温度在线监测仪器等。

3. 关键技术参数或指标

影响生物堆技术修复效果的关键技术参数包括：污染物的生物可降解性、污染物的初始浓度、土壤通气性、土壤营养物质含量、土著微生物数量、土壤含水率、土壤温度和 pH、运行过程中堆体内氧气含量以及土壤中重金属含量。

(1)污染物的生物可降解性　对于易于生物降解的有机物(如石油烃、低分子烷烃等)，生物堆技术的降解效果较好；对于 POPs(持久性有机污染物)、高环的 PAHs(多环芳烃)等难以生物降解的有机污染物污染土壤的处理效果有限。

(2)污染物初始浓度　土壤中污染物的初始浓度过高时影响微生物生长和处理效果，需要采用清洁土或低浓度污染土对其进行稀释。如土壤中石油烃浓度高于 50 000 mg/kg 时，应对其进行稀释。

(3)土壤通气性　污染土壤本征渗透系数应不低于 $1 \times 10^{-8}$ cm/s，否则应采用添加木屑、树叶等膨松剂增大土壤的渗透系数。

(4)土壤营养物质比例　土壤中 C∶N∶P 的比例宜维持在 100∶10∶1，以满足好氧微生物的生长繁殖以及污染物的降解。

(5)微生物含量　一般认为土壤微生物的数量应不低于 $1 \times 10^5$ 数量级。

(6)土壤含水率　宜控制在 90% 的土壤田间持水量。

(7)土壤温度和 pH　温度宜控制在 30 ~ 40°C，pH 宜控制在 6.0 ~ 7.8。

(8)堆体内氧气含量　运行过程中应确保堆体内氧气分布均匀且含量不低于 7%。

(9)土壤中重金属含量　土壤中重金属含量不应超过 2 500 mg/L。

4. 技术应用基础和前期准备

在利用生物堆技术进行修复前，应进行可行性测试，对其适用性和效果进行评估并获取相关修复工程设计参数，测试参数包括：土壤中污染物初始浓度、污染物生物降解系数(或呼吸速率)、土著微生物数量、土壤含水率、营养物质含量、渗透系数、重金属含量等。

5. 主要实施过程

对挖掘后的污染土壤进行适当预处理(例如调整土壤中 C、N、P、K 的配比，土壤含水率、土壤孔隙度、土壤颗粒均匀性等)。

在堆场依次铺设防渗材料、砾石导气层、抽气管网(与抽气动力机械连接),形成生物堆堆体基础。将预处理后的土壤堆置其上形成堆体,在堆体顶部铺设水分、营养调配管网(与堆外的调配系统连接)以及进气口,采用防雨膜进行覆盖。

开启抽气系统使新鲜空气通过顶部进气口进入堆内,并维持堆内土壤中氧气含量在一定浓度水平。定期监测土壤中氧气、营养、水分含量并根据监测结果进行适当调节,确保微生物处于最佳的生长环境,促进微生物对污染物的降解。定期采集堆内土壤样品,了解污染物的去除速率。

6. 运行维护和监控

运行过程中需对抽气风机、管道阀门进行维护。定期对堆内氧气含量、含水率、营养物质含量、土壤中污染物浓度、微生物数量等指标进行监测。为避免二次污染,应对尾气处理设施的效果进行监测,以便及时采取应对措施。

7. 修复周期及参考成本

该技术处理周期一般为 1 ~ 6 个月。在美国应用的成本为 130 ~ 260 美元/m³,国内的工程应用成本为 300 ~ 400 元/m³。特定场地生物堆处理的成本和周期,可通过实验室小试或中试结果进行估算。

8. 国外应用情况

生物堆技术修复成本相对低廉,相关配套设施已能够成套化生产制造,在国外已广泛应用于石油烃等易生物降解污染土壤的修复,技术成熟。美国环保局、美国海军工程服务中心等机构已制定并发布了本技术的工程设计手册。国外部分应用案例信息如表 7 – 11 所示。

表 7 – 11　生物堆技术应用案例

| 序号 | 场地名称 | 目标污染物 | 规模 |
|------|----------|-----------|------|
| 1 | 南澳大利亚某燃料油污染场地 | 石油烃 | 2 000 m³ |
| 2 | 北青衣土壤净化工程 | 石油烃 | 65 000 m³ |
| 3 | 竹高湾财利船厂土壤修复 | 石油烃 | 57 000 m³ |
| 4 | 比利时某炼油厂 | 石油烃 | 15 000 m³ |
| 5 | 加拿大亚伯达某场地 | 石油烃 | 27 000 m³ |

9. 国内应用分析

(1)国内应用情况　2008 年,某研究院对该技术进行了工程应用示范,用于修复某地某焦化厂石油烃、苯系物、多环芳烃复合污染土壤,示范规模 450

$m^3$。2010 年,该技术再次应用于某地铁线施工场地苯胺污染土壤的修复,修复规模达 49 920 $m^3$。2012 年,某农药厂应用该技术修复苯系物等有机物污染土壤,修复规模达 10 万 $m^3$。通过以上案例的工程应用,本技术在国内发展已比较成熟,相关核心设备已能够完全国产化。

(2)国内案例介绍

1)工程背景  某原化工区,场地调查与风险评估发现存在苯胺污染土壤约 49 920 $m^3$。为满足项目施工进度及项目建设施工方案的要求,这部分污染土壤采用异位处理使苯胺浓度小于 4 mg/kg。

2)工程规模  49 920$m^3$。

3)主要污染物及污染程度  主要污染物为苯胺,最大检出浓度为 5.2mg/kg。苯胺饱和蒸汽压为 0.3,辛醇—水分配系数为 0.9,具备一定的挥发性,能在负压抽提下部分通过挥发而去除。同时,研究表明,其在好氧条件下的生物降解半衰期为 5~25d,降解性能较好。

4)土壤理化特征  污染土壤以中沙为主,有机质含量相对较低,污染物"拖尾"效应较弱。其通气性能较好,本征渗透系数达到 6~10 $cm^2$,有利于氧气的均匀传递。

5)技术选择  考虑到污染较轻,污染物的挥发性和生物易降解性,以及土壤有机质含量低、渗透性较好及修复成本等因素,选定批次处理能力大、设备成熟、运行管理简单、无二次污染且修复成本相对较低的生物堆技术。

6)工艺流程和关键设备  其工艺流程如图 7-10 所示:

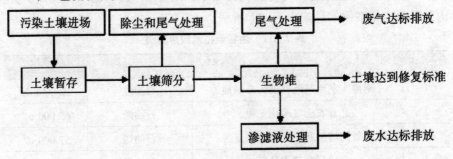

图 7-10  工艺流程图

具体流程为:污染土壤首先进入土壤暂存场暂存,然后根据土壤处置的进程安排,取土进行土壤筛分,筛分设施配备除尘和尾气净化设备,保证筛分过程中产生的粉尘和废气能达到排放标准;筛分后的土壤和卵石运入土壤处置场,卵石铺设在生物堆的最底层,用于抽气管网的气体分配和保护;运行生物堆对污染土壤进行处理,并定期监测污染物的去除程度和抽气量、压力、温度、湿度、堆内氧气含量等参数;处理过程中产生的废气进入尾气净化设备处理,渗滤液进入废水处理设施;修复后的土壤达到修复目标后可用于填埋造地,尾气净化后达标排放,废水处理后按照修复方案的废水利用标准进行回用。

7)主要工艺及设备参数 考虑到该项目的土方量及甲方要求的修复工期,该项目采用模块化设计,单个批次总共建设 3 个堆体,批次处理能力为 $10\ 000\text{m}^3$,每个堆体配置独立的抽气控制设备进行控制,每个堆体的设计处理时间为 1.5 个月,堆体剖面结构如图 7-11 所示。

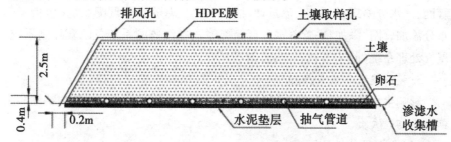

图 7-11　生物堆堆体剖面图

该项目生物堆的设备主要由抽气设备、气液分离设备和尾气净化设备组成。抽气设备主要由真空泵、空气真空球阀和系统排气口等组成;气液分离设备由真空平衡分离排液灌、动排液泵、过滤器和空气真空球阀组成;尾气净化设备由活性炭吸附塔、取样口和排气口组成。

8)成本分析 该项目包含建设施工投资、设备投资、运行管理费用的处理成本约 350 元/$\text{m}^3$。

9)修复效果 依据设计方案,该项目 $49\ 920\text{m}^3$ 污染土壤中苯胺的浓度均降低至修复目标 4.0mg/kg 以下,满足修复要求并通过环保局的修复验收。

## 十三、场地修复原位生物通风技术

1. 技术适用性

(1)适用的介质　非饱和带污染土壤。

(2)可处理的污染物类型　挥发性、半挥发性有机物。

(3)应用限制条件　不适合于重金属、难降解有机物污染土壤的修复,不宜用于黏土等渗透系数较小的污染土壤修复。

2. 技术介绍

(1)原理　生物通风法由土壤气相抽提法(SVE)发展而来,通过向土壤中供给空气或氧气,依靠微生物的好氧活动,促进污染物降解。同时,利用土壤中的压力梯度促使挥发性有机物及降解产物流向抽气井,被抽提去除。可通过注入热空气、营养液、外源高效降解菌剂的方法对污染物去除效果进行强化。

(2)系统构成和主要设备　生物通风系统主要由抽气系统、抽提井、输气系统、营养水分调配系统、注射井、尾气处理系统、在线监测系统及配套控制系统等组成。

主要设备包括输气系统(鼓风机、输气管网等)、抽气系统(真空泵、抽气管网、气水分离罐、压力表、流量计、抽气风机)、营养水分调配系统(包括营养水分添加管网、添加泵、营养水分存储罐等)、在线监测系统及配套控制系统、尾气处理系统(除尘器、活性炭吸附塔)等。

3. 关键技术参数或指标

影响生物通风技术修复效果的因素包括:土壤理化性质、污染物特性和土壤微生物三大类。

(1)土壤理化性质因素

1)土壤的气体渗透率　土壤的渗透率一般应该大于0.1D。

2)土壤含水率　一般认为含水率达到15%～20%时,生物修复的效果最好。

3)土壤温度　大多数生物修复是在中温条件(20～40℃)下进行的,最大不超过40℃。土壤的pH:大多数微生物生存的pH范围为5～9,通常酸碱中性条件下微生物对污染物降解效果较好。

4)营养物的含量　一般认为,利用微生物进行修复时,土壤中N:P的比例应维持在(10～100):1,以满足好氧微生物的生长繁殖以及污染物的降解,并为缓慢释放形式时,效果最佳。一般添加的N源为$NH_4^+$,P源为$PO_4^{3-}$。

5)土壤氧气(电子受体)　氧气作为电子受体,其含量是生物通风最重要的环境影响因素之一。在生物通风修复中,除了用空气提供氧气外,还可采用$H_2O_2$、$Fe^{3+}$、$NO_3^-$或纯氧作为电子受体。

(2)污染物特性因素

1)污染物的可生物降解性　生物降解性与污染物的分子结构有关,通常结构越简单,分子量越小的组分越容易被降解。此外,污染物的疏水性与土壤颗粒的吸附以及微孔排斥都会影响污染物的可生物降解性。

2)污染物的浓度　土壤中污染物浓度水平应适中。污染物浓度过高会对微生物产生毒害作用,降低微生物的活性,影响处理效果;污染物浓度过低,会降低污染物和微生物相互作用的概率,也会影响微生物的降解率。

3)污染物的挥发性　一般来说挥发性强的污染物通过通风处理易从土壤中脱离。

（3）土壤微生物因素　一般认为采用生物降解技术对土壤进行修复时土壤中土著微生物的数量应不低于 $1 \times 10^5$ 数量级;但是土著微生物存在着生长速度慢,代谢活性低的弱点。当土壤污染物不适合土著微生物降解,或是土壤环境条件不适于土著降解菌大量生长时,需考虑接种高效菌。

4. 技术应用基础和前期准备

在利用生物通风技术进行修复前,应进行相应的可行性测试,目的在于评估生物通风技术是否适合于场地的修复并为修复工程设计提供基础参数,测试参数包括:土壤温度、土壤湿度、土壤 pH、营养物质含量、土壤氧含量、渗透系数、污染物浓度、污染物理化性质、污染物生物降解系数（或呼吸速率）、土著微生物数量等,可在实验室开展相应的小试或中试实验。

5. 主要实施过程

在需要修复的污染土壤中设置注射井及抽提井,安装鼓风机（真空泵）,将空气从注射井注入土壤中,从抽提井抽出。大部分低沸点、易挥发的有机物直接随空气一起抽出,而高沸点、不易挥发的有机物在微生物的作用下,可以被分解为 $CO_2$ 和 $H_2O$。在抽提过程中注入的空气及营养物质有助于提高微生物活性,降解不易挥发的有机污染物（如原油中沸点高、分子量大的组分）。定期采集土壤样品对目标污染物的浓度进行分析,掌握污染物的去除速率。

6. 运行维护和监测

生物通风技术的运行维护较简单,运行过程中需对鼓风机、真空泵、管道阀门进行相应的运行维护。同时,为了解土壤中污染物的去除速率及微生物的生长环境,运行过程中需定期对土壤氧气含量、含水率、营养物质含量、土壤中污染物浓度、土壤中微生物数量等指标进行监测。同时,为避免二次污染,应对尾气处理设施的效果进行定期监测,以便及时采取相应的应对措施。

7. 修复周期及参考成本

生物通风技术的处理周期与污染物的生物可降解性相关,一般处理周期为 6~24 个月。其处理成本（包括通风系统、营养水分调配系统、在线监测系统）与工程规模等因素相关,根据国外相关场地的处理经验,处理成本为 13 ~

27 美元/m³。

生物通风技术可以修复的污染物范围广泛,修复成本相对低廉,尤其对修复成品油污染土壤非常有效,包括汽油、喷气式燃料油、煤油和柴油等的修复。国外部分应用案例信息如表7-12所示。

表7-12 生物通风技术应用案例

| 序号 | 场地名称 | 目标污染物 | 规模 |
|------|---------|-----------|------|
| 1 | 美国犹他州空军基地 | 90t 航空燃油 | 30 000m³ |
| 2 | 美国内布拉斯加州油泄漏场地 | 柴油 | 11 500 m³ |
| 3 | 美国能源部的萨凡纳河场地 | 氯代脂肪烃 | 不详 |
| 4 | 美国空军部下属50个空军基地142个场地 | 石油烃 | 不详 |

8. 国内应用分析

该技术在国内实际修复或工程示范极少,尚处于中试阶段,缺乏工程应用经验和范例。

## 十四、场地修复多相抽提技术

1. 技术适用性

(1)适用的介质　污染土壤和地下水。

(2)可处理的污染物类型　适用于易挥发、易流动的 NAPL(非水相液体)(如汽油、柴油、有机溶剂等)。

(3)应用限制条件　不宜用于渗透性差或者地下水水位变动较大的场地。

2. 技术介绍

(1)原理　通过真空提取手段,抽取地下污染区域的土壤气体、地下水和浮油层到地面进行相分离及处理,以控制和修复土壤与地下水中的有机污染物,实施场地修复。

(2)系统构成和主要设备　MPE系统通常由多相抽提、多相分离、污染物处理3个主要部分构成。系统主要设备包括:真空泵(水泵)、输送管道、气液分离器、NAPL(水分离器)、传动泵、控制设备、气(水)处理设备等。

(3)多相抽提设备　是MPE系统的核心部分,其作用是同时抽取污染区域的气体和液体(包括土壤气体、地下水和NAPL),把气态、水溶态以及非水溶性液态污染物从地下抽吸到地面上的处理系统中。多相抽提设备可以分为单泵系统和双泵系统。其中单泵系统仅由真空设备提供抽提动力,双泵系统则由真空设备和水泵共同提供抽提动力。

（4）多相分离　指对抽出物进行的气—液及液—液分离过程。分离后的气体进入气体处理单元，液体通过其他方法进行处理。油水分离可利用重力沉降原理除去浮油层，分离出含油量低的水。

（5）污染物处理　是指经过多相分离后，含有污染物的流体被分为气相、液相和有机相等形态，结合常规的环境工程处理方法进行相应的处理处置。气相中污染物的处理方法目前主要有热氧化法、催化氧化法、吸附法、浓缩法、生物过滤及膜法过滤等。污水中的污染物处理目前主要采用膜法（反渗透和超滤）、生化法（活性污泥）和物化法等技术，并根据相应的排放标准选择配套的水处理设备。

（6）关键技术参数或指标　评估 MPE 技术适用性的关键技术参数主要分为水文地质条件和污染物条件两个方面，关键参数适宜范围如表 7－13 所示。

表 7－13　MPE 技术关键参数

| | 关键参数 | 单位 | 适宜范围 |
|---|---|---|---|
| 场地参数 | 渗透系数（K） | cm/s | $1 \times (10^{-3} \sim 10^{-5})$ |
| | 导水系数 | $cm^2$ | $1 \times (10^{-8} \sim 10^{-10})$ |
| | 空气渗透性 | $cm^2/s$ | 0.72 |
| | 地质环境 | — | $< 1 \times 10^{-8}$ |
| | 土壤异质性 | — | 沙土到黏土 |
| | 污染区域 | — | 均质 |
| | 包气带含水率 | — | 包气带、饱和带、毛细血管 |
| | 地下水埋深 | cm | $> 7.62$ |
| | 土壤含水率（生物通风） | 饱和持水量 | $40\% \sim 60\%$ |
| | 氧气含量（好氧降解） | — | $> 2\%$ |
| 污染物 | 饱和蒸汽压 | mmHg | $> 0.5 \sim 1$ |
| | 沸点 | ℃ | $< 250 \sim 300$ |
| | 亨利常数 | 无量纲 | $> 0.01$（20℃） |
| 性质 | 土·水分配系数 | mg/kg | 适中 |
| | LNAPL 厚度 | cm | $> 15$ |
| | NAPL 黏度 | cp | $< 10$ |

### 3.技术应用基础和前期准备

在技术应用前,需开展可行性测试,以对其适用性和效果进行评价和提供设计参数。参数包括:土壤性质(渗透性、孔隙率、有机质等)、土壤气压、地下水水位、污染物在土、水、气相中的浓度、生物降解参数(微生物种类、氮磷浓度、$O_2$、$CO_2$、$CH_4$ 等)、地下水水文地球化学参数(氧化—还原电位、pH、电导率、溶解氧、无机离子浓度等)、NAPL 厚度和污染面积、汽(液)抽提流量、井头真空度、NAPL 回收量、污染物回收量、真空影响半径等。

### 4. 主要实施过程

建立地下水抽提井,井与井间距应在水力影响半径范围内。对于有DNAPL(高密度非水相液体)存在的场地,抽提井的深度应达到隔水层顶部。整个抽提管路应保持良好的密闭性,包括井口、管路、接口等。抽提开始后,根据观测流量,调节真空度及抽提管位置,使系统稳定运行。对尾气排放口的挥发性有机物应进行监测,如浓度明显增大应停止抽提,更换活性炭罐中的活性炭。观察维护油水分离器,确保油水分离效果,并对水、油分别进行收集、处理、处置。

### 5. 运行维护和监测

运行维护包括 NAPL 收集、抽提井真空度调节、活性炭更换、沉积物清理、仪表和电路及管路检修和校正等。同时,为有效地评估 MPE 对地下环境的影响,需在运行过程中持续监测系统的物理及机械参数(抽提井和监测井内的真空度、抽提井内的地下水降深、抽提地下水体积、单井流量、风机进口流量、抽提井附近地下水位变化等)、化学指标(气相污染物浓度、气(水)排放口污染物浓度、抽提地下水污染物浓度、NAPL 组成变化等),以及生物相关指标(溶解性气体、氮和磷浓度、pH、氧化还原电位、微生物数量等)。此外,为避免二次污染,应对废水(尾气)处理设施的效果进行定期监测,以便及时采取应对措施。

### 6. 修复周期及参考成本

MPE 技术的处理周期与场地水文地质条件和污染物性质密切相关,一般需通过场地中试确定。通常应用该技术清理污染源区的速度相对较快,一般需要 1～24 月。其处理成本与污染物浓度和工程规模等因素相关,具体成本包括建设施工投资、设备投资、运行管理费用等支出。根据国内中试工程案例,每处理 1kgLNAPL(低密度非水相液体)的成本约为 385 元。

## 7. 国外应用情况

MPE 技术在国外已被广泛应用,技术相对比较成熟,国外部分应用案例信息如表 7 – 14 所示。同时,美国陆军工程部等机构已制定并发布了本技术的工程设计手册。

表 7 – 14　MPE 技术国外应用案例

| 序号 | 场地名称 | NAPL | 处理前污染物浓度 | 处理后污染物浓度 | 处理范围 | 处理深度 |
|------|----------|------|------------------|------------------|----------|----------|
| 1 | 美国印第安纳州某加油站 | LNAPL | 苯:21mg/L | 未检出 | 169 760ft³ | 10 ~ 20ft |
| 2 | 捷克某空军基地 | LNAPL | PCE:0.4mg/L | PCE:0.1mg/L | 22 030 lbs | 26ft |
| 3 | 美国加利福尼亚某工业场地 | LNAPL DNPAL | TCE:7 ~ 20mg/L | TCE:0.46 ~ 0.88mg/L | 4 500ft³ | 3.5 ~ 13ft |
| 4 | 美国俄克拉荷马某军事基地 | LNAPL | 燃油:8.6gal/d | 燃油:1.2gal/d | 5 000 000ft³ | 25 ~ 31ft |

## 8. 国内案例分析

(1)国内应用情况　国内对 MPE 技术处理污染土壤和地下水的工程应用起步较晚,仅有少数中试研究,尚无大规模的工程应用示范和自主研发的 MPE 设备。

(2)国内案例介绍

1)工程背景　我国某化工企业历史上曾发生化工原料泄漏事故,场地环境调查发现厂区大面积的土壤和地下水受到了甲苯的污染,并在发生泄漏的化学品仓库下发现了明显的轻质非水相流体(LNAPL)污染物。该修复工程的工期要求为 2 年,修复目标为甲苯浓度降至饱和溶解度的 1% 以下,以便进一步开展原位修复技术。

2)工程规模　中试工程,227.5m³。

3)主要污染物及污染程度　土壤和地下水中的污染物为甲苯,污染调查阶段揭露的甲苯 LNAPL 层厚度为 7.8 ~ 64.1cm,涉及区域面积约 350m²。

4)水文地质特征　根据现场地面以下 5m 内的钻孔试验结果确定场地浅层地质基本情况:0 ~ 0.9m 深度为混凝土;0.9 ~ 2.0m 深度以粉质黏土为主,

夹杂碎石,潮湿;2.0~3.0m 深度为粉质黏土,潮湿至饱水状态;3.0~5.0m 深度为沙质粉土,饱水。潜水位在地下 1.8~2.2m,流向为由东向西,水力梯度约为 0.5%。现场粉质黏土层横向渗透系数为 0.012m/d,沙质粉土层横向渗透系数为 0.15m/d。

5)技术选择 该污染场地污染物为甲苯,是一种挥发性有机污染物,不易溶于水,且在该场地地下水中浓度已超过自身溶解度,形成了 LNAPL 相。该污染物特征符合多相抽提技术适用的污染物类型,因此,可选用多相抽提技术处理该污染场地。

6)工艺流程 抽提装置由气水分离器、真空泵、活性炭吸附器及相应的管路和仪表系统构成,工艺流程见图 7-12。

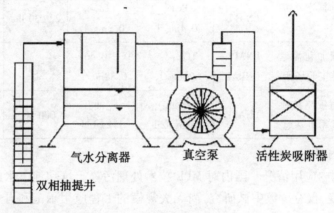

**图 7-12 抽提工艺流程**

7)具体的流程为 抽提井中的 LNAPL 和受污染的地下水首先会通过真空泵被抽出地面;在抽提井附近区域的 LNAPL 会随着地下水对井的补给一起进入抽提井内而被抽出。被真空泵抽出的土壤气体、地下水以及 LNAPL 会在气水分离器内进行气水分离,分离出的气相部分通过活性炭吸附处理后排入大气,分离出的液相部分则在气水分离器内进一步通过重力作用分离,得到的上层 LNAPL 污染物作为危险废物处置,下层受污染的地下水则送现场污水处理站处理后达标排放。

8)关键设备及工艺参数 抽提井采用 UPVC 材质,井径 25 mm,井深 3.5 m,其中筛管位于地下 1~3 m 的位置。多相抽提中试系统的运行以单个抽提井逐一轮流抽提方式进行,总共运行 25d。单个抽提井每天的抽提时间在 0.5 h 内,25d 的累积抽提时间共约 8h。抽提时系统真空度控制在 -0.065MPa,抽提井井头真空度控制在 -0.03MPa,平均气体抽提流量为 80~100L/min。

9）成本分析　去除1kgLNAPL的费用约为385元。

10）修复效果　在25d的运行时间内,多相抽提系统从9口井中总共抽出约720L流体(LNAPL和部分受污染的地下水),通过不同方式总共去除甲苯污染物约125kg。中试前后LNAPL厚度变化见表7-15。单个抽提井中甲苯平均去除速率约为1.75kg/h。甲苯大部分以LNAPL形式去除。由中试运行结果可知,多相抽提装置对场地LNAPL污染物的去除有较好的效果。多相抽提系统的抽提影响半径约6.0m,系统运行过程中场地的地下水水位与系统运行前相比略有下降。由于中试工程在25d内已取得了较好的修复效果,因此可以预期在2年内利用该技术可将该污染场地地下水中甲苯的浓度降至饱和溶解度的1%以下,即无LNAPL存在,并达到修复目标。

表7-15　MPE处理前后抽提井中LNAPL厚度变化

| 抽提井 | LNAPL厚度(cm) | |
| --- | --- | --- |
| | 处理前 | 处理后 |
| 1 | 16.2 | 0.5 |
| 2 | 39.2 | 3.5 |
| 3 | 14.3 | 0.4 |
| 4 | 12.7 | <0.1 |
| 5 | 19.5 | 1.1 |
| 6 | 7.8 | <0.1 |
| 7 | 15.4 | 1.4 |
| 8 | 64.1 | 2.7 |
| 9 | 8.0 | <0.1 |

### 十五、场地修复地下水抽出处理技术

1.技术原理

根据地下水污染范围,在污染场地布设一定数量的抽水井,通过水泵和水井将污染地下水抽取上来,然后利用地面设备处理。处理后的地下水,排入地表径流回灌到地下或用于当地供水。

2.适用条件

适用于污染地下水,可处理多种污染物。不宜用于吸附能力较强的污染物,以及渗透性较差或存在NAPL(非水相液体)的含水层。

3. 技术路线

（1）系统构成和主要设备　系统构成包括：地下水控制系统、污染物处理系统和地下水监测系统。

主要设备包括：钻井设备、建井材料、抽水泵、压力表、流量计、地下水水位仪、地下水水质在线监测设备、污水处理设施等。

（2）关键技术参数或指标　渗透系数、含水层厚度、抽水井间距、抽水井数量、井群布局和抽提速率。

1）渗透系数　渗透系数对污染物运移影响较大，随着渗透系数加大，污染羽扩散速度加大，污染羽范围扩大，从而增加抽水时间和抽水量。

2）含水层厚度　在承压含水层水头固定的情况下，抽水时间和总抽水量都是随着承压含水层厚度增加呈线性递增的趋势；当含水层厚度呈等幅增加时，抽水时间和总抽水量都是呈等幅增加趋势。

在承压含水层厚度固定的情况下，抽水时间和总抽水量都不随承压含水层水头的增加而变化（除了水头值为 15m 时）。其主要原因是，测压水位下降时，承压含水层所释放出的水来自含水层体积的膨胀及含水介质的压密，只与含水层厚度有关。

对于潜水含水层，地面与底板之间厚度固定的情况下，抽水时间和总抽水量都是随着潜水含水层水位的增加呈线性递减的趋势。

3）抽水井位置　抽水井在污染羽上的布设可分为横向与纵向两种方式，每种方式中，抽水井的位置也不同。横向可将井位的布设分为两种：抽水井在污染羽的中轴线上；抽水井在污染羽中心。

4）抽水井间距　在多井抽水中，应重叠每个井的截获区，以防止污染地下水从井间逃逸。

5）井群布局　天然地下水使得污染羽的分布出现明显偏移，地下水水流方向被拉长，垂直地下水水流方向变扁。抽水井的最佳位置在污染源与污染羽中心之间（靠近污染源，约位于整个污染羽的 1/3 处），并以该井为圆心，以不同抽水量下的影响半径为半径布设其余的抽水井。

（3）技术应用基础和前期准备　在利用抽提处理技术进行修复前，应进行相应的可行性测试，目的在于评估抽提处理技术是否适合于特定场地的修复并为修复工程设计提供基础参数，测试参数包括：

1）污染源情况　污染源的位置、污染物性质及其持续释放特性；土壤中污染物类型、浓度及分布特征。

2)水文地质条件 含水层地层情况、地下水深度、水力坡度、渗透系数、储水系数、水位变化、地下水的补给与径流;地下水和地表水相互作用。

3)自净潜力 污染物总量、污染物浓度变化趋势、土壤吸附能力、污染物转化过程和速率、污染物迁移速率、非水相液体成分、影响污染物迁移的其他参数。

（4）主要实施过程

1)捕获区分析和优化系统设计 通过数学模型来计算捕获区、分析地下水流场、计算地下水抽出时间。对于相对复杂的污染地下水含水层,通过数学模型可以模拟抽出处理方法、设计地下水监测系统和监测频率。

2)建立地下水控制系统 ①把污染源和地下水污染羽去除相结合,分阶段建立抽出井群系统,通过前期井群建立获取监测数据分析含水层抽出效果,指导后续井群选址。②安装抽水泵。③脉冲式抽取地下水,通过抽取最少量地下水达到最优的污染物去除效率。

3)处理抽出污染地下水 选择适当的处理设备和处理方法处理受污染地下水。具体处理方法包括生物法、物理（化学）法等。

4)监测效果评估 建立地下水抽出处理监测系统,评价地下水抽出处理效果。

另外,修复成功后关闭抽出处理系统。

4. 技术成本

其处理成本与工程规模等因素相关,美国处理成本为 15~215 美元/m³。

5. 优缺点

优点:简单易行、应用广泛、应用较早、成熟度高。缺点:①不能现场就地修复,对非水溶性的液体几乎不能抽出。②污染源不封闭,停止泵抽后会反弹,持续时间长。③抽出积水处理系统运行需持续的能量供给,定期监测、维护、耗资高。④抽提和回灌对修复区地下水干扰大。

6. 修复效果

受水文地质条件限制,含水层介质与污染物之间相互作用,随着抽水工程的进行,抽出污染物浓度变低,出现拖尾现象;系统暂停后地下水中污染物浓度升高,存在回弹现象。当污染物泄漏量较大时,抽出处理初期,修复效果较好,能够极大程度地减轻污染,去除污染物。但在地下水污染修复后期,修复效果越来越差。因此,该技术可以用于短时期的应急控制,不宜作为场地污染治理的长期手段。

## 十六、场地修复地下水可渗透反应墙技术

1. 技术适用性

(1)适用的介质  污染地下水。

(2)可处理的污染物类型  碳氢化合物,如 BTEX(苯、甲苯、乙苯、二甲苯)、氯代脂肪烃、氯代芳香烃、金属、非金属、硝酸盐、硫酸盐、放射性物质等。

(3)应用限制条件  不适用于承压含水层,不宜用于含水层深度超过10m的非承压含水层,对反应墙中沉淀和反应介质的更换、维护、监测要求较高。

2. 技术介绍

(1)原理  在地下安装透水的活性材料墙体拦截污染物羽状体,当污染羽状体通过反应墙时,污染物在可渗透反应墙内发生沉淀、吸附、氧化(还原)、生物降解等作用得以去除或转化,从而实现地下水净化的目的。

最常见的应用形式与原理如表 7-16 所示:

表 7-16  污染物去除形式及原理

| 去除原理 | 污染物 | 反应墙类型 |
| --- | --- | --- |
| 微生物还原 | 氯代脂肪烃、氯代芳香烃、硝酸盐、硫酸盐 | 厌氧生物反应墙、草皮或有机肥生物反应墙 |
| 化学还原 | 氯代脂肪烃、氯代芳香烃、硝酸盐、硫酸盐 | 铁反应墙 |
| 厌氧微生物降解 | BTEX | 厌氧生物反应墙 |
| 微生物氧化(矿化) | 苯类、苯乙烯、少量多环芳烃、少量废油 | 厌氧生物反应墙或压缩气体反应墙 |
| 金属物质的沉淀和还原 | 金属类 | 厌氧生物反应墙、铁反应墙 |
| 吸附 | 所有污染物 | 活性炭、草皮或有机肥生物反应墙 |

(2)系统构成和主要设备  目前投入应用的 PRB 可分为单处理系统 PRB 和多单元处理系统 PRB。单处理系统 PRB 的基本结构类型包括连续墙式

PRB 和漏斗－导门式 PRB,还有一些改进构型,如墙帘式 PRB、注入式 PRB、虹吸式 PRB 以及隔水墙－原位反应器等,适用于污染物比较单一、污染浓度较低、羽状体规模较小的场地;多单元处理系统则适用于污染物种类较多、情况复杂的场地。

多单元处理系统又可分为串联和并联两种结构。串联处理系统多用于污染组分比较复杂的场地,对于不同的污染组分,串联系统中的每个处理单元可以装填不同的活性填料,以实现将多种污染物同时去除的目的。实际场地中应用的串联结构有沟箱式 PRB、多个连续沟壕平行式 PRB 等。并联多用于系统污染羽较宽、污染组分相对单一的情况。常用的并联结构有漏斗—多通道构型、多漏斗—多导门构型或多漏斗—通道构型。

PRB 的结构是地下水污染去处效果优劣的影响因素之一,其结构设计需要考虑两个关键问题:一是 PRB 能嵌进隔水层或弱透水层中,以防止地下水通过工程墙底部运移,确保能完全捕获地下水的污染带;二是能确保地下水在反应材料中有足够的水力停留时间。不同结构的 PRB 适用情况不同(表 7－17),实际应用中应结合具体的地下水水文及污染状况进行合理设计。

表 7－17 不同结构的 PRB 适用情况

| 项目 | 结构类型 | 备注 |
|---|---|---|
| 连续反应墙 | 连续式 | 必须足够大以确保整个污染水羽都通过 PRB |
| 漏斗－通道系统 | 单通道系统 | 用低渗透性隔墙引导污染水羽 |
| | 并联多通道 | 适用于宽污染地下水羽的处理 |
| | 串联多通道 | 适用于同时含多种类型污染地下水羽处理 |

PRB 的主要设备:沟槽构建设备(双轮槽机、链式挖掘机等)、阻隔幕墙构建设备(大型螺旋钻、打桩机等)、监测系统(氢气、氧化还原电位、pH、水文地质情况、污染物、反应墙渗透性能的变幅和变化情况等在线监测系统)等。

(3)关键技术参数或指标 主要包括:PRB 安装位置的选择、结构的选择、埋深、规模、水力停留时间、方位、反应墙的渗透系数、活性材料的选择及其配比。

1)PRB 安装位置的选择 第一步,通过土壤和地下水体取样、试验室测试研究、现有数据整理,圈定污染区域,其范围应大于污染物羽流,防止污染物随水流从 PRB 的两侧漏过去,建立污染物三维空间模型,然后选择计算范围,进而建立污染物浓度分布图;第二步,通过现场水文地质勘查,绘出地下水流

第七章 场地土壤污染控制技术

249

场,了解地下水大体流向;第三步,根据地下水动力学,探讨污染物的迁移扩散方式和范围,在污染物可能扩散圈的前端划定 PRB 的安装位置;第四步,在初定位置的可能范围进行地面调查。

2)PRB 结构的选择 对于比较深的承压层,采用灌注处理式 PRB 比较合适;而对于浅层潜水,可采用的 PRB 形式多种多样。此外,还应考虑反应材料的经济成本问题,若用高成本的反应材料时,可采用材料消耗较少的漏斗—导水门式结构;若使用便宜的反应原料,宜选用连续式渗透反应墙。

3)PRB 的规模 根据欧美国家多个 PRB 工程的现场经验可知,PRB 的底端嵌入不透水层至少 0.60 m,PRB 的顶端需高于地下水最高水位;PRB 的宽度主要由污染物羽流的尺寸决定,一般是污染物羽流宽度的 1.2~1.5 倍,漏斗－导水门式结构同时取决于隔水漏斗与导水门的比率及导水门的数量。考虑到工程成本因素,当污染物羽流分布过大时,可采用漏斗—导水门式结构的并联方式,设计若干个导水门,以节省经济成本和减少对地下水流场的干扰。

4)PRB 水力停留时间 污染物羽流在反应墙的停留时间主要由污染物的半衰期和流入反应墙时的初始浓度决定。污染物的半衰期由室内柱式试验确定。

5)PRB 走向 一般来说,反应墙的走向垂直于地下水流向,以便最大限度截获污染物羽流。在实际工程设计中,一般根据以下两点确定反应墙的走向:①根据长期的地下水水文资料,确定地下水流向随季节变化的规律。②建立考虑时间的地下水动力学模型,根据近乎垂直原理,确定反应墙的走向。

6)PRB 的渗透系数 一般来说,反应墙的渗透系数宜为含水层渗透系数的 2 倍以上,对于漏斗—导水门结构甚至是 10 倍以上。

7)活性材料的选择及其配比 反应介质的选择主要考虑稳定性、环境友好性、水力性能、反应速率、经济性和粒度均匀性等因素。PRB 处理污染地下水使用的反应材料,最常见的是零价铁,其他还有活性炭、沸石、石灰石、离子交换树脂、铁的氧化物和氢氧化物、磷酸盐以及有机材料(城市堆肥物料、木屑)等。

**3.技术应用基础和前期准备**

PRB 系统的设计施工比较复杂,加上 PRB 修复污染物的过程涉及物理、化学、生物等多学科领域,在设计 PRB 时需要综合考虑很多因素。只有经过前期可行性调研、水文地质勘查,获得一些参数后才能进行设计。需调研的参数主要包括:污染物特征,如非饱和土壤和含水层污染的种类、浓度、三维空间分布、迁移方式及转化条件；当地的地理地质概况和水文气象、地下水的埋深、运移参数、季节性变化；含水层的厚度及其渗透系数、孔隙度、颗粒粒径和级配、地下水的地球化学特性（如 pH、Eh、DO、温度、电导率、$Ca^{2+}$、$Mg^{2+}$、$NO_3$、$SO_4^{2-}$ 等离子含量等）；现场微生物活性和群落；现场施工环境条件、对周围环境的影响；治理周期、效益、成本、监测；工程项目经费。然后在试验室进行批量试验和柱式试验，确定活性反应介质并测试其修复效果和反应动力学参数，建立水动力学模型。根据这些参数计算确定 PRB 的结构、安装位置、方位及尺寸、使用期限、监测方案，并估算总投资费用。

4. 主要实施过程

第一，对于深度不超过 10m 的浅层 PRB，在污染羽流向的垂向位置，使用连续挖沟机进行挖掘，并回填活性材料，同时设置监测井、排水管、水位控制孔等，最后在墙体上覆盖土层。也可采用板桩、地沟箱、螺旋钻孔等挖掘方式。

第二，对于深度大于 10m 的 PRB，有多种方式进行开挖和回填。由于深度较大，回填时常采用生物泥浆运送反应材料，通常是采用瓜尔豆胶，并在混合物中添加酶，可以使瓜尔豆胶在几天内降解，留下空隙，形成高渗透性的结构。采用该胶时，安装前先测试地下水的化学性质是否与反应材料和生物泥浆的混合物相适合，以确定生物泥浆能否在合适的时间内得到降解。

采用深层土壤混合法时，一般采用螺旋钻机进行钻挖和回填，随着螺旋钻在土壤中缓慢推进，将生物泥浆和反应材料的混合物注入并与土壤混合。在松散的沉积层中可将反应材料放置到地表下近 50m 处。采用旋喷注入法时，将喷注工具推进到需要的深度，通过管口高压注射反应材料和生物泥浆，连续喷注一系列的钻孔形成可渗透反应墙。垂直水力压裂法是将专用工具放入钻孔中来定向垂直裂缝，利用低速高压水流，将材料注入土壤层，形成裂缝，由一系列并排邻近的钻孔水力压裂形成渗透反应墙。

5. 运行维护和监测

PRB 建好后，需进行长期观测、运行和管理。其运行维护相对简单，运行过程中仅需在长期监测的基础上对反应介质进行定期更换。为了精确测量监测效果，需在 PRB 上下游及 PRB 内布置监测井观测水位深度变化，并周期性地监测相关的水文地质化学参数、流速等。监测井的布置要保证能够捕获污染羽流的运动方向，因此应在浓度较高或接近反应墙的位置集中布置监测井。常用的监测指标有目标污染物、降解中间产物、ORP（氧化还原电位）、pH、Eh、$BOD_5$、COD 等。

6.修复周期及参考成本

PRB 的处理周期较长,一般需要数年,常通过实验室小试或中试确定。其处理成本与 PRB 类型、工程规模等因素相关。据 2012 年 3 月美国海军工程司令部发布的技术报告(编号:TR – NAVFAC – ESC – EV – 1207,Permeable reactive barrier cost and performance report),处理地下水的成本 1.5 ~ 37.0 美元/m³。目前,国内尚无可参考的工程案例成本。

7.国外应用情况

(1)国外应用概况  该技术较为成熟,在北美和欧洲等发达国家有较多应用。美国环保署、美国海军工程服务中心等机构已制定并发布了本技术的工程设计手册。根据美国超级基金项目统计,2005 ~ 2008 年有 8 个项目使用了该技术。国外部分应用案例信息如表 7 – 18 所示。

表 7 – 18  地下水修复反应墙技术应用案例

| 序号 | 场地名称 | 类型 | 活性材料 | 目标污染物 |
|---|---|---|---|---|
| 1 | 安大略 | 连续反应墙 | 活性炭 | Ni、Fe |
| 2 | 纽约 | 连续反应墙 | $Fe^0$ | TCE |
| 3 | 北卡罗米纳 | 连续反应墙 | $Fe^0$ | $Cr^{6+}$、TCE |
| 4 | 堪萨斯 | 隔水漏斗—导水门 | $Fe^0$ | TCE、TCA |
| 5 | 科罗拉多 | 隔水漏斗—导水门 | $Fe^0$ | TCE |
| 6 | 加利福尼亚 | 隔水漏斗—导水门 | $Fe^0$ | TCE、DCE |

(2)国外应用案例

1)工程背景  20 世纪 90 年代初美国北卡罗来纳州 Elizabeth 城东南 5 km 处海岸警卫飞机场 79 号机库污染场地 $Cr^{6+}$ 和 TCE(三氯乙烯)污染严重,位于 Pasquotank 河南岸 60 m。场地之前为一镀铬厂旧址,使用历史长达 30 多年。在使用过程中排放了酸性含铬废物和有机溶剂,它们通过混凝土地板上的小洞穿透土壤进入地下含水层。根据监测结果,该污染羽宽约 35 m,深至地下 6.3 m,长约 60 m,从机库一直延伸至 Pasquotank 河。

2)工程规模  约 13 230 m³。

3)主要污染物及污染程度  土壤和地下水中的污染物为 $Cr^{6+}$ 和 TCE,污染调查阶段揭露的最大检出浓度为 14.5 g/kg,地下水中六价铬最大浓度超过 10 mg/L,TCE 最大浓度 19 mg/L。研究表明,其在 $Fe^0$ 还原条件下降解性能较好,因此,能够采用化学还原的方式进行降解。

4)水文地质特征 对土壤的理化特征测试表明,含水层上部2m为沙质粉性黏土。

地下水位 1.5~2.0m,含水层传导性 0.3~9.0m/d,含水层深度 7.2m,地下水流速 0.12~0.18m/d,平均横向水力梯度 0.0 011~0.0 033,渗透系数 0.3~8.6m/d。

5)技术选择 综合以上污染物特性、污染物浓度、水文地质特征以及项目修复目标值,最终选定处理能力大、设备成熟、运行管理简单、无二次污染的PRB技术。

6)主要工艺及设备参数 对于反应材料的选择,设计者专门抽取了区域内的地下水进行试验。在第34号监测井中测得的 TCE 和 $Cr^{6+}$ 的质量浓度分别为 750 $\mu$g/L 和 8 mg/L,为了试验方便,两者质量浓度分别被提高到 2 000 $\mu$g/L 和 10 mg/L。在经过批量试验和圆柱试验后,发现零价铁颗粒混合物对去除 TCE 和 $Cr^{6+}$ 的效果很好,因此采用零价铁作为反应材料。其中铁颗粒的设计粒径为 0.4 mm,单位表面积为 0.8~0.9 $m^2$/g。基于对场地条件、工程使用与维护的方便和成本的要求及长期监测成本的考虑,该 PRB 工程选择了连续墙的形式。该工程设计要达到的目标为使 $Cr^{6+}$ 的质量浓度降为 0.05 mg/L 以下和 TCE 的质量浓度降为 0.5 $\mu$g/L 以下。反应墙体为连续墙形式,填充 450t $Fe^0$ 为反应材料,大致呈东西走向,长 46 m,深 7.3 m,宽 0.6 m,墙体垂直于地下水的流向。

8)成本分析 该项目包含建设施工投资、设备投资、运行管理总费用约为 70 万美元,其中第一年的运行管理费用为 85 000 美元,之后的运行管理费用为 30 000 美元/年。据估算,如果该系统运行 20 年,将比采用抽出处理系统节省 400 万美元的运行和维护成本。

9)修复效果 该 PRB 建成投产后,3 年的监测数据显示,未经处理时 $Cr^{6+}$ 的质量浓度最高达 2 mg/L,而经过 PRB 反应墙后,$Cr^{6+}$ 的质量浓度接近于 0 或者是无法检出;未经处理的 TCE 质量浓度最高可达 114 $\mu$g/L,经过处理后 TCE 的质量浓度最大仅为 2.9 $\mu$g/L。该工程对 $Cr^{6+}$ 和 TCE 的去除效果非常明显,满足修复要求并通过环保局的修复验收。

## 十七、场地修复地下水监控自然衰减技术

1.技术适用性

(1)适用的介质 污染地下水。

（2）可处理的污染物类型　碳氢化合物［如 BTEX（苯、甲苯、乙苯、二甲苯）、石油烃、多环芳烃、MTBE（甲基叔丁基醚）］、氯代烃、硝基芳香烃、重金属类、非金属类（As）、含氧阴离子（如硝酸盐、过氯酸）等。

（3）应用限制条件　在证明具备适当环境条件时才能使用，不适用于对场地修复时间要求较短的情况，对自然衰减过程中的长期监测、管理要求高。

2.技术介绍

（1）原理　通过实施有计划的监控策略，依据场地自然发生的物理、化学及生物作用，包含生物降解、扩散、吸附、稀释、挥发、放射性衰减以及化学性或生物性稳定等，使得地下水和土壤中污染物的数量、毒性、移动性降低到风险可接受水平。

（2）系统构成和主要设备　由监测井网系统、监测计划、自然衰减性能评估系统和紧急备用方案四部分组成。

1）监测井网系统　能够确定地下水中污染物在纵向和垂向的分布范围，确定污染羽是否呈现稳定、缩小或扩大状态，确定自然衰减速率是否为常数，对于敏感的受体所造成的影响有预警作用。监测井设置密度（位置与数量）需根据场地地质条件、水文条件、污染羽范围、污染羽在空间与时间上的分布而定，且能够满足统计分析上可信度要求所需要的数量。建立监测井网系统所需设备包括建井钻机、水井井管等。

2）监测计划　主要监测分析项目需集中在污染物及其降解产物上。在监测初期，所有监测区域均需要分析污染物、污染物的降解产物及完整的地球化学参数，以充分了解整个场地的水文地质特性与污染分布。后续监测过程中，则可以依据不同的监测区域与目的，做适当的调整。地下水监测频率在开始的前两年至少每季度监测一次，以确认污染物随着季节性变化的情形，但有些场地可能监测时间需要更长（大于 2 年）以建立起长期性的变化趋势；对于地下水文条件变化差异性大，或是易随着季节有明显变化的地区，则需要更密集的监测频率，以掌握长期性变化趋势；而在监测 2 年之后，监测的频率可以依据污染物移动时间以及场地其他特性做适当的调整。主要包括取样设备和监测设备等。

3）监控自然衰减性能评估　评估监测分析数据结果，判定 MNA 程序是否如预期方向进行，并评估 MNA 对污染改善的成效。MNA 性能评估依据主要来源于监测过程中所得到的检测分析结果，主要根据监测数据与前一次（或历史资料）的分析结果做比对。主要包括：自然衰减是否如预期的正在发生;是否能监测到任何降低自然衰减效果的环境状况改变,包括水文地质、地球化学、微生物族群或其他的改变;能判定潜在或具有毒性或移动性的降解产物;能够证实污染羽正持续衰减;能证实对于下游潜在受体不会有无法接受的影响;能够监测出新的污染物释放到环境中,且可能会影响到 MNA 修复的效果;能够证实可以达到修复目标。

4)紧急备用方案  紧急备用方案是在 MNA 修复法无法达到预期目标,或是当场地内污染有恶化情形,污染羽有持续扩散的趋势时,采用其他土壤或地下水污染修复工程,而不是仅以原有的自然衰减机制来进行场地的修复工作。当地下水中出现下列情况时,需启动紧急备案。地下水中污染物浓度大幅度增加或监测井中出现新的污染物;污染源附近采样结果显示污染物浓度有大幅增加情形,表示可能有新的污染源释放出来;在原来污染羽边界以外的监测井发现污染物;影响到下游地区潜在的受体;污染物浓度下降速率不足以达到修复目标;地球化学参数的浓度改变,导致生物降解能力下降;因土地或地下水使用改变,造成污染暴露途径。

3.关键技术参数或指标

场地特征污染物。自然衰减的机制有生物性和非生物性作用,需要根据污染物的特性评估自然衰减是否存在;不同污染物的自然衰减机制和评估所需参数,主要包括:地质与含水层特性、污染物化学性质、原生污染物浓度、总有机碳、氧化还原反应条件、pH 与有效性铁氢氧化物浓度、场地特征参数(如微生物特征、缓冲容量等)。

污染源及受体的暴露位置:开展监控自然衰减修复技术时,需确认场地内的污染源、高污染核心区域、污染羽范围及邻近可能的受体所在位置,包含平行及垂直地下水流向上任何可能的受体暴露点,并确认这些潜在受体与污染羽之间的距离。

地下水水流及溶质运移参数:在确认场地有足够的条件发生自然衰减后,须利用水力坡度、渗透系数、土壤质地和孔隙率等参数,模拟地下水的水流及溶质运移模型,估计污染羽的变化与移动趋势。

污染物衰减速率:多数常见的污染物的生物衰减是依据一阶反应进行,在此条件下最佳的方式是沿着污染羽中心线(沿着平行地下水流方向),在距离污染源不同的点位进行采样分析,以获取不同时间及不同距离的污染物浓度来计算一阶反应常数。重金属类污染物可以通过同位素分析方法获取自然衰减速率,对同一点位的不同时间进行多次采样分析,并由此判断自然衰减是否足以有效控制污染带扩散。通过重金属的存在形态,判定自然衰减的发生和主要过程。若无法获取当前数据也可以参考文献报告数据获取污染物衰减速率。

4. 技术应用基础和前期准备

在利用 MNA 进行场地修复前,应进行相应的场地特征详细调查,以评估该技术是否适用,并为监测井网设计提供基础参数。场地特征详细调查主要确认信息包括污染物特性、水文地质条件及暴露途径和潜在受体。调查结果必须能够提供完整的场地特征描述,包括污染物分布情况与场地的水文地质条件,以及其他进行 MNA 可行性评估所需要的信息。取得相关的地质、生物、地球化学、水文学、气候学与污染分析数据后,可以利用二维或三维可视化模型展示场地内污染物分布情形、高污染源区附近地下环境、下游未受污染地区的状态、地下水流场以及污染传输系统等,即建立场地特征概念模型。

取得场地数据后,利用污染传输模式或是自然衰减模式进行模拟,并与实际场地特征调查结果进行验证,修正先前所建立的场地概念模型;如果场地差异性较大时,可以适当修正模型所有的相关参数,并重新进行模拟。在后续执行 MNA 过程中,如取得最新的监测数据资料,也应随时修正场地概念模型,以便精确评估及预测 MNA 修复效果。

在完成初步评估、污染迁移与归趋模拟之后,需要进行可能受体暴露途径分析,界定出可能潜在的人体与生物受体或是其他自然资源,结合现有与未来的土地和地下水使用功能,分析其可能产生的危害风险。通过对场地的风险评估,明确健康风险。如果暴露途径的分析结果表明,对于人体健康及自然环境并不会有危害的风险,且能够在合理的时间内达到修复目的,则开始设计长期性的监测方案,完成 MNA 可行性评估,开展监控自然衰减修复技术的具体实施。

5. 主要实施过程

初步评价监控自然衰减的可行性;构建地下水监测系统;制订监测计划;详细评价监控自然衰减的效果;提供进一步的标准来确认是否监控自然衰减是有效的。完成效果评估后,需要审查监控数据、污染物的化学和物理参数及现场条件,确定场地组成特征;制订应急方案。在监控过程中,在合理时间框架下,若发现 MNA 无效时,则需要执行应急方案。

6. 运行维护和监测

场地特征调查所需的时间较长。由于存在经自然衰减后产生毒性或移动性更大的物质的可能,需要对修复过程采取严密的监测和管制措施;密切观测污染物的迁移、转化过程,适时评估动态结果,及时调整监测和管制策略。

**7. 修复周期及参考成本**

相较于其他修复技术,监控自然衰减技术所需时间较长,需要数年或更长时间。

主要成本为场地监测井群建立、环境监测和场地管理费用。根据国外经验,若场地预期监测期程长,监测计划规模大,过程中无法避免采取应变措施,甚至因为监控自然衰减法失败,造成污染物扩散,需重新采取积极性的修复措施等,种种因素均可能造成总整治经费变化很大。

根据美国实施的 20 个案例统计,单个项目费用为 14 万~44 万美元。目前国内尚无工程应用,没有成本参考。

**8. 国外应用情况**

美国超级基金场地地下水修复技术统计结果显示,从 1986 年,监控自然衰减技术逐年增加。在 2005~2008 年实施修复的 164 个场地中,应用监控自然衰减技术的比例高达 56%,其中单独使用的场地有 21%。主动修复和被动修复自然衰减技术配套使用已成为地下水污染修复的发展趋势,配套监控自然衰减的技术路线有抽出处理(场地占 10%)原位处理(场地占 17%),原位处理、抽出处理(场地占 8%)。

**9. 国内应用分析**

监控自然衰减技术在我国地下水环境的治理中还处于萌芽阶段,尚无工程应用案例。

## 第四节 城市工业场地污染土壤修复技术

近年来,因产业结构升级、城市布局调整,污染企业搬迁工作在北京和天津、东北老工业基地、长江三角洲和珠江三角洲等各大中城市得到了大力实施。据统计,2001~2008 年,我国关停并转迁企业数由 $6.61 \times 10^3$ 迅速增加到 $2.25 \times 10^4$ 个,增速每年为 1 984 个,总数达到 10 万个以上,涉及化工、冶金、石油、交通运输等多种行业,这致使大量污染场地遗留在城区,给人口稠密的城市带来环境和健康风险,制约着城市土地资源的安全再利用,阻碍了城市建设和地方经济的发展。因此,我国城市对老工业搬迁遗留下来的城市工业污染场地进行环境管理和修复治理,确保人居环境安全迫在眉睫,已成为当前环保工作的新热点。我国城市工业污染场地问题自 2000 年后才得以凸现,污染场地修复在我国还属新兴领域,尚未有很好的基础积累和技术储备,更缺乏系统有效的解决方案。

### 一、我国城市工业污染场地主要类型

与其他类型的土壤污染相比,城市工业场地具有污染物浓度高、污染土体深、空间变异大、土壤和地下水可能同时存在污染的特点。行业类型、工艺水平、企业历史、土壤特征、水文地质条件等均会影响城市工业场地污染特征。根据污染物类型可将城市工业场地污染分为无机污染(主要指重金属)、有机污染以及二者均存在的复合污染。

#### (一)重金属污染

重金属元素没有严格的界限,在化学中一般指相对密度 $\geq 5.0$ 的金属元素,包括 Fe、Mn、Cu、Zn 等 45 种元素。As 是一种类金属元素,但由于其很多性质和环境行为都与重金属元素相类似,所以也将它归入重金属元素。在土壤环境研究中,土壤重金属污染主要是指由于 Cd、Cr、Pb、Ni、Hg、Cu、Zn、As 这 8 种元素所引起的土壤污染。我国城市重金属污染场地主要来自于冶炼业(铜冶炼、铅锌冶炼、镍钴冶炼、锡冶炼、锑冶炼和汞冶炼等)、铅蓄电池制造业、皮革及其制品业、化学原料及化学制品制造业等,其中尤以 As、Pb、Cd、Cr 污染最为典型。如原沈阳铁西区某铅锌冶炼厂废址土壤中 Cd、Pb、Cu、Zn、As 的含量分别达到 73.64mg/kg、10 605mg/kg、1 098.29mg/kg、3 552.34mg/kg 和 244.46 mg/kg。上南船厂表层土壤中 Pb、Cu、Zn 的含量分别高达 752mg/kg、883mg/kg 和 7 952 mg/kg。青海某化工厂表层土壤中总铬与 $Cr^{6+}$ 最大值分别为 224 8516mg/kg 和 749 512 mg/kg。

#### (二)有机污染物污染

土壤有机污染物指进入土壤环境并造成污染的有机化合物,主要包括石油类、苯系物、农药、多环芳烃(PAHs)、多氯联苯(PCBs)、持久性有机污染物(POPs)等。涉及有机污染物排放的行业主要有石油化工、炼焦、油漆和涂料制造、农药生产、橡胶制品制造、皮鞋制造、人造板及木质家具制造、汽车及配件喷涂、电子产品制造、炼钢、水泥生产等。此外,我国曾经大量生产和广泛使用过 POPs 类杀虫剂滴滴涕、六氯苯、氯丹及灭蚁灵等,这些农药尽管已经禁用多年,但土壤中仍有残留。如北京红狮涂料厂,该场地 20 世纪 50 年代建有杀虫剂厂,80 年代转为涂料厂,评价结果表明该场地主要的污染物仍为六六

六和滴滴涕,污染土壤总量达 $1.4 \times 10^5 \mathrm{m}^3$。

### (三)复合污染

我国工业场地污染常常以复合污染为主,主要包括重金属复合污染、有机复合污染以及重金属—有机复合污染等。目前存在较多的是重金属复合污染、石油烃类复合污染以及重金属与农药和(或)POPs 之间的复合污染。如电子废弃物污染场地污染物以重金属和 POPs(主要是溴代阻燃剂和二噁英类)为主要污染特征。较之单一污染来说,由于污染物之间可能存在拮抗、协同和加和等交互作用,复合污染物的环境效应和环境行为可能会发生改变,给污染场地的修复带来更大的困难和挑战。

### 二、污染场地土壤修复技术

土壤修复是指利用物理、化学和生物方法,转移、吸收、降解和转化土壤中的污染物,使其浓度降低到可以接受的水平,或将有毒有害的污染物转化为无害的物质。工业污染场地修复技术的选择不仅受工业场地污染特征的影响,还受到政治、经济、社会等多种因素影响。受城市土地经济价值的驱动,修复技术应该具有修复周期短、经济合理、二次风险小、稳定性高的特点。当前,国内外学者广泛关注的污染场地修复技术主要有淋洗修复技术、热处理技术、土壤气提技术、电动力修复技术、植物修复技术、固化—稳定技术等。

### (一)淋洗修复技术

淋洗修复技术可快速将污染物从土壤中移除,短时间内完成高浓度污染土壤的治理,而且治理费用低廉,现已成为污染土壤快速修复技术研究的热点和发展方向之一。土壤淋洗属于物化修复技术,通常是指借助能促进土壤环境中污染物溶解(迁移)的液体或其他流体来淋洗污染土壤,使吸附或固定在土壤颗粒上的污染物脱附、溶解而去除的技术。该技术既可用于修复重金属污染土壤,又可用于修复有机物污染土壤;既可以是原位修复,也可以是异位修复;可单独应用也可作为组合技术的先期处理技术。淋洗液可以是水、化学溶液、气体等一切能把污染物从土壤中淋洗出来的流体。土壤淋洗修复技术的研究目前主要集中在对重金属和有机污染物的治理上,欧洲、美国、日本等发达国家起步较早,且在 20 世纪 90 年代进入工程应用阶段,目前在欧洲应用较为广泛。大量的工程实践表明土壤淋洗修复技术是污染土壤治理过程中一种快速、高效的方法,尤其对由于工业活动引起的重金属、半挥发性有机物(SVOC)、石油烃及卤代芳烃等污染场地治理具有明显的优势。

### （二）热处理技术

热处理技术指通过直接或间接热交换,将污染介质及其所含的有机污染物加热到足够的温度(150～540 ℃),使污染物从污染介质挥发或分离的过程。按加热温度可将热处理技术分为低温热处理技术(土壤温度为150～315 ℃)和高温热处理技术(土壤温度为315～540 ℃)。热处理修复技术适用于处理土壤中挥发性有机物、半挥发性有机物、农药、高沸点氯代化合物,不适用于处理土壤中重金属、腐蚀性有机物、活性氧化剂和还原剂等。热处理技术主要包括热脱附、微波热修复技术,主要应用于苯系物、多环芳烃、多氯联苯和二噁英等有机污染土壤的修复。

#### 1. 热脱附技术

热脱附是一种利用热能增加污染物的挥发性,使其从污染土壤或沉积物中分离去除的环境修复技术。挥发出来的污染物可以进行收集并进行处理。热脱附系统一般有两个主要组成部分,即热解吸单元和废气处理系统;热解吸过程可分为两类,即高温热脱附和低温热脱附。热脱附技术具有污染物处理范围宽、设备可移动、修复后土壤可再利用等优点,特别对 PCBs 这类含氯有机物,非氧化燃烧的处理方式可以显著减少二噁英生成。目前欧美国家已将土壤热脱附技术工程化,广泛应用于高污染的场地有机污染土壤的离位或原位修复,但是诸如相关设备价格昂贵、脱附时间过长、处理成本过高等问题尚未得到很好解决,限制了热脱附技术在持久性有机污染土壤修复中的应用。

#### 2. 微波热修复技术

传统热处理技术的热传导是由外到内的,在修复污染土壤时易使土壤外层的易挥发性物质和水快速挥发,从而导致土壤外层结构发生变化,这种变化会阻碍内层土壤中污染物的挥发。为了提高修复效率,研究人员对热源及加热方式做了探索,利用微波作为热源就是其中一个重要的方向。微波加热可对被加热物质内外一起加热,且升温速度极快、热损耗小、热效率高。微波热修复技术具有高效、快捷,操作灵活,对环境影响小,适用范围广等特点。此外,微波加热还易于实现选择性的加热,可逐级分离回收某些有用的组分。微波热修复主要用于土壤的原位修复,不仅能处理挥发性、半挥发性的有机物,如卤代烃、多环芳烃(PAHs)、多氯联苯(PCBs)、多氯酚等;还能固定化处理非挥发性物质,如重金属。

#### 3. 土壤气提技术

土壤气提技术主要指利用物理方法通过降低土壤孔隙的蒸汽压,把土壤中的污染物转化为蒸汽形式而加以去除的技术,抽取出的气体在地表经过活性炭吸附法以及生物处理法等净化处理,可排放到大气或重新注入地下循环使用。气提技术可分为原位土壤气提技术、异位土壤气提技术和多相浸提技术。该处理系统通常可以注入热空气,以加速轻质石油烃的挥发,对于石油烃化合物,挥发性有机卤化物(三氯乙烯,四氯乙烯等)均具有较好的治理效果。SVE 适用于绝大多数挥发性有机物在非黏质土壤中的污染治理,修复效果可达到 90%。原位和异位气提技术主要适用于地下含水层以上的包气带,多相浸提技术则更适用于包气带和地下含水层。原位土壤气提技术适用于处理亨利系数大于 0.01 或者蒸汽压大于 66.66 Pa 的挥发性有机化合物,如挥发性有机卤代物或非卤代物,也可用于去除土壤中的油类、重金属、多环芳烃或二噁英等污染物;异位土壤气提技术适用于修复含有挥发性有机卤代物和非卤代物的污染土壤;多相浸提技术适用于处理中、低渗透型地层中的挥发性有机物。

### 4. 电动力修复技术

电动力修复技术是 20 世纪 80 年代末兴起的一种污染土壤和地下水的修复技术,是从饱和土壤层、污泥、沉积物中分离提取重金属、有机污染物的过程。电动力修复也称电修复、电动修复、电动力土壤过程和土壤电化学污染治理。其原理是在土壤(液相系统)中插入电极,通以直流电,土壤中的重金属污染物(如 Pb、Cd、Cr、Zn 等)以电透渗和电迁移的方式向电极运输,然后进行集中收集处理,从而达到去除土壤污染的目的。土壤 pH、缓冲性能、土壤组分及污染金属种类会影响修复的效果。目前,美国、英国、德国、澳大利亚、日本、韩国、中国等国家相继开展了电动修复方面的基础和应用性研究。电动修复虽然具有能耗低、后处理方便、二次污染少等优点,但对电荷缺乏的非极性有机污染物去除效果并不好,且只适用于小面积的污染区土壤修复,对于大面积污染土壤如矿区土壤、冶炼厂周围的污染农田等修复在技术上仍不完善。

### 5. 植物修复技术

植物修复技术是一种利用植物从环境中去除污染物或使污染物转变为无毒害形式的绿色修复技术。因其在原位进行处理、成本低廉、效果永久且兼顾环境美学效应而迅速得到了公众和学术界的广泛认可和关注。植物修复技术包括利用超富集植物或富集性功能的植物提取修复、利用植物根系控制污染扩散和恢复生态功能的植物稳定修复、利用植物代谢功能的植物降解修复、利用植物转化功能的植物挥发修复和利用植物根系吸附的植物过滤修复等技术。植物修复可用于修复重金属、农药、石油和持久性有机污染物、炸药、放射性核素等污染土壤。植物修复技术不仅能够应用于农田土壤中污染物的去除，而且同时可应用于人工湿地建设、填埋场表层覆盖与生态恢复、生物栖身地重建等。目前，重金属污染土壤的植物提取修复技术在国内外都得到了广泛研究，并已经应用于 As、Cd、Cu、Zn、Ni、Pb 等重金属以及与多环芳烃复合污染土壤的修复。超富集植物是植物提取修复技术的基础和关键因素。目前，国际上已报道的超富集植物有 500 多种，但其中绝大多数为 Ni 超富集植物，Cd、Cu、Pb 的超富集植物较少，且这些植物大多数存在生长缓慢、生物量小的特点，导致修复周期较长；一种植物往往只是吸收一种或两种重金属，对土壤中其他浓度较高的重金属则表现出中毒症状，限制了在多种重金属污染土壤治理方面的应用。此外，超富集植物一般地域性较强，加之农艺性状、病虫害防治、育种潜力以及生理学的研究不完备成了实际应用中的瓶颈。

6. 固化—稳定技术

固化—稳定技术是将污染物在污染介质中固定，使其处于长期稳定状态的一组修复技术。该技术通过将固化稳定剂与污染土壤相混合，利用化学、物理或热力学过程来降低污染物的物理、化学溶解性或在环境中的活泼性。常用的固化稳定剂有石灰、沥青、硅酸盐水泥等，其中水泥应用最为广泛。固化—稳定技术可在原位和异位进行，原位固化—稳定技术适用于重金属污染土壤的修复，一般不适用于有机污染物污染土壤的修复；异位固化—稳定化技术通常适用于处理无机污染物质，不适用于半挥发性有机物和农药杀虫剂污染土壤的修复。固化—稳定技术可以处理多种复杂金属废弃物，形成的固体毒性低，稳定性强，处置费用也较低，较为普遍应用于土壤重金属污染的快速控制，对多种重金属复合污染土壤和放射性物质污染土壤的无害化处理具有明显的优势。但其所需的仪器设备较多，如螺旋转井、混合设备、集尘系统、大型储存池等。此外，污染物埋藏深度、土壤 pH 和有机质含量等都会在一定程度上影响该技术的应用以及有效性的发挥。由于固化—稳定技术处理后的污染物仍滞留在土壤中，容易受环境条件的影响而重新释放出来，因此环境风险依然存在，需要长期进行安全性监测评估。

**三、发展趋势**

我国城市工业污染场地修复具有巨大的潜在市场需求，然而目前我国针对污染场地的修复技术及工程应用刚刚起步，开发适合我国国情、费用效益好的修复技术仍然处于起步阶段。因此,应该在充分借鉴欧洲、美国、日本、德国等国的成熟技术和场地修复经验的基础上,从我国场地污染特征、社会经济发展状况以及现阶段科学技术储备等多方面综合考虑修复技术的研究重点和发展方向。

### (一)研发适合我国国情且具有自主知识产权的修复设备

当前,我国业已开始进行淋洗、热脱附、化学氧化等修复设备的研发,但多数仍停留在研发或中试阶段,尚未进行产业化。目前,国内环保企业所采用的场地修复设备主要依赖于从欧美等国家进口,但价格昂贵,且受到知识产权保护的制约,因此亟待开发具有自主知识产权的场地修复设备。

### (二)应用组合技术治理污染场地

作为经济高速增长的发展中国家,我国正面临比工业发达国家更加复杂的环境问题。发达国家上百年工业化过程中分阶段出现的环境问题在我国已经集中出现。我国场地土壤污染呈现出无机—有机复合污染、新老污染物并存的局面,使用单一的修复方法往往不能解决全部污染问题,因此应该对修复技术进行集成,如土壤淋洗—化学氧化联合修复技术、土壤淋洗—植物(微生物)修复联合修复技术、化学氧化—微生物修复联合修复技术等。应用组合技术将是今后污染场地修复的重要发展方向。

### (三)面向重金属—有机物复合污染场地的环境修复材料研发及其生态环境效应评价

各种土壤修复技术中均涉及了大量环境修复材料的使用。当前在污染场地土壤修复中应用的环境材料主要为氧化(还原)剂、螯合剂、催化剂及固化(稳定化)材料,这些环境修复材料多只对重金属或只对有机污染物具有良好的修复能力。而我国城市工业污染场地重金属—有机复合污染非常普遍,因此今后应着重研发能够同时控制或消减重金属和有机污染物、再生利用率高的环境修复材料,并对其生态环境效应进行追踪评价。

## 第五节　重金属污染场地土壤修复技术

随着工业化进程的加快,一方面提高了人们的物质、文化与生活水平,但另一方面造成了环境的严重污染,土壤重金属污染即为环境污染中的重大问题之一。土壤是生态环境的重要组成部分,是人类赖以生存的最宝贵的资源之一,其再生极为缓慢。由于生活污水排放、污染灌溉、大气沉降、采矿冶炼、农药和化肥大量使用等原因,土壤污染尤其是重金属污染状况日趋严重。土壤重金属不能为土壤微生物所分解,易于积累,最终通过生物富集途径危害人类的健康。因此,土壤重金属污染越来越受到人们的关注,已成为全球面临的重要环境问题,并日益成为环境、土壤科学家们研究的热点。

## 一、重金属污染场地概述

### (一)基本概念

1. 重金属

(1)传统方面 重金属是指密度 $4.0\ g/cm^3$ 以上的约 60 种元素或密度 $5.0\ g/cm^3$ 以上的 45 种元素。As 和 Se 是非金属,但其毒性及某些性质与重金属相似,故将其列入重金属污染物范畴。

(2)环境污染方面 重金属主要是指生物毒性显著的 Hg、Cd、Pb、Cr 以及类金属 As,还包括具有毒性的重金属 Zn、Cu、Co、Ni、Sn、V 等污染物。

2. 污染场地

包含两层含义:①污染场地指一个特定的空间或区域,具体包括土壤、地下水、地表水等各种要素。②这一特定的空间或区域已被有害物质污染,并已对这一空间或区域的人群或自然环境产生了负面影响或存在潜在的负面影响。

### (二)土壤重金属污染特点

土壤重金属污染具有以下特点:①不能为生物所分解,且易在土壤及生物体内蓄积,有些还会转化为毒性更大的甲基化合物。②多为复合性污染。③大多数重金属可移动性较差或迁移距离短。④重金属对植物造成的伤害具潜伏性。⑤大多数重金属不能通过焚烧的方法从土壤中去除。

### (三)场地土壤重金属污染的来源

重金属污染的主要污染源为冶炼行业、电镀行业及大型企业中的电镀工艺。其来源主要体现:①生产原料和中间产品贮存使用不当。②生产过程中环境污染物质的流失。③排放的大气污染物随颗粒物沉降于地表。④泄漏的地下管道污水。⑤工业固体废物的不合理堆存及排放。

## 二、重金属污染场地的修复技术

土壤重金属在自然状态下具不可降解性,并可在土壤中不断累积,使土壤重金属污染治理愈加困难。目前,治理重金属污染主要有 2 种途径:①改变重金属在土壤中的存在形态以使其固定,降低其在环境中的迁移性和生物可利用性。②土壤中去除重金属。可将场地土壤重金属污染修复的方法分为物理修复法、化学修复法、生物修复法及农业生态修复法等。

**(一)物理修复法**

**1.物理工程措施**

该方法最早在英国、荷兰、美国等国家应用,主要包括排土、换土、去表土、客土和深耕翻土等方法,是降低作物体内重金属含量、治理土壤重金属污染切实有效的方法之一。但该方法人力与财力投入大,据报道,对 1 hm² 污染土壤进行工程治理(客土),每换 1 m 深土体,耗费 800 万 ~ 2 400 万美元,且换土过程中存在占用土地、渗漏、污染环境等不良因素,且易导致土壤结构破坏和土壤肥力下降,故不是理想的土壤重金属污染的治理方法。一些国家在土壤污染严重地区试行隔离包埋技术,是将受重金属污染土壤与其周围环境隔离,以减少重金属对周围环境的污染。具体措施:用钢铁、水泥、皂土或灰浆等材料在污染土壤四周修建隔离墙,并防止污染地区的地下水流到周围地区。各种材料以水泥最便宜,应用也最普遍。为减少地表水下渗,还可在污染土壤上覆盖一层合成膜,或在污染土壤下面铺一层水泥和石块混合层。

**2.电动力学修复**

该技术的基本原理类似电池,利用插入土壤中的 2 个电极在污染土壤两端加上低压直流电场,在低强度直流电作用下,水溶的或吸附在土壤颗粒表层的污染物根据各自所带电荷的不同而向不同的电极方向运动:阳极附近的酸性物质开始向土壤毛隙孔移动,打破污染物与土壤的结合键。此时,大量水以电渗透方式在土壤中流动,土壤毛隙孔中的液体被带到阳极附近,这样即将溶解到土壤溶液中的污染物吸收至土壤表层而得以去除。研究发现,土壤 pH、缓冲性能、土壤组分及污染金属种类影响修复效果。

**3.热处理修复**

该技术是利用高频电压产生电磁波和热能,加热土壤,使污染物从土壤颗粒内解吸,加快一些易挥发性重金属从土壤中分离,从而达到修复的目的。也可通过向土壤通入热蒸汽或用低频加热的方法促使重金属从土壤中挥发并回收再处理。该技术可修复被 Hg 和 Se 等重金属污染的土壤。有试验表明,应用该方法可使沙性土、黏土、壤土中 Hg 含量分别从 15 000mg/kg、900mg/kg、225 mg/kg 降至 0.07mg/kg、0.12mg/kg、0.15 m g/kg,回收的汞蒸汽纯度达99%。

### 4. 冰冻土壤修复

该技术是通过适当的管道布置,在地下以等距离的形式围绕已知的污染源垂直安放,然后将对环境无害的冰冻溶剂送入管道而冻结土壤中的水分,形成地下冻土屏障,防止土壤或地下水中的污染物扩散。美国田纳西州构筑了规格为 17 m×17 m×8.5 m 的"V"形结构冰冻容器,采用 200 mg/L 的若丹明溶液为假想污染物。结果表明,对于饱和土壤层的铬酸盐(400 m g/kg)和三氯乙烯(6 000 mg/kg),冰冻技术可形成有效的冰冻层。

## (二)化学修复技术

### 1. 土壤固化(稳定化)修复

该技术是指防止或降低污染土壤释放有害化学物质过程的一组修复技术,通常用于重金属及放射性物质污染土壤的无害化处理。固化(稳定化)技术包含了 2 个概念。①固化:包被污染物,使之呈颗粒状或大块状存在,进而使污染物处于相对稳定的状态。②稳定化:将污染物转化为不易溶解、迁移能力或毒性变小的状态和形式,即通过降低污染物的生物有效性,实现其无害化或降低其对生态系统危害性的风险。通常固化(稳定化)对金属污染效果明显,且不存在破坏性技术,As、Pb、Cr、Hg、Cd、Cu、Zn 均可采用该方法。固化(稳定化)技术既可将污染土壤挖掘出来,在地面混合后投放到适当形状的模具中,或放置到空地进行稳定化处理,也可在污染土地原位稳定处理。相比而言,现场原位稳定处理比较经济,并可处理深达 30 m 处的污染物。但污染物仍留在原地,随时间流逝,稳定化的污染物复合体会解体,污染物可能更新活化,渗透到下层土壤和地下水,因此还需长时间的土壤监测和更长时间的环境投入。卫泽斌等利用化学试剂先淋洗被污染的耕作层土壤,再在深层土壤添加固定剂,固定从耕作层淋下的重金属,达到较好的效果。玻璃化是固化的另一种形式,其原理是通过加热将污染的土壤熔化,冷却后形成比较稳定的玻璃态物质,金属很难被浸提。玻璃化技术还可将污染的土壤与废玻璃或玻璃的组分 $SiO_2$、$Na_2CO_3$ 和 CaO 等一起在高温下熔融,冷却后也能形成稳定的玻璃态物质。

### 2. 化学萃取(淋洗)修复

该技术是利用一些萃取(淋洗)剂的水溶液,通过化学和物理的方法,将污染物质从土壤颗粒分离或解吸到萃取(淋洗)液中而去除的技术。由于重金属一般富集于小的颗粒性土壤中,所以物理分离除去大颗粒的土壤可大大减少需要化学萃取的土壤量。常用的土壤重金属萃取剂有螯合试剂(如 ED-

TA、DTPA 和 NTA 等)和无机酸(如 HNO$_3$),有机酸(如柠檬酸)等。根据其修复方式化学萃取(淋洗)修复技术可分为原位萃取技术、异位萃取技术以及搅拌萃取技术等。①原位萃取技术:主要通过原位萃取液灌注和滤液回收而去除土壤中的重金属,优点是成本较低,工艺较为简单;缺点是重金属去除效率低,对地下水污染存在一定的风险性。②异位清洗技术:主要通过土壤柱清洗工艺而去除土壤中的重金属,优点是可克服对地下水的二次污染;缺点是重金属去除效率低,处理成本偏高。③搅拌萃取技术:是在搅拌反应器中使萃取液与土壤经过长时间充分混合,然后滤除萃取液而去除土壤中的重金属的技术,优点是重金属去除效率高,二次污染风险小;缺点是处理成本太高。

3. 氧化(还原)修复

通过对已污染的土壤添加氧化(还原)试剂,改变土壤中重金属离子的价态而降低重金属的毒性和迁移性。常用还原剂有硫酸亚铁、硫代硫酸钠、亚硫酸氢钠和二氧化硫等,已研究最典型的是把 Cr(Ⅵ)还原为 Cr(Ⅲ),从而降低其毒性。

4. 拮抗修复

利用一些对人体无害或有益的金属元素的拮抗作用,如 Ca 和 Sr,Zn 和 Cd,K 和 Cs 化学性质相近,它们之间会产生拮抗竞争作用,因此可根据土壤中重金属元素的拮抗作用控制土壤中重金属污染。已有研究证明,土壤中适宜的 $W(Cd)/W(Zn)$ 比可抑制植物对 Cd 的吸收。

### (三)生物修复技术

生物修复是利用生物技术治理污染土壤的一种新方法。利用生物削减、净化土壤中的重金属或降低重金属毒性。由于该方法效果好,易于操作,处理费用低,日益受到人们的重视,成为污染土壤修复研究的热点。

1. 微生物修复

利用微生物修复受重金属污染的土壤,主要是依靠微生物降低土壤中重金属的毒性,或通过微生物促进植物对重金属的吸收等其他修复过程。重金属污染的微生物修复包含 2 个方面的技术,即生物吸附和生物氧化、还原。①生物吸附:重金属被活的或死的生物体所吸附的过程。②生物氧化、还原:利用微生物改变重金属离子的氧化、还原状态而降低环境和水体中的重金属水平。与有机污染的微生物修复相比,关于重金属污染的微生物修复方面的研究和应用较少,最近几年才引起人们的重视。

## 2. 动物修复

土壤中的某些低等动物能吸收土壤中的重金属,改变土壤中重金属的形态,一定程度上可降低污染土壤中重金属的含量。蚯蚓在改良土壤、提高肥力和植物产量方面的作用已为国内外大量试验所证实。蚯蚓在取食、做穴和排泄代谢产物等生命活动过程中可能对土壤性质和土壤中的重金属产生直接或间接的影响。如胡锋等研究表明,蚯蚓粪中有机碳、有效硼、钼、锌、pH、CEC等明显高于原土;胡秀仁等在用蚯蚓处理垃圾时发现,加入蚯蚓后重金属的溶出量明显增加;NIU 等发现蚯蚓对河流底泥中的 Cd 有明显富集现象。蚯蚓还能影响土壤微生物存在的种类、数量和活性,而微生物与重金属之间也存在着复杂的相互作用关系,影响着重金属存在的种类和有效性,因此可改变植物对重金属的吸收和转移。LASAT 认为研究土壤动物、微生物和植物之间的交互作用,对植物修复技术的进一步发展有重大意义。将蚯蚓等低等动物用于土壤重金属污染的修复,即利用蚯蚓活动改善土壤性质,增加植物生物量,提高土壤中重金属的植物有效性,强化植物修复的效果。有研究表明,在对广东省某 Pb/Zn 尾矿土壤进行修复的过程中,种植木本豆科植物银合欢的同时引入蚯蚓,结果发现由于蚯蚓的存在,使银合欢产量提高了 10% ~ 30%,由此导致植物吸收重金属的比率提高了 16% ~ 53%。

## 3. 植物修复

该技术即利用植物根系吸收水分和养分的过程而吸收、转化污染体(如土壤和水)中的污染物,以期达到清除污染、修复或治理的目的。根据植物修复原理可将其分为植物提取、植物挥发、植物稳定以及根际过滤。

(1)植物提取　即利用重金属积累植物或超富集植物萃取出土壤中的重金属,富集并搬运到植物根部可吸收部位和植物地上部分,待植物收获后再行处理。SALT 等把利用超富集植物吸收土壤重金属并降低其含量的方法称为持续植物提取,而把利用螯合剂来促进普通植物吸收土壤重金属的方法称为诱导植物提取。CAFER 等研究了 EDTA 和柠檬酸对向日葵修复重金属污染土壤的影响,结果表明:在一定浓度下可提高向日葵对重金属 Cr 和 Cd 的吸收。刘杰等研究了有机酸对铬超富集植物李氏禾吸收 Cu 的影响,结果表明:李氏禾地上部质量分数随土壤中有机酸的质量摩尔浓度的增加而增加。

(2)植物挥发　即利用植物促进土壤重金属转变为可挥发的形态,使其挥发出土壤和植物表面。如利用某些芥子科植物去除土壤中的 Hg,这些植物能将从环境中吸收的 Hg 还原成气体而挥发。还有些植物可将土壤中的 Se

转化为气态形式。由于这一方法只适用于挥发性污染物,应用范围很小,且将污染物转移到大气中对人类和生物仍有一定的风险,因此该方法的应用受到限制。

(3)植物固定  即利用耐重金属植物或超富集植物降低重金属的活性,通过固定和钝化使重金属吸附于土壤表面,从而降低了重金属在土壤中的有效态,达到减轻重金属污染的效果,从而减少重金属被沥滤到地下水或通过空气扩散而进一步污染环境的可能性。如植物枝叶分解物、根系分泌物对重金属的固定作用,腐殖质对金属离子螯合过程等。

植物固定不是去除环境中重金属的理想方法,只是暂时将环境中的重金属离子固定,使其对环境中的生物不产生毒害作用,并未彻底解决环境中的重金属污染问题。如果环境条件发生变化,金属的生物可利用性可能又会发生改变。

(4)根际过滤  植物通过改变根际环境(pH、Eh)使重金属的形态发生化学改变,通过在植物的根部积累和沉淀,减少重金属在土壤中的移动性。

**(四)农业生态修复**

1.农艺修复

包括改变耕作制度、调整作物品种、种植不进入食物链的植物、选择能降低土壤重金属污染的化肥、增施可固定重金属的有机肥等措施。研究表明,施肥、使用农药、搭配种植等农艺措施可显著增加植物对土壤中重金属的吸收累积量,从而提高植物修复的效率。

2.生态修复

该技术将人类所破坏的生态系统恢复成具有生物多样性和功能平衡的本地生态系统,使之具有某种形式和一定水平的生产力,维持相对稳定的生态平衡,涉及地球科学、环境科学和生态学等众多领域,通过调节如土壤水分、土壤养分、土壤 pH 和土壤氧化还原状况及气温、湿度等生态因子,实现对污染物所处环境介质的调控。利用该技术修复重金属污染场地的周期长,效果不明显。

### 三、结论

场地土壤重金属污染是一个复杂的物理化学过程,影响修复的因素也多种多样。采用物理和化学方法修复重金属污染土壤效率高,可短时间内改善场地内土壤的环境质量,但处理费用高,难以大规模处理污染土壤,且导致土壤结构破坏、生物活性下降和土壤肥力退化，可能还会造成二次污染，具一定风险性。植物修复是一项新兴的修复技术，具良好的社会和环境效益，并易被大众接受，但也存在植物生物量低、生长缓慢、修复效率不高等缺点。因此，在选择重金属污染场地修复技术时，应考虑环境和经济等多方面因素，选择适合的技术，考虑多种方法的联合使用，从而提高重金属污染场地的修复效率。

# 第六节　石油污染场地土壤修复技术

## 一、生物对土壤的修复技术分析

土壤生物修复技术出现于 20 世纪 80 年代，由于操作简单、有机物降解彻底、不会造成二次污染等特点，受到各国高度重视，成为当前土壤修复技术研究领域的前沿技术。生物修复技术主要包括植物修复技术、微生物修复技术、植物—微生物联合修复技术。

### 1. 植物修复技术

植物修复技术是利用植物积累性功能对土壤吸取修复，利用植物根系对污染扩散进行控制，利用植物的代谢功能进行降解修复，通过植物根系的吸附功能对土壤进行过滤修复。通过研究人员的深入研究，已经研究出了络合诱导强化修复技术。植物对土壤的修复的关键是选择高产和高去污的植物，研究出土壤条件是否适应具有高去污能力的植物种植。

目前，我国已经开始利用苜蓿、黑麦草等植物对土壤的石油污染进行修复。然而，有机土壤、炸药和放射性核素土壤污染，利用植物进行修复的技术研究较少。农田土壤污染可以用植物进行修复，人工湿地建设等工程建设，石油对土壤造成的污染也可以利用植物进行修复。植物对石油污染的修复技术已经被人们接受，并且被大范围应用。

### 2. 微生物修复技术

微生物修复技术是利用微生物促进有毒、有害物质降解，主要是利用微生物生长过程中的代谢过程对土壤中的有机污染物进行转化，把石油污染物转化成无毒性的形式，从而使石油类污染物在微生物的新陈代谢循环中得到转化和去除。目前，微生物对土壤污染的修复的理论比较成熟。微生物对土壤的修复技术可以分为原位和异位两种技术，这两种修复技术都是以石油烃为碳源，通过微生物的代谢，对石油类污染物进行降解。原位土壤修复技术更加注重自然过程属性的修复,对各种生态因子能进行有效地优化。异位土壤修复技术对工艺参数能够协同调控。在微生物的土壤污染修复技术中,最核心的技术是对通过降解对菌株筛选和功能菌剂的制备技术。此外,生物表面活性剂的应用也是一种非常重要的微生物修复技术,具有广阔的发展前景。

## 二、物理修复技术分析

物理修复技术主要以物理手段修复为主,主要有客土法、焚烧法、物理分离法、热脱附法及电动力法等石油污染场地修复技术。客土法、焚烧法、物理分离法等修复技术在早期土壤污染修复中都充分发挥了土壤和污染物的各自特性,不用外加其他化学药剂或生物来进行处理,但也存在处理成本高,工作量大,并只能处理小面积污染土壤的局限性。

热脱附法、电动修复等经济可行的土壤修复技术已经开始发挥自身优势,并且已经广泛应用。

热脱附技术是利用热使污染介质中的污染物和水挥发出来,通常利用载气或真空系统将挥发出的水蒸气和有机污染物传输到后续的譬如热氧化或回收等单元中进一步处理。根据解吸塔操作温度的不同,热脱附过程可以分为高温热脱附($320 \sim 560℃$)和低温热脱附($90 \sim 320℃$)。

$1992 \sim 1993$ 年,热脱附技术曾应用于处理美国密歇根州一个被 PAHs 和重金属污染的土壤,该土壤锰的含量高达 $100g/kg$。先将污染土壤挖掘、过筛、脱水。土壤在热反应器中处理 $90min$($245 \sim 260℃$),处理后的土壤用水冷却,然后堆置于堆放场。排除的废弃先经过纤维筛过滤,然后经过冷凝器以除去水蒸气和有机污染物。

电动力修复技术是利用插入介质中的两个电极在污染介质两端加上低压直流电场,在低强度直流电源的作用下,水溶的或者吸附在土壤颗粒表层的污染物根据各自所带电荷的不同而向不同电极方向运动,打破污染物与介质的结合键,将溶解到介质溶液中的污染物吸收至土壤表层得以去除。

## 三、化学修复技术分析

化学修复技术是发展最早最成熟的一项技术。化学技术对土壤的修复会对土壤的物理结构和生物学活性产生一定的影响,但是,这项技术的成本比较高,而且会有二次污染产生,因此化学修复技术的使用具有一定的局限性。现阶段,我国的石油污染化学修复技术主要包括溶液淋洗萃取法、光催化氧化法和化学氧化法等修复技术。这些技术都是通过一些化学反应对石油污染场地的土壤进行修复和处理,适合在特定情况下使用。

以化学氧化法为例,化学氧化修复主要是向污染环境中加入化学氧化剂,依靠化学氧化剂的氧化能力,分解破坏污染物的结构,是污染物降解或转化为低毒、低转移性物质的一种修复技术。对于污染土壤来说,化学氧化技术不需要将土壤全部挖出,只是在污染区不同深度钻井,将氧化剂注入土壤,通过氧化剂与污染物混合反应,使污染物降解或形态发生改变,达到修复环境污染的目的。进入土壤的氧化剂可以从另一个井抽提出来。含有氧化剂的废液可以重复使用。

# 第七节　持久性有机污染场地土壤淋洗法修复

近年来,随着我国城市化进程和产业转移步伐的加快,以及国家"退二进三""退城进园"等政策的实施,出现了大批由企业关闭和搬迁导致的持久性有机污染物(POPs)污染场地。当前大多数持久性有机污染场地面临用地功能的转换和二次开发,如:商业用地、居民住宅等。这些场地中潜存的高风险污染土壤将成为人类"化学定时炸弹",严重威胁人体健康和环境安全,已成为当前亟须解决的土壤环境问题。在持久性有机污染场地土壤修复技术中,由于物化修复方法具有效果好、周期短和成本低等特点被广泛运用于实际的场地修复。

## 一、按照土壤处理的位置进行分类

场地土壤淋洗法按照处理土壤的位置是否改变分为原位修复和异位修复两种。土壤淋洗原位修复是指对污染土壤无须挖掘或移动处理,在污染场地逐步注入特定淋洗剂至污染区域,淋洗剂在重力或外力的作用下流过土层,通过与污染物接触并淋洗至地下水层,再采用抽提井或人工沟渠等方式,抽提出含有污染物质的淋洗剂,分离净化淋洗剂实现回用,并安全化处置污染物质的过程。土壤淋洗法原位修复主要步骤如图 7 – 13 所示:根据污染场地的地质特点和工程需求确定注入井和抽提井的位置、数目和深度,以及淋洗剂回用处理设备的安置;注入淋洗剂,进行淋洗修复处理;抽提出含有污染物质的淋洗剂;淋洗剂净化回用;污染物质安全化处理。土壤淋洗原位修复在发达国家已开展了20余年的污染机制与控制技术研究工作,积累了大量实用技术,并且在污染土壤修复工程实践中得到了有效应用。Mravik等对四氯乙烯污染场地运用体积浓度95%的乙醇进行淋洗修复,修复后土壤中四氯乙烯的去除率达到60%;Mccray和Brusseau对三氯乙烯(TCE)、三甲苯(TMB)和多环芳烃(PAH)复合污染场地土壤上采用质量浓度10%的环糊精溶液作为淋洗剂进行淋洗修复,使土壤中总污染物质浓度去除率达到41%;Zhou和Rhue对多氯代烯烃污染场土壤,运用多种表面活性剂和醇类作为淋洗剂,通过优化柱淋洗实验,发现污染物最大去除率可达98%。

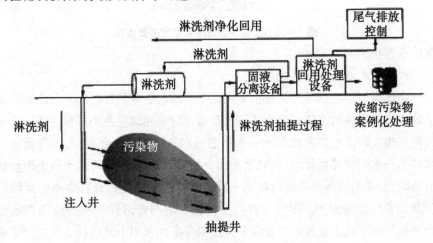

**图7-13 土壤淋洗法原位修复主要步骤**

土壤淋洗异位修复是指先将土壤从污染区域挖掘出来后进行预处理,再将土壤与淋洗剂投入淋洗设备进行深度洗涤,通过土液分离等手段,分离并安全化处置含有污染物质的淋洗剂,最后将修复后的土壤置于恰当的位置,达到清除土壤中污染物质的方法。土壤淋洗法异位修复主要步骤如图7-14所示:污染土壤的挖掘和预处理,污染土壤淋洗修复处理,土水体系固液分离,淋洗剂净化回用,污染物质安全化处理,最终土壤的处置。在美国超级基金资助的修复项目中,有8个土壤淋洗异位修复示范场地。国外学者对于持久性有机污染场地土壤异位淋洗修复早在20世纪80年代就已开展相关研究。

### 二、按照淋洗剂的种类进行分类

持久性有机污染场地土壤淋洗法按照淋洗剂种类可分为:化学表面活性剂淋洗法、生物表面活性剂淋洗法、有机溶剂淋洗法、特殊溶剂淋洗法和复配

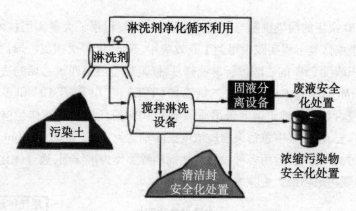

**图 7 - 14　土壤淋洗法异位修复主要步骤**

淋洗剂淋洗法五大类。

### 1. 化学表面活性剂淋洗法

化学表面活性剂淋洗法是指运用化学合成的表面活性剂作为淋洗剂去除土壤中污染物质的方法。此方法主要是通过卷缩和增溶两个过程完成。卷缩过程是指表面活性剂单体在土—水和油—水界面间大量聚集,大大降低土—水和油—水间的界面张力,同时增加油—土界面的接触角,降低土壤表面对油的吸附力,使油滴逐渐卷缩而脱离土壤表面的过程。此过程在临界胶束浓度(CMC)以下就能发生。增溶过程是指土壤吸附的难溶性有机污染物在表面活性剂作用下从土壤颗粒中解吸下来进而分配到水相中的过程。它主要靠表面活性剂在水溶液中形成胶束相,溶解难溶性有机污染物,此过程一般要在CMC 以上才能发生。

### 2. 生物表面活性剂淋洗法

生物表面活性剂淋洗法是指运用微生物、植物和动物产生的具有表面活性剂特性的物质(如糖脂、多糖脂、脂肽或中性类脂衍生物等)作为淋洗剂去除土壤中污染物质的方法。此修复方法的作用机制与化学表面活性剂淋洗法相似,同时由于生物表面活性剂还具有良好的环境兼容性,可促进土壤中有机污染物的微生物降解过程。

### 3. 有机溶剂淋洗法

有机溶剂淋洗法是指运用特定的有机溶剂作为淋洗剂来去除土壤中污染物质的方法。常用的特定有机溶剂往往是低分子量短链醇类和酮类。此类有机溶剂可同时溶解于水相和有机相,通过降低土壤中污染物质与水相间的界面张力,增加土壤中有机污染物在水相中的溶解度,实现淋洗去除污染物的过程,并且有机溶剂便于回收利用,修复成本低廉,因而近年来此技术也得到了快速发展。

### 4.特殊溶剂淋洗法

特殊溶剂淋洗法是指运用特定溶剂作为淋洗剂来去除土壤中污染物质的方法,常用的淋洗剂有环糊精类衍生物。环糊精是一类具有"外缘亲水,空腔疏水"分子结构的化合物,能够与多种难溶有机物形成易溶于水的主体、客体包合物,并具有对生物体无毒性,在土壤上无滞留,不会产生二次污染等优点,已被用于去除土壤中持久性有机污染物的研究。

### 5.复配淋洗剂淋洗法

复配淋洗剂淋洗修复是指对不同类型的淋洗剂进行优化复配,运用复配药剂的协同增溶效应,达到实现强化土壤中污染物最大去除效率和节约淋洗剂使用量的目的。

### 三、持久性有机污染场地土壤强化淋洗修复

#### 1.单级或多级淋洗强化修复

持久性有机污染场地土壤淋洗法按照运行方式可分为:单级淋洗法和多级淋洗法两类。单级淋洗法的原理主要是污染物质在淋洗体系中固相与液相之间分配平衡规律,当污染物在淋洗过程中达到分配平衡时,污染物的去除率最大。当淋洗效率受到平衡条件限制时,则需采用多级淋洗法来实现强化污染物去除率。根据土壤和淋洗液的流动方向,多级淋洗法又可以分为反向流淋洗和交叉流淋洗。反向流淋洗是指污染土壤与淋洗剂在若干个淋洗反应阶段内,运动方向相反,且每个阶段污染土壤与含有不同低浓度污染物的淋洗液接触反应,如图 7 - 15 所示。

**图 7 - 15  不同低浓度污染物的淋洗液接触反应**

#### 2.超声强化淋洗修复

超声强化淋洗修复是指运用频率等于或高于 20 kHz 的声波作用于淋洗反应体系,通过产生的空化效应、高辐射压和声微流共同强化淋洗效果的方

法。空化效应是指超声产生的高压冲击波能击碎土壤颗粒,促使淋洗剂进入土壤颗粒内部而发挥更大作用;空化效应产生的高速微射流能对污染土壤进行冲洗。此外,辐射压和声微流能增加扰动土壤表面扩散层,促进土壤颗粒之间的摩擦和拌搅,使淋洗剂扩散进入土壤孔隙中而充分发挥对污染物的解吸作用。

# 第八节　挥发性有机物污染场地土壤修复技术

随着我国经济的快速发展,汽车数量急剧上升,加油站和地下储油罐的数量与日俱增。由于输油管道、储油罐渗漏,含油污水排放,落地油污染等原因,大量油类污染物进入土壤。石油和化工工业对土壤造成的污染,尤其是其中的大量挥发性有机物,破坏了土壤本身的生态系统,对地下水也构成威胁,严重危害人类健康。挥发性有机物作为一类特殊的土壤污染物有不同于其他污染物的污染特性,并因其成分的复杂性和危害性,被列为环境中潜在危险性大、应优先控制的污染物。

## 一、挥发性有机物概述

挥发性有机物简称 VOCs,是一类有机化合物的统称,但目前国际上对 VOCs 的定义尚未统一,各国家和组织根据控制的出发点不同而有不同的定义。一般而言,VOCs 是指在常压下沸点低于 260 ℃或室温时饱和蒸气压大于 71 Pa 的有机化合物。挥发性有机物主要包括芳香烃、卤代烃、脂肪烃等,在土壤中以挥发态、溶解态、固态和自由态(以单独相存留于毛管孔隙或非毛管孔隙)存在,可在土壤中滞留或通过挥发、扩散等进入空气、水体中,对环境、人类生命造成极大危害。挥发性有机物污染土壤具有隐蔽性、潜伏性、不可逆性和中间产物复杂等特征,可以在土壤中长期积累,与土壤中的物质发生一系列吸附、置换、结合作用,其降解需要很长的时间。

## 二、挥发性有机污染土壤的修复技术

近年来,世界各国开始重视挥发性有机物污染土壤的治理技术。欧洲、美洲国家先后投入大量的人力、物力对污染土壤进行修复和治理。针对不同的污染状况,已形成一系列挥发性有机物污染土壤的修复技术。从修复原理来说,可分为物理(化学)修复和生物修复。由于单一的修复方法不足,联合修复技术的应用越来越广泛。

## (一)物理(化学)修复技术

物理(化学)修复是最传统的修复法,修复周期短,操作简单,适应范围广,但费用高,易产生二次污染,破坏土壤及微生物结构。该技术主要包括隔离法、换土法、焚烧法、热解吸技术、土壤气相抽提技术、土壤淋洗技术、萃取法、化学氧化法、光降解技术、CSP 法等。

### 1. 热解吸技术

热解吸技术是一项新型的非燃烧土壤异位物理修复技术,多用于能够热分解的挥发性有机污染物如石油污染。加热温度范围通常在 200 ~ 600 ℃,可以通过红外线辐射、微波和射频等方式产生热量。在国内外一些工程实践中,利用管道输入水蒸气,打井引入地热等方式来加热土壤,污染物变为气态挥发去除,处理效果良好。Aresta 等利用热解吸技术和催化氢化技术联合修复多氯联苯污染土壤。研究表明,在足够的时间和适宜的温度下,多氯联苯的处理效率达到99%以上,连续运行 12 h 的修复效率可达100%。美国海军工程服务中心采用热气抽提系统在 154 ℃下修复油类污染土壤,总石油烃浓度由4 700 mg/kg 降至 257 mg/kg,去除率达95%。

### 2. 光降解技术

光降解技术是目前研究较为活跃的挥发性有机物处理方法之一,主要有土壤表层直接光解、土壤悬浮液光解、溶剂萃取与光降解联合处理、光催化氧化等。土壤表层的直接光解应用较广泛,适用于处理水溶性低、具强光降解活性的化学物质。李智冬等利用模拟可见光照射土壤样品,分析了土壤中的初始含油量、土壤类型、pH 对石油在土壤表面光降解过程的影响。研究表明,土壤含油量过高会降低光降解速率;有机质含量越高,石油在土壤表面的光降解速率越慢;pH 对石油的光降解速率没有明显的影响。光催化氧化是一项有效处理挥发性有机物的光降解技术。纳米级 $TiO_2$ 是光催化氧化领域的一个新的研究方向。在常温、常压条件下,光催化氧化法能快速、高效地将挥发性有机物分解为 $CO_2$、$H_2O$ 和无机物,效率高且无二次污染。目前,主要采用间歇和连续流光化学反应系统进行气—固相纳米级 $TiO_2$ 光催化氧化反应研究。据相关报道,许多研究者在循环流动间歇反应器中进行了一氧化氮、乙醇、乙醛、吡啶、丙醛等的光催化氧化研究,也有研究者用连续流动固定床反应器光催化氧化一氧化碳、二氧化氮、三氯乙烯、乙烯、三氯丙烯、异丙醇、苯、甲苯、甲硫醚、1 - 丁醇、甲基丁醇等。

### 3. 土壤淋洗技术

土壤淋洗技术主要用于处理化学吸附在土壤微粒孔隙及周围的挥发性有机污染物，既可以原位修复，又可以异位修复。其运行方式有单级淋洗和多级淋洗 2 种。淋洗液可以是清水，也可以是无机溶液（碱、盐）、有机溶液和螯合剂、表面活性剂、氧化剂及超临界 $CO_2$ 流体。土壤淋洗技术主要通过淋洗液溶解液相、吸附相或气相污染物和利用冲淋水力带走土壤孔隙中或吸附于土壤中的污染物。巩宗强等用植物油淋洗受多环芳烃污染的土壤，去除率达 90% 以上，残留在土壤中的植物油可在几天内被降解。近几年来，主要用表面活性剂作为淋洗液来修复受挥发性有机物污染的土壤。有关研究表明，使用多种表面活性剂进行连续的土壤清洗，去除效果往往要优于使用单一表面活性剂。生物表面活性剂由于具有高度特异性、良好的生物降解性和生物适应性而具有广泛的应用前景。这类生物表面活性剂可为微生物提供碳源且更易被生物降解。Grigiskis 等研究了生物表面活性剂和化学表面活性剂清洗油污染土壤的效果，发现用生物表面活性剂作淋洗剂时的修复效果是用化学表面活性剂作淋洗剂时的 1.5 倍。

### （二）生物修复技术

生物修复技术是在生物降解的基础上发展起来的一种新型的污染土壤修复技术。它是传统的生物处理方法的发展。生物修复技术不仅能够处理其他技术难以应用的污染场地，而且可以同时处理受污染的土壤和地下水，处理效果好，费用低，对环境影响小，不破坏植物生长所需要的土壤环境，但所需修复时间较长，易受污染物类型限制。

### 1. 微生物修复

微生物修复技术是目前研究较多且相对成熟的一种技术。早期的生物修复均指该类修复。微生物修复可进行原位、异位及原位—异位联合修复，主要包括生物通风法、投菌法、生物培养法、生物堆肥法、生物反应器法（生物泥浆法）、土壤耕作法等。微生物修复技术的一个突出缺点就是挥发性有机物污染的降解速度缓慢，致使治理过程的延续时间较长。因此，寻找高效污染物降解菌是当前微生物修复技术的研究热点。据报道，能降解烃的微生物有 70 个属（其中，细菌 28 个属，真菌 30 个属，其他 12 个属）200 多个种。一般认为，细菌分解原油比真菌、放线菌容易得多。但也有研究表明，某些种类真菌比细菌更有效地降解原油。目前，国外许多微生物修复方法已应用于污染场地修复。我国大部分还处于实验室研究阶段，应用最广泛且修复效果最好的修复方法是生物通风法,对于其他修复方法也有相关的报道。Balba 等比较了土地耕作、生物堆肥和生物通风 3 种修复方法对科威特沙漠地区油污染土壤的修复效果,结果表明静态生物通风效果最显著。

2. 植物修复

植物修复是植物利用太阳能动力处理系统修复污染物的一项绿色技术。该技术对环境影响小、成本低,不仅可以修复污染土壤,清除污染土壤周围大气和水体中的污染物,而且有利于改善生态环境,但易受污染物特性和土壤类型、气候等因素的限制,修复周期较长。植物修复作为一个单独技术进行研究的时间短(至今只有 10 年左右),研究重点集中在根系具有特异分泌能力和高吸附能力植物的筛选及有机污染物降解微生物的接种上。植物修复有机污染物的机理包括吸附、吸收、转移、降解、固定、挥发等。试验植物常选用受污染区内代表性较强的粮食和经济作物,如水稻、小麦、玉米、花生、棉花、大豆、油菜、茶树、杨树、柳树及各种果树等。

3. 动物修复

动物修复在国外有较长的研究史,国内的研究还处于摸索阶段。目前国内研究主要包括以下 2 个方面:一是将生长在污染土壤上的植物体、粮食等饲喂动物,通过研究动物的生化变化来确定土壤污染状况;二是直接将土壤动物饲养在污染土壤中进行有关研究。土壤中的一些大型动物如蚯蚓能吸收或富集土壤中的残留农药,并通过代谢作用把部分农药分解为低毒或无毒产物。土壤中还存在着丰富的小型动物群如线虫、跳虫、螨、蜈蚣、蜘蛛、土蜂等,对土壤中的农药有一定的吸收和富集作用。谢文明等在添加有机氯农药的土壤中培养蚯蚓,发现蚯蚓对六六六和 DDE 有明显的富集作用。

### (三)联合修复

任何一种单一的治理方法都有其优势与不足,所以联合运用多种技术进行综合治理是挥发性有机物污染土壤修复的发展方向。在这方面的研究,目前已经取得一些进展。将生物通风与堆肥相结合,可以取得较高的处理效率;为提高土壤气相抽提法的处理效果,可与注入热空气法等强化技术联合使用;土壤动物修复和微生物修复、植物修复、工程技术相结合,将更能发挥其功能,提高修复能力;植物与微生物修复相结合可以取得比单一方法更高的修复效率。李春荣等通过田间试验研究玉米和向日葵 2 种植物对石油污染土壤的修复作用,考察了外源菌(DX9)对植物修复的强化和协同效应,在 10 000 mg/kg 污染浓度下 150 d 玉米、向日葵试验区土壤中石油降解率分别为 42.5% 和

46.4%,添加外源菌后降解速率分别达到72.8%和76.4%。

# 第九节　地下水污染场地污染的控制与修复

地下水是淡水资源中重要的组成部分,但当前我国存在大量的地下水污染场地,导致地下水的质量受到了严重的影响。同时,地下水被污染之后长时间难以消除污染,并会对水层长时间地产生作用,这对人们的身体健康和用水安全也造成了严重威胁。

## 一、地下水污染的原因

通常来说地下水污染可以划分为两种不同的类型,一种是可溶性,另外一种是非混合性。两种污染在化学性质上各不相同,同时在对人体的危害上也将产生不同程度的影响。可溶性污染主要是无机物,由工业用水和生活废水等组成。

### (一)可溶性污染

通常来说可溶性污染在渗入到地下水之后,会形成污染群。而污染群的范围则根据水文情况、污染物的排放量等有关。污染群能够跟随地下水的流动方向来逐渐地渗透到每一个不同的角落,甚至流到其他的水层当中去。如果污染物持续排放,那么污染群的范围和浓度也会因此不断地上升。如果污染源停止排放,那么已经受到污染的地下水也会随之不断地扩大,但长时间以后会得到一定的净化,使得污染的程度大大降低。

### (二)非混合性污染

非混合性污染主要是以液态的形式存在的,也就是非水相液体。这种液体污染物的出现主要是因为石油的大规模开采或者因为石油类的产品泛滥而造成的。而这种污染现象也多出现在电子工厂、化学工厂等周边地下水。当液体渗入地下土层之后,一部分会挥发,而另外一部分则会继续下沉,直达水层。这种污染物对地下水的影响是难以消除的,即便停止污染排放也会导致这些油状物的液滴逐渐渗透,最终形成持久性的污染。

## 二、地下水污染的控制与修复

### (一)建立地下水污染预警装置

在现代社会中工业发展十分迅速,在日常的工作和生活中经常会出现不合理的开发利用现象,导致废弃物排放严重,最终影响了地下水的质量。此外,在北方地区很多地下水在自然状态下逐渐出现恶化的现象,这些都说明了当前对地下水保护的重要性。为了能起到防止地下水受到污染的作用,应当建立起水质污染的预警装置。一旦地下水出现了污染情况就可以及时找到问题根源并进行及时地处理,这对地下水保护将起到重要的作用。

### (二)污染物清理

地下水受到污染基本上都是因为地表的污染物泄漏而造成的,通常会采取挖去地面的方式来进行处理。而对其他已经渗透到地下水的污染物则会采取抽取的方式和屏蔽等方式进行处理。

#### 1.异位处理法

进行地下水的异位处理法主要有两种不同的形式:一种是对污染的土体进行开挖,另外一种则是抽取处理法。土体开挖法主要适用于范围比较小的区域,将已经受到了污染的土体挖出,并进行相应的处理,使其当中所含有的污染源能得到消除。这种方式是当前应用比较广泛的方式,有着一定的优势,但当前仍然无法进行大面积的处理。抽取处理法主要是以地表的处理为主,但需要对地下的水进行抽取,并进行微生物处理,将水质恢复到本来的面貌。这种方式能有效地通过吸附方式来减少水当中的污染物,提升地下水的洁净度。

#### 2.原位处理法

原位处理法当中也包含了两种不同的方式:一种是原位冲洗法,另外一种是微生物处理法。原位冲洗法主要是将地下水被污染的区域进行液体注入,并将地下水和冲洗剂一起抽出,然后在地表进行处理。通常冲洗使用的液体当中包含了水、活性剂和潜溶剂等其他的物质。利用这种方式一方面能强化空隙处理作用,另一方面也能有效地提升抽取和对地下水的处理能力。利用微生物处理方式,应谨慎选择微生物,并做到合理的配比,如果配比的合理,那么地下水当中的污染物将会在时间的推移下逐渐被溶解,而如果没有处理好的话也有可能难以起到作用。微生物处理法近年来已经在相关研究上取得了一定的成效,并得到了广泛的认可。微生物处理法与其他的方式相比较而言,最明显的不同之处就在于微生物的处理在于地下环境中,而地下环境又难以受到控制,因此操作起来比较复杂。而其他的方式基本上都在地表进行处理,能够直接进行参与和操作,控制起来也比较简单。

### (三)修复技术

#### 1.生物填料技术

生物填料是一种环境保护技术,主要利用生物填料的方式进行吸附,并采取活性炭吸附的方式将地下水当中的污染物排除。利用这种方式不仅能体现出生物氧化法和活性炭的吸附优势,同时对技术当中的处理周期和面积等也都有效地拓展。

#### 2.污染探测装置

利用水资源地下污染探测装置能够使地下水的状况得到实时监控。通过这种方式能够及时地了解到地下水的污染特点并显示出污染的种类和污染程度,在当前是一种比较实用的方式。地下水的污染防治规划,首先应做到保护地下水的正常使用和水源系统的完整性,同时需要兼顾地下水和地表水。同时,需要对地下水的实际情况和未来的应用价值进行了解,整体地来制订污染治理规划方案。此外,应认识到当中涉及的内容和范围等比较广,当中包括了土地利用情况、水资源利用情况和社会经济环境情况等,只有进行全面地分析才能找出科学的治理方式。

# 第八章　有机污染场地修复技术案例介绍

　　鉴于污染场地的复杂性,其治理技术也是多样化,针对具体的某个污染场地,应筛选适应的修复技术,并根据场地土壤污染分布及水文地质等环境条件对筛选出来的修复技术进行有机组合,形成系统的场污染土壤修复方案。

## 案例一　美国科罗拉多州某污染场地原位热脱附(ISTD)修复

### 一、污染场地概况

污染场地位于美国科罗拉多州一兵工厂,该厂始建于 1942 年,是一家化学药剂和军需品工厂,后来该工厂用于杀虫剂生产场地。用于杀虫剂处理的滚筒后来被腐蚀或破裂,导致场地土壤、地表水和地下水的污染。该污染场地是一个未衬砌的土制处理坑,用于处理在生产 hex 过程中产生的蒸馏产品,hex 以前是一种用于杀虫剂生产的化学制品。此外,其他有机氯杀虫剂在井坑中进行处理。污染场地修复实施期:2001 年 10 月到 2002 年 3 月。需要处理井坑中的废弃物,含废弃物土壤以及类似于焦油物质的半固体层。井坑受污染部分的面积扩大到 $650m^2$,深度 $2.5 \sim 3.0m$。

### 二、修复技术

污染场地修复技术:原位热脱附(ISTD)修复技术。选择原位热脱附处理技术,主要是由于该技术对狄氏剂和氯丹的破坏去除效率大于 90%,并且成本低于异位焚烧所需成本。原位热脱附(ISTD)过程中有 3 个基本要素:污染介质的加热、蒸汽的提取和收集、废气中污染物分离处理(图 8 - 1)。原位热脱附(ISTD)系统设计共包括 266 口热采井(210 口 H - O 井和 56 口 H - V 井),设置深度为地下 3.8 m,六边形布局,占地面积 $669m^2$。脱水井设置于原位热解井场底下数米处。每口热采井配有电加热元件,用于达到 $760 \sim 900℃$ 的最高温度。处理区边界上保持着约 0.61 m 水柱的真空压力,以收集水汽和污染物蒸汽。收集的废气送至废气处理系统,废气处理系统由旋风分离器、无焰热氧化反应器、热交换器、分离罐、2 台酸性气体干式处理器、2 台活性炭吸附床和 2 台主处理鼓风机组成。土壤原位热脱附修复工程如图 8 -2 所示。

### 三、主要污染物和控制目标

主要污染物包括有机杀虫剂和除草剂(艾氏剂、氯丹、狄氏剂、异狄剂和异艾剂)。混合土壤样品的平均预处理污染物浓度如下(单位:mg/kg):狄氏剂 3 100、氯丹总量 670、异狄剂 <280、异艾剂 <200、艾氏剂 <170。

整治目标 1:艾氏剂、氯丹、狄氏剂、异氏剂和异艾剂相关污染物达到 90%

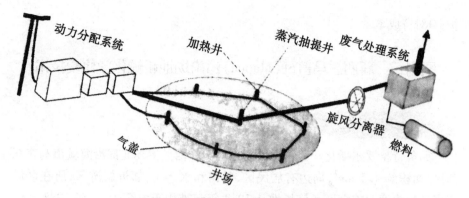

图 8-1 原位热脱附(ISTD)修复工程系统设计

图 8-2 土壤原位热脱附(ISTD)修复工程

的破坏去除效率(DRE)。

整治目标2:将相关污染物的平均浓度降至人类健康风险可接受标准之下。

### 四、修复结果以及修复成本因素

原位热解系统的运行时间于 2002 年 3 月 3~15 日,共 12 天。在运营和后处理监测期间,对气体排放物的采样和分析表明,在系统运行期间或井场冷却延期时间内,废气排放物未超出每小时一次的平均气体质量标准。

成本因素:使用原位热解系统处理了约 3 200 箱(集装箱)受污染土壤。系统的设计包括多口 H-O 井、H-V 萃取井以及脱水井。原位热解系统的设计和制造成本约为 190 万美元。由于系统运行时间较短,因此无运营和维护(O&M)成本。

## 案例二　新西兰马普瓦(Mapua)污染场地机械化学修复技术

### 一、场地概况和主要污染物

弗鲁特格罗尔斯化学公司污染场地位于新西兰港岛北部沿海城市马普瓦南区,面积约 4.5 hm²,周边有居民区、餐馆和水族馆,邻近旅游区,所在区域未来规划为商业旅游区。该场地从 1932 年起被用于农药生产,到 1988 年停止生产并搬迁,主要污染物为 DDX(DDT、DDD、DDE)、艾氏剂(aldrin)、狄氏剂(dieldrin)和林丹(lin-dane)等。在场地 2m 深度土壤中发现超过 12 000 mg/kg 的 DDX 和 400 mg/kg 的 ADL(aldrin、dieldrin、lindane)。估计受 DDT、DDD、DDE、艾氏剂、狄氏剂和林丹等污染需要修复的土壤约 6 600m³。在该场地,0~0.5m 深度土壤可接受的 DDX 水平为 5 mg/kg,ADL 水平为 3 mg/kg;0.5 m 以上深度土壤可接受的 DDX 水平为 200 mg/kg,ADL 水平为 60 mg/kg(Thiess Services NSW,2004)。

### 二、污染场地修复技术

机械化学法修复技术(MCD),该技术是一个非燃烧处理过程,目前已在新西兰和日本获得应用。新西兰马普瓦场地 MCD 修复装置如图 8-3 所示。MCD 修复技术优越性:处理获得土壤能够回填原场地,是一种比较彻底的无害化处理技术。MCD 修复技术不足之处:处理成本偏高。

图 8-3　新西兰马普瓦场地 MCD 修复装置

**三、修复过程**

图 8-4 所示为新西兰马普瓦机械化学法修复过程。作为修复新西兰其他 POPs 污染场所的示范项目,于 2007 年完成,耗资 800 万美元。在修复过程中,异位修复将近 6.5 万 m³ 土壤。

**图 8-4 新西兰玛普瓦机械化学法修复技术过程**

表 8-1 列出 MCD 反应器处理前后土壤中污染物平均浓度。表中污染物的浓度是在 2004 年 2 月 16 日至 4 月 23 日手机的样本的平均浓度。处理的土壤符合低于地面 0.5 m 以下土壤的清理标准,但不符合从地表到地表以下 0.5 m 的清理标准。

**表 8-1 机械化学法修复技术处理马普瓦场地效果**

| POPs | 处理前浓度（mg/kg） | 处理后浓度（mg/kg） | 去除率（%） | 不同深度下土壤可接受浓度（mg/kg） | |
|---|---|---|---|---|---|
| | | | | 0~0.5 | >0.5 |
| DDX | 717 | 64.8 | 91 | 5 | 200 |
| 艾氏剂 | 7.52 | 0.798 | 89 | NA | NA |
| 狄氏剂 | 65.6 | 19.8 | 70 | NA | NA |
| 林丹 | 1.25 | 0.145 | 88 | NA | NA |
| ADL | 73.245 | 20.612 | 72 | 3 | 60 |

注:DDX 表示 DDT、DDE 和 DDD;ADL 表示 Aldrin、Dieldrin 和 Lindane;NA 表示没有数据。

## 案例三　美国加利福尼亚州北岛海军航空基地(NASNI)溶剂萃取修复

### 一、污染场地概况及主要污染物

阿拉米达北岛海军航空基地占有 646 万 $m^2$ 陆地和 404 万 $m^2$ 湿地。从 1940 年开始,主要承担为美海军舰队提供维护和运营的任务。在飞机维修和燃料储存,海上运输过程中产生大量的危险废物,包括高浓度的 PCBs、二噁英(PCDD)污染,还有 PAHs 及一些 VOCs 和重金属等污染,PCB 主要来自含 PCB 的废弃变压器、三乙酸纤维碎布、含 PCB 的无碳纸等,港口疏浚废物造成了基地土壤和地下水的严重污染。

### 二、修复技术

美国 Terra – Kleen 公司于 1994 年 5 月开始在该基地的 4 号场地开展现场试验,来评价该公司所开发的溶剂萃取技术去除土壤中 PCBs 的效率。4 号场地堆放了大量的含有 PCBs 的海湾疏浚废弃物,其中大部分来自海军航空基地码头,回转港和入口通道,还存在二噁英等其他污染物。

Terra – Kleen 公司采用一种专有溶剂提取污染土壤中的有机污染物,然后利用特定的净化装置过滤和净化有机溶剂,再生的溶剂循环通过受污染土壤,直至达到清理目标,土壤中剩下的溶剂采用真空抽提和生物降解来处理(图 8 – 5)。循环提取次数受土壤颗粒大小、持水量、有机质含量、污染物浓度和种类等因素的影响。修复实践表明,该处理过程可以去除土壤中的 PCBs、二噁英、PAHs 和重金属等污染物。

### 三、修复效果

Terra – Kleen 公司在 4 号污染场地实验结果显示 PCBs 浓度从 144 mg/kg 下降到 1.71 mg/kg,低于美国有毒物质控制法(TSCA)中规定的 2 mg/kg,去除效率达到 98.8%,效果显著。同时污染土壤中二噁英分别从 0.70 μg/kg 和 0.16 μg/kg 下降到 0.05 μg/kg 和 0.04 μg/kg,去除率分别达到了 92% 和 76% 左右。其他污染物如油及油脂从 760 mg/kg 下降到 258 mg/kg,去除率达到了 65.9%。

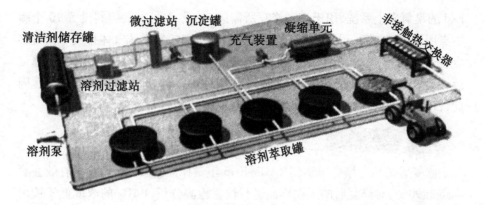

**图 8-5 Terra-kleen 公司溶剂萃取技术修复示意图**

Terra-Kleen 公司运用溶剂浸提技术,成功修复了北岛海军航空基地。到目前为止,已经原位修复了大约 20 000 m³ 被 PCBs 和二噁英污染的土壤和沉积物,浓度高达 20 000 mg/kg 的 PCBs 被降低到 1 mg/kg,二噁英的浓度减幅甚至达到了 99.9%,平均处理费用需要 165~600 美元/t 土壤。这一新技术与传统的"挖掘与拖走"方式处理 PCBs 污染土壤相比,可节省 5 000 万美元。

# 案例四　美国纽约州燃油配送点遗留场地修复

## 一、污染场地概况

污染场地位于美国纽约州伊利昂,土壤成分主要包括本地原土(粉质土)及填充覆土,在地下水位 2.1~2.4 m。污染主要发生在罐油桥台区域附近,污染面积约 1 858 m²,污染程度范围为 0.6~2.4 m,受影响土方量 >4 587 m²。

## 二、主要污染物

苯并蒽,苯并芘、苯并荧蒽及丙酮中屈。

## 三、修复技术

PAHs 污染土通常采用异地填埋或热处理的方式进行修复,修复时间至少需要 60d。为确保在此时间内完成修复,理论上需要配置一个日产量为 45

L/d 的臭氧发生系统,用于产生修复所需的 $O_2$ 及 $O_3$。本案例共设置 10 个喷射点用于直接喷射,设有浅层气体抽排系统,用于控制系统气体排放。设置多点、连续的臭氧监控系统,用于监测周围氧气浓度,并控制系统的安全。修复后,PAHs 去除率需高于 90%,以符合纽约市 TAGM4046 土壤标准的规定。因此,目标区的总碳氢化合物含量需降低约 75%。

### 四、修复结果

修复后场地土壤质量达到 TAGM4046 土壤标准的要求。60d 内有效去除率高于 90%,对修复后的土壤样品进行快速检测分析,PAHs 的浓度低于检出限。场地 PAHs 浓度随修复时间的变化,如图 8-6 所示。

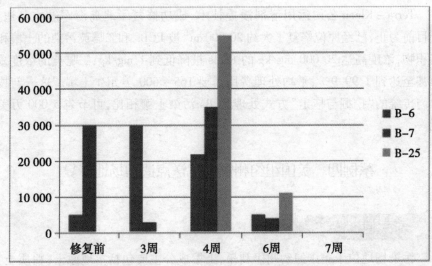

**图 8-6 场地 PAHs 浓度随修复时间变化图**

注:纵轴的单位为 μg/kg。

## 案例五 Pierce 加油站旧址场修复

### 一、污染场地概况

污染场地位于美国加利福尼亚州洛杉矶,主要污染源为原加油站界外,距加油站西南面 45 m 处的汽油井,横穿两条交通道路。蓄水层沉积物主要为粉土,少量低渗透性黏土。污染羽位于浅层冲积蓄水层,深度为地表下 9~12

m,预估污染区域范围为 656 m$^2$,蓄水层体积 3 976 m$^3$,最大污染浓度 BTEX = 2 000 μg/L,TPH = 65 000 μg/L。

## 二、主要污染物

苯系物(BTEX)、石油烃(TPH)。

## 三、修复技术

通过建立一个包含污染场地地球化学及水文地质特征参数的模型,确定现场修复工程所需氧化剂的合适用量。此外,天然氧化剂需要量、土壤氧化剂需求量及天然有机质的需求量虽不通过模型直接模拟获得,但也间接受模型的模拟结果所影响。共设置 21 个注射井(深度为 9.5~14.0 m),在全过程中使用。基于前期对低渗透性土壤的小试试验结果,注射井的有效半径为 4.6 m。各注射井的间隔约 7.6 m,交错排列用于获得重叠的修复半径,并覆盖场址外的污染羽。场地的地下水需预先注射催化剂(FeSO$_4$ + HCl),本案例中每注射井添加 189 L 催化剂。H$_2$O$_2$ 氧化剂通过重力投加,不用泵也不加压,在添加的同时监测井下温度,以此调节 H$_2$O$_2$ 的添加速度,确保地下水温不超过 82℃。这个步骤进行 4 周后,H$_2$O$_2$ 的总投加量为 32 555 L,平均投加量为 1 628 L/井。

## 四、修复结果

本场地采用 Fenton 试剂氧化,对污染物进行有效去除。BTEX 的浓度由 2 000 μg/L 降至 240 μg/L,去除率达 88%;TPH 的浓度由 62 000 μg/L 降至 4 300 μg/L,去除率达 93%。根据监测数据计算可知,BTEX 的平均去除率为 96%,TPH 的平均去除率为 93%。

# 案例六 USG 公司遗留场地修复

## 一、污染场地概况

污染场地位于美国加利福尼亚拉米拉达地区,场地的蓄水层沉积物主要为粉质沙和沙质粉土,层间为黏土及黏质沙,蓄水层的渗透系数极高,为 5.48 m/d,蓄水层厚度约 7.62 m;地下水流向为西北方向,流速为 5.18 cm/d。污染场地的污染深度 24~32 m。

## 二、主要污染物

三氯乙烯(TCE)、1,1 - 二氯乙烯(1,1 - DCE)。

## 三、修复技术

修复方法来源于洛杉矶水质控制学会批准的原位修复技术指南。小试实验采用单一注射井,论证 KMnO₄ 修复的可行性。氧化剂分 6 组进行注射投加,每次注射 5 678 L,质量浓度 5% 的 KMnO₄,总注射量 34 068 L。根据现场测量的水质变化情况,确定有效处理半径约 10.7 m,实际场地受地下水抽提水力梯度的作用,实际处理半径约增加 4.6 m。场地现有的 11 个水井被用作监测井,监测 6 个月,主要监测电导率、氧化还原电位、浊度、周围水体颜色(粉紫),用于评估 KMnO₄ 氧化剂的分散性及消耗量。通过小试实验:确定含氯乙烯(TCE、1,1 - DCE)的降解量,评估修复技术的二次污染效应,为现场修复工程提供设计参数。

## 四、修复结果

对污染场地注射 KMnO₄ 进行氧化修复,短期内 TCE 及 1,1 - DCE 的去除率可达 86% ~ 100%,且在修复后连续 12 个月的监测中未出现浓度回弹现象。对于 TCE,70d 内,3 个最近的监测井(距离 10.7 m 以内)检测的 TCE 浓度均低于检出限( <1.0 μg/L),最大降解量为 280 μg/L;70~160d 后添加的 3 个监测井(距离为 12.2 ~ 13.7 m)。监测数据也表明,TCE 被强降解,最大降解量为 65~450 μg/L。对于 1,1 - DCE,其中 1 个监测井监测的 1,1 - DCE 最大降解量为 270 μg/L,另 5 个监测井监测的 1,1 - DCE 最大降解量为19 ~ 700 μg/L。

# 案例七　落基山兵工厂 18 单元污染场地修复

## 一、污染场地概况

落基山兵工厂是美国的一个化学武器制造中心,位于科罗拉多州的科默城市。这一兵工厂由美国陆军于 20 世纪末设立,生产常规兵器和化学兵器,其中包括白磷、凝固汽油弹、芥子气、路易试剂和氯气。1984年,美国陆军对落基山兵工厂的污染情况进行了详细调查,发现场地内存在多种污染物,包括有机氯农药、有机磷农药、氨基甲酸酯类杀虫剂、有机溶剂、氯化苯等。

## 二、修复技术

修复技术为土壤气相抽提技术(SVE)。SVE系统安装在土壤蒸汽中三氯乙烯浓度最高的区域。该SVE系统包括一个较浅的气相抽提井和一个较深的气相抽提井。浅井位于黏土层以下,地下4.3~9.3m;深井位于黏土层以下,地下13.3~19.3m。

## 三、主要污染物

主要污染物为氯化苯、三氯乙烯。

## 四、修复结果及修复成本

该系统的运营过程从1991年7月持续到12月,总共处理了约31.75kg的三氯乙烯,总处理土方量约为26 000m³。SVE系统处理后的三氯乙烯的体积浓度小于1 mL/m³。整个SVE系统的筹备,建立和运行费用为182 800美元。

# 案例八 木材加工厂遗留场地(土壤)修复

## 一、污染场地概况

污染场地位于美国加利福尼亚州索诺玛。场地污染主要为浸泡槽处理木杆遗留物质;其次为铁路调车线附近,装卸木制加工品时对场地的污染。场地位于索诺玛县的北部,地势平坦且含铺砌面,土壤主要由分层的非均质沙土组成,地下水深1.2~4.6 m,且随季节性变化。场地所在区域的气候,夏季干燥炎热,冬季极度潮湿。在此项目进行期间,有50%以上的时间处于厄尔尼诺潮湿天气,地表水位在3.4~0.9 m内变化。

## 二、修复技术

修复技术主要是化学氧化法(氧化物为$O_3$)。将场地分污染区进行分别处置,其中一个处置区包含 3 个不同级别的 $O_3$ 注射井,另一个处置区包含 5 个注射井。$O_3$ 气体配送模式包括 $O_3$ 喷射和 $O_3$ 注气,其中,当场地处理厄尔尼诺气候时,许多 $O_3$ 注射井被用作 $O_3$ 喷射井。在地下土壤样品区域设置多种监测仪表,用于评估修复处置前后污染物的相位分布,包括:①土壤湿度测定仪、真空压力溶度计,用于测定通气层的土壤水分及 NAPL。②压强计,用于测定地下水样品。③热电偶式温度计,用于监测场区地表面温度。④土壤蒸汽探针,用于监测土壤气体。

### 三、主要污染物

场地内主要污染物为:四氯苯酚(PCP)、石榴油(CPAH)。场地污染物最大浓度:PCP = 220 mg/kg,CPAH = 5 680 mg/kg。

### 四、修复结果及修复成本

原位的 $O_3$ 修复工程耗时 1 年完工,大约 3.6 t 的氧化剂被传输到地下,每千克土壤平均 $O_3$ 投加量为 1.9 kg。修复过程中,对臭氧进行有效地传输,且 $O_3$ 通过气体传质进入液相,其浓度呈数量级分布,且分布区间大:低浓度区的浓度小于 1 μg/kg,高浓度区的浓度可达 100 ~ 900 μg/kg,说明 $O_3$ 在地下表面可进行快速的氧化降解反应。

通过与修复前的原始土壤污染物浓度进行对比可知,经修复后 PCP、CPAH 的去除率达 93%,最大去除率高于 98%,将污染物由较高浓度(PCP = 220 mg/kg、CPAH = 5 680 mg/kg)降至低于检出限。不仅土壤样品中的污染物浓度显著下降,液相中的 PCP 及 CPAH 的浓度也显著降低。溶度计的监测数据显示,在修复区,大约在 $O_3$ 注射 1 个月后,溶解态的 PCP 及 CPAH 浓度就表现出数量级的下降。

# 案例九　勒琼营 88 号地块土壤含水层修复项目

### 一、污染场地概况

海军陆战队勒琼营位于美国北卡罗来纳州,是美国海军陆战队一所规模庞大的训练和调度基地。这一基地建立于 1942 年,面积为 640 km²。1989 年,美国环保署将这一场地添加到国家优先修复场地名单中。勒琼营场地中的土壤、污泥、地下水和地表水中都含有大量污染物,威胁着该区域居民的健康。场地中的污染物包括 VOCs、农药、PAHs。从 1994 年起,美国海军开始对勒琼营地块进行修复,直到目前修复工程仍在继续。

### 二、修复技术

修复技术为表面活性剂加强的原位土壤淋洗技术。

在勒琼营 88 号地块示范工程中,设立了原位土壤淋洗系统(图 8-7)进行重质非水相液体污染物的去除,同时设立表面活性剂回收系统进行表面活性剂的回收利用。土壤淋洗系统包括 3 个注射井、6 个提取井和 2 个液压控制井。系统中使用的表面活性剂是专门为勒琼营 88 号地块示范工程设计的。这一表面活性剂要满足两个要求:首先能够尽可能溶解重质非水相液体,其次可以保证表面活性剂回收过程的性能。携带污染物的表面活性剂液流在地上部分进行处理,处理单元包括一个渗透蒸发系统和一个超滤单元。渗透蒸发系统用于移除液流中的污染物,胶束强化超滤单元用于去除过量的水分。经过回收净化的表面活性剂液流可再次投入到注射井。

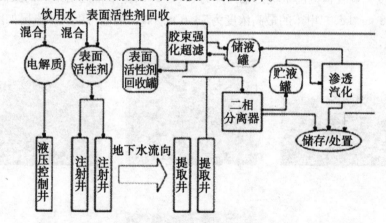

图 8-7　土壤淋洗系统的工艺流程

### 三、主要污染物及修复目标

88 号地块受到四氯乙烯和烃类溶剂的污染。四氯乙烯属于重质非水相液体,主要位于 88 号地块深度 4.88~6.10 m 的土壤浅层含水层中,其中大部分的重质非水相液体污染物位于浅层含水层底部低透水性的淤泥层中。烃类溶剂属于轻质非水相液体,位于浅层含水层的上部。在本项目中,目标污染物为四氯乙烯,但也有少部分的烃类溶剂在处理过程中被附带脱除。

### 四、修复结果及修复成本

88 号地块的面积大约为 11 m×29 m,在 4 个月的处理周期中,该示范工程总共处理了 288 L 四氯乙烯,总花费 3 074 500 美元。

## 案例十　苏州东升有机污染土壤的化学淋洗法

### 一、污染场地概况

苏州东升 F 地块原为特种油品及树脂类产品的化工企业,其北侧区域的主要污染物为甲苯、二甲苯,污染土方量约为 10 400 m³,现在其所在区域已规划为居住和商业用地。2009 年开始,苏州环科所对该地土壤污染进行调查评估,先后开展了 3 个阶段的现场调查,明确了污染源、污染类型、污染范围、污染程度。调查检测出土壤污染深度为 0.8 ~ 6 m,其中检测出甲苯的最高浓度为 258 mg/kg,二甲苯的最高浓度为 33.6 mg/kg。场地污染现状概况如图 8 - 7 所示。

图 8 - 7　场地污染现状

### 二、修复技术

污染场地修复技术主要是应用原地异位气相抽提技术（SVE 技术）。

原地异位气相抽提技术是利用真空泵抽提产生负压，空气流经污染区域时，解吸并夹带土壤孔隙中的挥发性和半挥发性有机污染物，由气流将其带走，经抽提并收集后最终处理，达到净化包气带土壤的目的。有时在抽提的同时，可以设置注气井，人工向土壤中通入空气，抽取的气体要经过除水汽和吸附等处理后排入大气。SVE 技术的优点：设备简单，易于安装操作；对现场环境破坏小、修复时间短、修复费用较低，并且在建筑物等下面操作，而不破坏建筑物。原地异位场地修复技术操作示意图如图 8 - 8 所示。

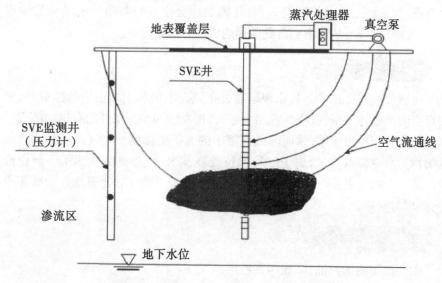

图 8 - 8　原地异位气相抽提技术操作示意图

### 三、修复目标

修复目标：根据《土壤环境质量标准》（GB 15618—2009）作为污染场地土壤治理标准，达到居住用地第一标准限值甲苯不高于 5.0 mg/kg，二甲苯不高于 4.0 mg/kg。

### 四、修复结果

甲苯、二甲苯污染区域待污染土壤清理完毕后，对两个挖掘基坑四周和底部进行网格布点,采样检测。采用 SVE 处置后的土壤每个单元采集 1 个样品进行自检,或根据现场处置能力进行调整,每个样品代表的土壤不超过 500 m³。由检测可知,经 SVE 技术处理后的土壤均能够达到标准要求。

## 案例十一 濮阳油田有机污染土壤生物处理

### 一、污染场地概况

污染场地位于河南省的东北部,在生产原油的过程中不可避免地产生大量的落地原油,对场地造成了严重的污染。场地污染主要为机械本身设计不够合理,如试油工作需长时间运作,长期运作会使井口防喷管的堵头发生磨损,导致原油喷发,从空中洒落到四周造成油井地面污染。

### 二、修复技术

土壤蒸汽浸提技术。其原理是通过布置在不饱和土壤层中的提取井,利用真空向土壤导入空气,空气流经土壤时,挥发性和半挥发性的有机物随空气进入真空井而排出土壤,从而降低土壤中的有机物浓度。土壤浸提技术有时也被称为真空提取技术,属于一种原位处理技术,但必要时也能用于异位修复。该技术的特点是可操作性强,装备简单,易于安装,对处理地点的破坏很小,处理时间短。

### 三、主要污染物

主要污染物为汽油,苯和四氯乙烯。

### 四、修复结果

在一定的条件下处理 6 个月后,土壤内的有机污染物去除率大都能达到 87%,但很难达到 90% 以上,不过均能够达到规定限值以下。

## 案例十二 武汉农药厂有机农药污染土壤的植物—微生物修复法

### 一、污染场地概况

武汉农药厂是一家制剂企业,即通过物理加工的方式将原料药中制备为

HCHs(六六六)、DDT(滴滴涕)等农药产品。调查的区域地势表现为:南边地势低,为荒地。该厂已于2004年搬迁,现在为搬迁完遗留场地,场地内有残丘(部分为石英岩山体)和湖塘分布;地面建筑垃圾较多,大部分地表上层为建筑垃圾填埋层,主要深度0~3 m,部分0~6 m,场地内地面还遗留部分坑洞;地表植物丰富,生长有大量的陆生杂草与灌木,如图8-9所示。

图8-9 场地现状照片

### 二、修复技术

污染场地修复技术主要是应用有机农药污染土壤植物-微生物修复技术。

有机污染土壤植物修复是利用职务的生长吸收、转化、转移土壤中的有机污染物。植物去除有机污染物的机制主要包括对有机污染物的直接吸收、植物的分泌物和酶直接分解有机污染物、植物通过提高微生物的数量和活性去除污染物。土壤植物修复OCPs的研究在国内外已有不少相关报道。

微生物修复法是利用微生物的生命代谢活动来降低土壤中有毒有害物质的浓度,使土壤环境部分或完全恢复到原初状态。

综上所述,植物与微生物共同配合能明显提高修复效果。

### 三、主要污染物和控制目标

场地表层土壤样品中有18种有机氯农药成分被检出,表面土壤中的

HCHs 和 DDTs 含量最高,两者分别平均占 OCPs(有机氯农药)含量的18.89% 和 74.18%。我国土壤环境质量一级标准的(GB 15618—1995)规定 HCHs 和 DDTs 的限制均为 0.05 mg/kg,北京市土壤环境质量标准中工业及商业用地土壤标准为土壤中总 HCHs 为 7 mg/kg;总 DDTs 为 37 mg/kg。本研究中的检出范围为 5.73 ~ 250.46 mg/kg,均值为 89.73 mg/kg,高出国家标准 3 个数量级(1 000 倍),高出北京市地方标准 10 倍。实际的检出范围为 3.08 ~ 331.85 mg/kg,均值为 156.04 mg/kg,均值浓度远远超过一级土壤环境质量标准和北京市的地方标准,表明场地土壤存在严重 DDTs 和 HCHs 污染与环境风险。对于土壤中的其他类型的有机氯农药,目前没有国家标准,对照北京市的土壤质量标准,可知污染样品的狄氏剂、艾氏剂超标 6 ~ 7 倍,说明土壤中狄氏剂、艾氏剂也存在环境风险。

整治目标:①艾氏剂,氯丹和狄氏剂相关污染物达到 90% 的破坏去除效率(DRE)。②将相关污染物的平均浓度降至人类健康风险可接受标准之下。

### 四、修复结果

在实验期内,土壤中艾氏剂、氯丹、狄氏剂等有机污染物的浓度都能够降解至人类健康风险可接受标准之下。

## 案例十三　美国亚拉巴马州 THAN 公司超级基金场地的微生物修复

### 一、污染场地概况

污染场地位于美国亚拉巴马州蒙哥马利市南部,离亚拉巴马河西侧约 3km,场地面积约有 6.5 km²。属于 THAN 公司超级基金场地。场地前期主要用于生产,分装杀虫剂和除草剂,也用作为其他一些工业和化学品废物处理等场所。该场地于 1990 年 8 月 30 日被列入美国 NPL。1991 年,USEPA 与 Elf Atochem 公司北美分公司签订了协议,委托该公司对这一场地进行修复调查和修复可行性研究,USEPA 于 1998 年 9 月 28 日签署修复决议。

### 二、主要污染物

该场地土壤及沉积物主要受毒杀芬、DDT、DDD 和 DDE 等污染,毒杀芬,

DDT、DDD、和 DDE 平均污染浓度为 189 mg/kg,81 mg/kg,180 mg/kg 和 25 mg/kg;在场地严重污染区,毒杀芬、DDT、DDD 和 DDE 浓度分别达到 720 mg/kg、227 mg/kg、590 mg/kg 和 65 mg/kg。

## 三、控制目标

修复该污染场地,使污染场地的农药浓度降低到协议修复目标,即毒杀芬≤29 mg/kg,DDT≤94 mg/kg,DDD≤132 mg/kg 和 DDE≤94 mg/kg。

## 四、修复技术

该场地修复技术采用的是 DARAMEND 生物修复技术。

DARAMEND 是一种先进的生物处理技术。针对土壤与土壤沉积物等附着的 POPs 成分,通过连续循环的厌氧——好氧条件供给营养成分以提升生物降解效果。该技术具有非常独特的优势,其不需要挖掘,不产生异味和渗透液,更不会导致膨胀。对比传统的生物修复过程,采用 DARAMEND 有机改良剂、零价铁粉和水,刺激生物消耗氧气产生较强的降解还原(缺氧)条件,促进有机氯合物脱氯,同时采用覆盖物控制水分含量,提高土壤基质的温度,避免产生异味和渗透液,保持无扰动缺氧修复周期(通常为 1～2 周);随后在每个氧化阶段周期,定期翻耕土壤,增加土壤氧气扩散微域和灌溉水的分配,促进厌氧过程中脱氯降解形成的产物,在好氧槽中生物降解(氧化)。保持缺氧—好氧周期的循环,直到实现清理目标。在每个周期都要添加 DARAMEND,但是从第二个及以后的修复周期添加 DARAMEND 的量一般比在第一个周期的添加量少。灌溉频率取决于每周土壤水分条件监测,土壤湿度要维持在特定范围,以促进活跃的微生物种群迅速增长和防止渗透液产生。

DARAMEND 技术采用特殊的旋耕设备,适用于修复表层土壤和土壤表层以下约 0.6m 的土壤。在异位修复的过程中,受污染的土壤挖出后通过机械筛选,清除可能会干扰有机修复的碎物,筛选出的土壤运送到处理单元(特殊的土质或混凝土池,具有高密度聚乙烯内衬)。在原位修复中,用特殊设备剔除 0.6m 深的土壤中的岩石。

该污染场地采用 DARAMEND 技术修复时间持续了 150d,具体修复过程包括:添加固相特定粒径 DARAMEND 有机土壤养分改良剂、零价铁粉;监测土壤持水量(第一阶段);监测土壤基质水分;灌溉,产生厌氧条件;测量土氧化—还原电位;土壤无扰动厌氧阶段(大约4d);每天翻耕土壤,以促进有氧条件(大约4d);进行厌氧—好氧循环,直到所需的清理目标得以实现。每个运行周期平均10d,根据每个修复单元的污染物浓度不同,修复时间不同,平均持续约15个修复周期。

为了保持修复区土壤最佳pH(6.6~8.5),在第三、第六、第十二个氧化循环阶段分别添加熟石灰,比例为1 000 mg/kg。图8-10展示了THAN公司场地DARAMEND生物修复现场。

图8-10  THAN公司场地DARAMEND生物修复现场

### 五、修复结果及修复成本

修复该污染场地受污染的土壤约4 500t,修复时间约150d,通过采样分析结果表明,毒杀芬、DDT、DDD和DDE平均浓度从189 mg/kg、81 mg/kg、180 mg/kg和25 mg/kg分别减少到10 mg/kg、9 mg/kg、52 mg/kg和6 mg/kg,去除率达95%、89%、71%和76%,达到USEPA的特定修复标准。部分污染修复区,初始农药污染浓度远高于平均浓度,而DARAMEND技术在这些地区表现相对更为有效。例如,在严重污染场地,毒杀芬、DDT、DDD和DDE浓度从720 mg/kg、227 mg/kg、590 mg/kg和65 mg/kg减少到10.5 mg/kg、15 mg/kg、87 mg/kg和8.6 mg/kg,修复率达到99%、94%、85%和87%。

修复成本:根据农药的初始浓度不同,场地修复土壤每吨修复费用不等,为29~63美元。对处理约4 500t的土壤,平均处理成本约55美元/t。

## 案例十四 美国阿伯丁农药企业搬迁场地植物修复

### 一、污染场地概况

阿伯丁农药生产废气场地位于美国北卡罗来纳州穆尔县,由5个地理位置相对独立的区域组成:农药生产区、双子区、六航道区、Mclver转储区、211线路区(图8-11)。该场地由一个农药杀虫剂生产工厂和4个处理农药生产过程中产生的废物的车间组成,运营时间从19世纪30年代中期到1987年,主要生产DDT、艾氏剂、狄氏剂、七氯、林丹、异狄剂酮、氯丹和毒杀芬等。杀虫剂生产和配制过程造成了土壤和地下水的大面积污染。该场地于1989年3月列入美国NPL。图8-12为异位焚烧设备。

图8-11 阿伯丁农药企业搬迁污染场地

图8-12 异位焚烧设备

303

## 二、场地主要污染物

土壤中和迁移到地下水中的污染物包括六氯苯、毒杀芬、DDT、DDE、苯系物等。地下水是阿伯丁市居民饮用水的唯一来源。而地下水的大面积被农药污染，严重影响了城市供水。

## 三、修复技术

种植杂交杨树（图 8-13）作为场地修复的主要工程。大多数杨树种类广泛生长于北半球的温带和寒冷地区。杂交杨树是同一属不同种杂交树种，具

**图 8-13 阿伯丁场地种植杂交杨树**

有生长迅速、易于扦插繁殖、比母树更能忍耐极端环境等优势，常用于修复受石油烃、氯化溶剂、重金属、农药、炸药等和过量养分的土壤和地下水，杂交杨树林不仅有环境修复能力，而且能防止表土流失，可作为河岸缓冲带、野生动物栖息地、防风林和风景林等。

1991 年 USEPA 签署决议开始对农药生产区地表污染土壤采用挖掘和热处理技术修复。1993 年，USEPA 决定，采用抽取和净化相结合的清理办法清除农药生产区、双子区和六航道区地下水农药污染，并监测地下水。1994 年

和1997年研究决定采用植物修复作为新的修复战略之一。1997年春季进行了中试试验确定树种及种植方式,1998年春季展开植物修复工程。种植树种是杂交场,种植深度为0.45~3.6m。种植杨树后,植物完全依靠地下水作为生长水源吸收受污染地下水,地表植物拦截和利用大部分降水,有助于杨树依赖地下水生长。在这里植物修复并不是作为直接降解污染物的手段,而是被用来泵吸饱和区的地下水从而可以消除地下水中潜在的残留污染物。利用杨树泵吸受污染的地下水,其修复成本远低于使用抽取净化方法的成本。在修复过程中,根际生物降解污染物能力增强对植物修复起了辅助作用。

1998年种植规模约3.0万m²,约种植3 500棵杨树。体液径流量监测表明,在1999年杨树生长季节大约有1.5万m³的地下水被蒸发,表现出良好的修复潜力。因此,1999年USEPA又决定Mclver转储区地下水采用植物修复方式。

### 四、修复效果

10多年的地下水监测数据表明植物修复自然衰减检测技术完全可以替代抽取和净化受污染地下水技术。2003年9月USEPA发布决议修订了农药生产区,双子区和六航道区地下水的修复措施(采用植物修复),同时决定了该场地也不再列入NPL(USEPA)。2004年在Pages湖中采集沉积物,地表水和鱼样分析结果确认与该场地相关的污染物水平对公众的健康没有风险。从2004年开始,该场地土地一部分被用于商用微型储存仓库及轻工业基地,另一部分用于娱乐场地。

第一次5年监测报告于2008年9月22日完成,并建议从树冠蒸散率、根系生长及根际土壤生化活动等方面评估植物修复对修复区域水文的影响,目前该场地地下水仍在监测之中,第二次5年监测报告将在2013年完成。

## 案例十五 法国有限公司污染场地修复工程

### 一、污染场地概况

法国有限公司污染场地位于美国德克萨斯州的克罗斯比,面积91 054.3 m²。这一场地在1966~1971年是一个工业废物处置中心,每年大约有265 000 m³的石油化学废弃物倾倒在一个29 542.1 m²、没有防渗层的盐水湖中。倾倒的垃坂包括罐底、酸洗用酸、精炼厂和石油化工厂的不合格产品。1983 年成立法国有限公司任务团队,来领导进行这一场地的修复,主要修复目标为湖底的焦油状污泥和底层土。场地中的主要污染物有苯并芘、氯乙烯和苯。污染物浓度高达 400~5 000 mg/kg。

## 二、修复技术

该项目选用了原位悬浮床生物修复技术,系统中主要包括一个 Mixflo 曝气系统,一个液态氧供应系统,一个化学物料供料系统,挖泥和混合设备。该系统中包括两个周围安装了板桩墙的处理单元,每个处理单元可以处理64 000 m³ 的污染土壤。其中 Mixflo 曝气系统通过使用纯氧和一系列的喷射器来氧化混合料液,因此可以减少处理过程中空气的排量,并将系统中溶氧的浓度维持在 2 mg/L。图 8-14 为该系统的工艺流程。

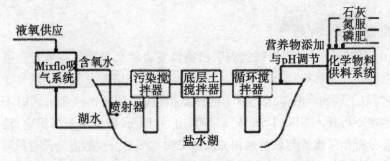

图 8-14　悬浮床生物修复系统的工艺流程

## 三、主要污染物和修复目标

场地中的主要污染物为苯并芘、氯乙烯和苯污染物浓度高达 400~5 000 mg/kg。修复目标为湖底的焦油状污泥和底层土。

## 四、修复结果及修复成本

该系统在清理完土壤和污泥后,使用反渗透系统来处理盐水湖中的表层水。这一工程大约处理了 150 000 m³ 的表层水,处理后的表层水排入到辛拓河中。当盐水湖完成脱水后,回填入清洁的土壤。残余固体与卵石石灰以 5:1 的比例混合进行稳定化处理。随后,在场地上种植草坪和原生植被。

这项工程从 1992 年 1 月进行到 1993 年 11 月,修复了大约 30 万 t 的污染土壤和污泥,修复后污染物的浓度为 7~43 mg/kg。工程总共花费为 4 900 万美元,其中处理相关的费用为 2 690 万美元。

# 案例十六　多环芳烃污染农田土壤的生物协同修复

## 一、污染场地概况及主要污染物

在过去的 20 年中,随着我国经济的快速发展,煤等能源消耗随之不断增长,加之越来越多的生物质燃烧,导致我国向环境中排放的 PHAs 逐年上升。1999 年我国 16 种优先控制 PHAs 的年排放量约为 9 799 t,其中 7 种致癌性 PHAs 排放量约为 2 000 t。到 2003 年,我国年总排放量高达 25 300 t,短短的 4 年时间,PHAs 的排放总量增长了 1.5 倍。排放的大量 PHAs 通过沉降进入土壤,导致近年来越来越多的农田土壤环境受到 PHAs 的严重污染。在长江三角洲地区,江苏吴江水稻土的研究表明表层土中 OAHs 总量高于亚表层土壤,在 219.5 ~ 1 628.6 μg/kg。在京津地区,北京市区土壤中 PHAs 含量在 467 ~ 5 470 μg/kg,个别地点达到 27 825 μg/kg 的极值。在天津污灌区农业土壤中,水稻田土壤中的 PHAs 含量最高,在 181 ~ 21 015 μg/kg,其中表层土和亚表层土中的 PHAs 含量最高;2004 年调查结果表明,天津污灌菜地土壤中 PHAs 高达 6 248 μg/kg,根际土壤中更高(7 820 μg/kg),土壤中存在多种 PHAs,其中含量较高的有萘、菲、花、苯并芘和苯并荧蒽,菜地土壤已经受到严重的 PHAs 污染,部分土壤中强致癌物苯并芘也已严重超标。

土壤中的 PHAs 可以由植物根系吸收而进入植物体,植物体也可经叶片吸收由土壤挥发到大气中的,并在植物体内发生转运、部分代谢和积累,通过食物链的富集与传递,危及人体健康。近两年的数据显示,我国主要品种茶叶中 16 种 PHAs 的总浓度为 100 ~ 885 μg/kg,其中嫩叶中以三环为主、老叶中四环、五环、六环的比例高于嫩叶中。天津污灌菜地的蔬菜中高达而且叶片中是根中的 6.5 倍。有研究显示,白菜和番茄中强致癌物苯并芘分别为1.31 ~ 12.36 μg/kg 和 0.84 ~ 4.34 μg/kg。由此可见,PHAs 污染已威胁到农产品质量安全,开展农田土壤 PHAs 污染的控制与修复已成为我国急需开展的重要环境保护工作之一。

## 二、修复技术

植物与特殊的根际菌群或菌根真菌协同作用,是利用植物和微生物相互作用,共同降解污染物。植物—微生物联合修复系统见图8-15。

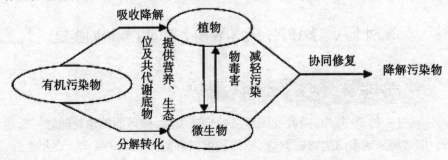

图8-15 植物—微生物联合修复系统示意图

菌根作为真菌与植物的结合体,对土壤的影响具有微生物和植物的双重特性,不仅能从微生物角度改变土壤微生物种类和数量,影响有机物降解,还能从植物修复角度通过改善根系的吸收面积、降低植物与土壤之间的质流阻力、促进根系对水分和养分的吸收和利用等方式来影响有机物的降解。而且,真菌自身也有降解PHAs的能力。因此,菌根真菌用于根际修复的具体实践是把植物修复与微生物修复两种手段联系得更加紧密。菌根生物修复的机制大概有以下几方面:①菌根真菌在污染物的诱导下产生独特的酶,可以直接降解不能被细菌单独降解的有机污染物。②菌根菌丝增加了根系与污染土壤的接触面积,改善微环境,提高植物生物量和抗逆性,从而促进了植物对污染物的吸收和降解。③菌根的存在有利于土壤中多种菌落的形成,共同降解污染物。菌根可以为微生物提供生态位和分泌物,使菌根根际维持较高的微生物种群密度和生理活性。④菌根根际分泌物也可以作为降解的共代谢底物,促进降解,菌根真菌与植物的共生关系可能导致菌根真菌通过从植物获得基本能量和底物,再通过共代谢的方式加速降解土壤中的污染物。

### 三、修复效果

由实验结果得知,单独接种专性降解菌的处理效果好于单独接种菌根真菌和单独添加鼠李糖脂的处理。另外,两两因素联合修复作用显著提高了降解率,其中专性降解菌与菌根真菌协同修复效果较好;鼠李糖脂、菌根真菌和专性降解菌三者联合对降解率最高为66.7%,三种因素在促进PAHs降解方面的协同修复作用明显。

## 案例十七　西南某有机氯农药污染土壤修复

### 一、污染场地概况

污染场地位于中国西南部,是某农药破产废弃场地,土壤污染较严重。该农药厂厂区占地面积为 16 万 $m^2$。该场地土壤的土质主要为粉质黏土,表层有杂填土。六六六和滴滴涕主要分布于地表至地下 5m 的土壤中,且在土层中污染物浓度没有明显的分布差异。项目总污染土方量为 29.68 万 $m^3$。

### 二、修复技术

综合考虑场地条件、污染物性质、工期要求、技术要求和经济条件等因素,本工程采用生物化学还原修复技术与水泥窑协同焚烧技术联合工艺处理污染土壤。修复技术路线详见图 8-16。低浓度污染土壤(滴滴涕与六六六浓度比低于 50 mg/kg)采用原地生物化学还原修复,高浓度污染土壤(滴滴涕与六六六浓度比高于 50 mg/kg)采用异地水泥窑焚烧处置。

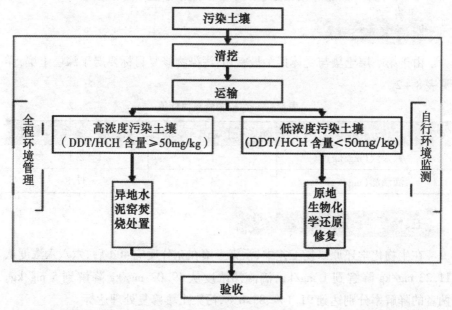

图 8-16　修复技术路线图

根据施工技术路线,在低浓度污染土壤中加入生物化学还原修复药剂进行原地生物化学还原修复。药剂中的活性铁降低土壤中的氧化还原电位,使农药污染物发生 β – 消除脱氯反应。药剂中的控释碳通过发酵作用释放溶解性有机碳(DOC),通过提供碳源和营养物质促进土著微生物的代谢活动,将脱氯后的次生有机污染物降解。

对于修复含氯有机农药的土壤,需要利用还原性药剂循环好氧与厌氧处理过程,从而分解其中间产物:在厌氧还原条件下,通过生物和化学过程处理农药类污染物,脱除氯原子;微生物好氧过程降解脱氯后的产物,将其降解为无毒物质,从而达到农药类污染土壤修复的目的。

水泥焚烧技术是利用水泥回转窑,在生产水泥熟料的同时,焚烧处理污染土壤。水泥窑焚烧技术利用水泥窑中的高温,将土壤中的有机物高温分解成为二氧化碳和水,达到去除土壤污染的目的。

### 三、主要污染物

主要污染物:经过对场地进行污染调查与风险评价,确认该场地土壤主要污染物为六六六和滴滴涕,两者在土壤中的最高浓度分别达 4 661.46 mg/kg 和 24 107.3 mg/kg,超过相关土壤质量标准数千倍至数万倍。

### 四、修复目标

由于第一层土壤与受体接触最密切,污染物修复目标要严于深层土壤,详见表 8 – 2。

表 8 – 2　污染物修复目标值

| 污染物 | 第一层土壤(0 ~ 1.8m) | 第二层土壤(1.8 ~ 5m) |
|---|---|---|
| 六六六(mg/kg) | 1 | 2.1 |
| 滴滴涕(mg/kg) | 4 | 37.8 |

### 五、修复结果及修复成本

在生物化学还原修复工艺中,污染土壤在充分反应40d后,六六六浓度从11.23 mg/kg 降解到 1 mg/kg,滴滴涕浓度从 49.02 mg/kg 降解到 5 mg/kg。两者的降解率分别达到91.1%、89.8%,污染土壤修复处理达标。

该有机氯农药污染土壤修复工程案例表明,采用生物化学修复技术治理POPs污染土壤,可以取得较好的修复效果。结合不同污染场地的实际情况,采取多项工艺联合处理,可以更高效和经济地完成污染场地修复任务。

# 案例十八  PAHs 污染农田土壤修复

## 一、污染场地概况

污染场地位于沈阳市东陵区深井子镇,此区域属于我国历史较长和最大的污灌区范围。土壤类型为草甸棕壤,PAHs 总质量比为 3 518 μg/kg,质量比为清洁土壤的 8~9 倍,说明此地受 PAHs 污染仍较为严重。由污染物来源分析可知,PAHs 主要为石油源,同时存在交通污染源及燃烧污染源。

## 二、修复技术

修复技术为植物—微生物联合修复技术。修复面积约为 4 000 m²,分为 12 个修复单元,有田埂自然分开,分别种植玉米、大豆、蓖麻、苜蓿,并设置对照组、添加高效微生物菌剂组、添加高效微生物菌剂 + 自制污泥发酵肥组。春季耕作前,向田间播撒微生物菌剂、污泥发酵肥,24 h 内进行土地翻耕、备垄。1 周后向各试验单元分别播撒适量种子,出苗后按田间正常耕作管理,实行人工除杂草。作物生长期为 5~9 月,周期约为 120 d。于作物生长中后期采取土壤样品进行微生物指标分析;作物收割后,采取植株及根际土壤,自然风干、研磨后进行 PAHs 分析。

## 三、修复结果

植物—微生物联合处理后土壤总 PAHs、单个污染成分质量比及 PAHs 总去除率见表 8 - 3。

表 8 - 3　修复后土壤中 PAHs 质量比及去除率

| 处理组 | 玉米 | | | 大豆 | | | 蓖麻 | | | 苜蓿 | | |
|---|---|---|---|---|---|---|---|---|---|---|---|---|
| | CK | J | J + F | CK | J | J + F | CK | J | J + F | CK | J | J + F |
| PAHs | 2 891 | 2 242 | 2 184 | 2 597 | 1 967 | 1 783 | 2 806 | 2 223 | 2 078 | 2 421 | 1 820 | 1 369 |
| 去除率/% | 17.8 | 36.3 | 37.9 | 26.2 | 44.1 | 49.3 | 20.2 | 36.8 | 40.9 | 31.2 | 48.3 | 61.1 |

注:J 为只添加高效微生物菌剂组;J + F 为同时添加高效微生物菌剂和污泥发酵肥处理组。

结果表明,在只种植植物不添加任何辅料的情况下,植物对 PAHs 有一定的修复作用。由数据可知,苜蓿的去除效果最好。但植物吸收和积累并不是植物促进土壤中有机污染去除的主要原因,有机物的降解主要是植物的存在促进了根际微生物对污染物的降解作用,具体包括植物根系释放的酶及分泌物对污染物的分解作用及对微生物生长的促进作用,同时根系的存在为土壤提供了有利的生存条件。在同时施加高效微生物和污泥发酵肥的处理组中,对于玉米、大豆、蓖麻 3 种植物,PAHs 去除效果较只施加高效微生物的效果有一定的提高,但仅提高 1.6% ~5.2%;而对于苜蓿,则提高了 12.8%,PAHs 总去除率达到 61.1%。其主要原因可以归结为:①污泥发酵有机肥的加入为土壤提供了大量的肥料,可促进植物生长,为根际—微生物的相互作用提供了更有利的环境。②污泥发酵有机肥的加入为土壤土著微生物和添加的高效微生物菌剂提供了丰富的碳源和氮源,促进了 PAHs 降解微生物的繁殖代谢及对土壤中有机污染物的分解利用。

**【阅读材料】**

近年来,政府和民间均感受到了来自土地资源日益紧张、土壤污染趋向恶化的巨大压力。然而,由于技术和人才储备的不足,法律及法规的缺失使得修复进度并不尽如人意。更重要的是,目前估算出的全国土壤修复成本令人望而生畏,让人在思考如何才能以有限资源完成必需的修复之时,也增加了未来国家战略的不确定性。所谓"前事不忘,后事之师",30 多年来,大洋彼岸的美国在土壤修复领域,特别是近 10 年来在土壤资源化利用方面取得了不俗的成绩。研究其东北部老工业地带的相关案例,可为我们提供一窥其究竟的机会。

1860 年,南北战争中北方工业集团的胜利,标志着战后数十年间美国经济腾飞的开端。在这股工业化浪潮中,宾夕法尼亚州阿帕拉契山脉脚下的利哈依河谷,因其丰富的矿产资源和优越的地理位置,被彼时的锌金属巨头——新泽西锌公司选中,成为其在美国东部的锌金属冶炼、加工和物流中心,还于 1898 年为众多因该产业而聚集在一起的工人及家属建立起一个小镇,更以当时公司总裁的姓氏将小镇命名为帕尔默顿。其后数十年间,该工厂生意蒸蒸日上,小镇也日益繁荣,居民自出生到去世都享受着由公司提供的待遇和福利。这一切,使帕尔默顿一度成为美国工业小镇的典范。

然而,世上不存在永久的理想中的乌托邦。到 20 世纪中叶,帕尔默顿因多年的锌金属冶炼,造成了严重的土壤和地下水污染。新泽西锌业公司多年倾倒的累计超过 3 000 万 t 的矿渣堆积成了矿渣山,并因长年雨水冲刷产生了高污染的渗滤液,严重影响附近河流与地下水。此外,因工厂烟囱经年累月排出含有高浓度重金属的粉尘,全镇表层土壤和地下水均受到严重的重金属污染(见表8-4),附近1 214.05 hm² 山地也因此几乎寸草不生;而植被缺失造成的严重水土流失,又加剧了污染物在环境中的扩散和对附近居民健康的威胁。

表8-4　帕尔默顿地区土壤重金属典型浓度范围

| 金属元素 | 典型浓度范围(mg/kg) | 宾夕法尼亚州非居住用地土壤浓度阈值(mg/kg) |
| --- | --- | --- |
| As | 20 ~ 340 | 53 |
| Cd | 200 ~ 20 000 | 210 |
| Cr | 60 ~ 170 | 420 |
| Pb | 1 200 ~ 376 500 | 1 000 |

　　帕尔默顿地区惊人的环境污染随着1980年《综合环境反应赔偿与责任法》的出台,再也无法掩盖,其污染的严峻态势也终于大白天下。工厂当年即被美国联邦环保局勒令停产,运行数十年的锌金属冶炼也终于停止;两年之后,帕尔默顿整个镇区及其附近1 214.05 hm² 山地被列为全美首批超级基金场地之一。然而,正当踌躇满志的联邦环保局准备大干一场的时候,却遇到了前所未有的困难,使帕尔默顿的修复工作一拖就是20年。

　　首先遇到的难题是污染责任人的追溯。新泽西锌公司早在1967年就将帕尔默顿的工厂出售给了海湾和西部工业集团。其后几经辗转,绝大部分污染责任最终定为让哥伦比亚广播公司、TCI太平洋通讯公司等5家公司承担。除上述主要涉事公司外,还有超过200家中小型公司不同程度地卷入了该工厂的生产和运营。复杂的公司结构和股权变更历史,让污染责任的追溯耗时费力,对初创的超级基金项目更颇具挑战性。

　　紧随而来的问题则是联邦环保局遭遇地方抵制,导致取证困难。由于当时工厂停产,大批工人因此失业;又因整个小镇被列为超级基金场地,使得地产价值暴跌,经济凋敝,当地民众将这一切归罪于环保局的介入。而在情感上,过去如父兄般"照顾"全镇居民近百年的工厂倒闭也让民众难以接受。于是,在某些居心叵测人士的推波助澜之下,对环保局的敌视情绪最终导致众多居民认为,环保局真正关心的是自身政绩,而非当地居民的健康和生计。这种抵制一度让环保局的工作四处碰壁,比如他们试图从镇上的居民家中取得环境样本,但这种尝试仅获得不到10%的居民许可,这也让随后的环境公益诉讼难以顺利进行。

最大的难题出现在最终修复方案的决策过程中。大面积的污染场地意味着受污染的土壤体积巨大;土壤和地下水中超高的重金属浓度则意味着当地居民面对的是惊人的健康风险;植被的缺失更加剧了这种污染风险,因此污染土壤的修复迫在眉睫、刻不容缓。此外,地下水也因污染严重而被鉴定为不可用于饮用和灌溉。上述众多难题叠加,使得该修复项目即使以今天的眼光看来也困难重重。而以当年的技术力量,几乎所有的修复方案都意味着天文数字般的修复费用。

面对前景不明的污染责任诉讼、错综复杂的负面舆情和刻不容缓的环境风险缓释需求,联邦环保局于 1991 年起首先通过超级基金项目垫付费用,使修复得以启动(表 8-5)。在项目初期,面对有限的预算,环保局广泛采用一种由稳定化污泥、粉煤灰和生石灰组成的人造土壤调节剂覆盖失去植被的山坡和矿渣山区域。其后,由于当地居民的反对,环保局又使用堆肥替代污泥。在每一片区域阶段性完工后,又将适宜当地气候的植物种子和肥料通过卡车和飞机被抛撒到地表。迄今,植被得到了初步恢复,据估计,已有近 30 万 t 土壤调节剂被用于该部分修复,耗资逾千万美元。

表 8-5 环保局主要修复内容(截至 2017 年)

| 修复对象 | 主要内容 | 进度 |
|---|---|---|
| 山地 | 覆盖和植被修复 | 2014 年完成 |
| 矿渣山 | 覆盖,植被修复,渗滤液处理 | 2002 年完成 |
| 镇内居民住宅 | 清理替换受污染建材和土壤 | 2005 年完成 |
| 地下水(地表水) | 污染调查,修复方案设计 | 正在进行 |
| 东厂区原址 | 无 | 无 |
| 西厂区原址 | 覆盖和植被修复 | 第一期完成 |

至 2009 年,环保局终于成功让 5 家主要责任公司买单了约 2 140 万美元的赔偿金。在此之前,原工厂旧址作为具有再开发价值的土地被单列另用。东厂区旧址目前由一家锌回收工厂在使用,而污染最严重的原西厂区 48.56 hm² 土地,则出让给由四位当地人组建的"第三阶段"公司进行修复和再开发。由于西厂区原址表层土壤重金属浓度普遍达到了危险废物的程度,环保局禁止任何异地修复措施,以防止不受监控的非法倾倒填埋。结合开发计划需要将整个原址地面填高 3~10 m,以满足未来工业园区和道路建设需要。

环保局最终批准以客土覆盖为主,植物修复为辅的修复方案,以充足的客土消除雨水渗透造成的地下水污染并降低污染物扩散风险,并以客土中较高的pH实现重金属一定程度的稳定化。然而方案所需的逾300万t客土的来源,却使箭在弦上的修复迟迟无法开展。

与此同时,一项新兴产业——土壤资源化利用,于近十年间蓬勃发展起来。距帕尔默顿约160 km的纽约,每年产生的数以百万吨计的客土(土壤、建筑废料和底泥),均须经过严格的风险评估,才能实施后续的合法处置,并由此产生高昂的成本。同时,城区棕地项目因建设周期紧张而多采用挖掘—填埋的修复手段。大量污染程度不一的客土因此持续向附近乡镇输出,造成周边地区难以承受的填埋压力。另一方面,周边工矿企业在过去数十年中逐渐迁出,却留下了大量污染场地继续威胁着居民健康。为此,业界与政府逐渐形成共识,根据环境风险的高低,合理利用当地和附近区域产生的客土,不但能够加速修复已有的污染场地,更极大地缓解了填埋压力。土壤资源化利用所节省的修复费用则为社会各方分享,实现多赢。

在此背景下,"第三阶段"公司为解决百万吨级客土的来源,于2010年找到纽约地区最大的土壤修复咨询公司和客土解决方案提供者之一——英派柯特(Impact)环境咨询公司寻求解决方案。英派柯特计划在未来10年为"第三阶段"公司获得满足相关标准(表8-6)的"客土"以满足修复需要,并向"第三阶段"公司支付每吨2~4美元不等的费用。"第三阶段"公司由此不但无须负担天文数字般的客土费用,还可从中获得足以支付绝大部分修复费用的现金流。迄今,英派柯特已提供近30万t客土,完成了西厂区原址第一阶段的覆土和植被恢复。

帕尔默顿小镇跨越3个世纪的污染和修复,留给人们很多的经验和教训,而环保局在该项目中遇到的困难也间接促成了日后超级基金和其他土壤修复相关法规的完善。此外,环保产业和技术在长达30年里发生了巨大的变化,使得原本在项目初期难以实施的修复成为可能。这些变化之中,对整个美国固体废弃物管理和土壤修复领域影响最为显著的,则是对土壤的稀缺资源属性的认识和对合理配置环保资源的理解,并体现在近十年来美国大都会地区的土壤资源化利用中。面对高昂的修复成本,走出土壤资源化利用这一步可谓是顺其自然、水到渠成。然而,如何控制污染扩散风险,在推进修复的同时保证环境和居民健康则是考验管理者的关键。在这方面,各州环保局主要采取了以下3个方面的措施:

首先是联合执法，打击非法倾倒，落实"谁污染，谁负责"原则。自20世纪60年代起，美国非法固废收集和处置就开始呈现蔓延趋势，直到90年代纽约加强打击力度后，此类非法活动又逐渐开始向其附近区域渗透。美国各州环保局联合其他执法机构从经济和环保等多角度联合执法，才使得非法倾倒的活动逐年减少。合理开展资源化利用，避免修复和固废处置费用无节制的攀升是控制非法活动获得足够经济利益最有效的经济手段；而《综合环境反应赔偿与责任法》则成为美国环保局追讨修复费用最有力的法律武器。

表8-6　西厂区原址客土环境标准(部分)

| 金属元素 | 深层客土标准(mg/kg) | 表层客土标准(mg/kg) |
|---|---|---|
| As | 53 | 12 |
| Cd | 38 | 38 |
| $Cr^{6+}$ | (六价)190 | 94 |
| Pb | 450 | 450 |
| pH | >6.0 | >6.0 |

其次是设置合理的技术准则，多个州政府推出完善的技术准则。如加州环保局在2008年发布了《重金属污染土壤成熟修复技术指南》，规范土壤资源化利用。而为各州环保局工作的人员，则是大量拥有硕士(博士)头衔和具有业界工作经验的技术官员，他们是这些技术准则得以出台的基础保障。目前，土壤资源化利用的典型流程为：客土产出场地风险评估、确立修复目标以及挖掘和回填计划；客土接收场地基于最终土地的用途，再确定最高污染物浓度和表层无污染客土的最小覆盖厚度；运输过程中的追踪联单管理；双方场地后续监测等。一般而言，在出台技术准则之前，政府相关部门都会召开听证会，广泛吸取民间的建议和意见，并在正式出台前，以书面形式回答所有正式提交的询问。

最后是广泛与具备资质的从业人员和公司合作。完善的技术准则意味着复杂且漫长的风险评估、方案设计和审批过程。为了在保证修复质量的同时提高修复速度，各州一般要求修复方案设计和执行的人员，必须是经过严格考试并经政府注册的技术人员(如美国各州承认的注册职业工程师，或新泽西、马萨诸塞等数州独有的注册场地修复专业人员)以及具备良好资质和充足责任保险的工程(咨询)公司负责人等。这类技术人员和公司在修复过程中作为第三方咨询人员，在很大程度上代替环保局对修复过程进行质量和风险控制。而环保局则集中有限的人力来抽查修复项目、控制总体风险。最早采用该项政策的马萨诸塞州在改良修复审批流程后，使得全州修复进度加快了近10倍，而且仅有约1%的项目在抽查后被认定为修复不达标。

严苛的执法、合理的技术准则加上充分利用其人力资源，是美国得以成功实践土壤资源化利用、推进污染场地修复的关键因素。这一项以正视土壤资源属性为基础的政策，不但降低了污染场地修复和再开发的成本，激发了社会资本参与土壤修复的热情，更为经济欠发达地区的土壤修复找到一条可行的途径。其后一点对我国老工业基地的复兴以及新城镇化建设尤具借鉴意义。我国已是世界上土壤污染最严重的国家之一，超过1.5亿亩的污染耕地以及数目众多的城市污染场地，无时无刻不在对人民的健康和国家的未来产生着巨大的威胁。不合理地耗用有限的资源以及过度追求"零风险"的彻底修复，反而将使国家整体修复进度放缓，并眼睁睁看着上述威胁继续恶化直至不可逆转。美国通过近30年在土壤修复领域的探索，固然积累了许多值得大力引进的先进技术，但其为促进土壤修复而设立的各项社会和经济制度更是我国需要借鉴的地方。唯有通过观察和学习对方经过数十年发展出的成熟制度，我国才能更快地实现土壤修复领域的产业升级，在形势不可逆转前及时遏制住污染加剧的趋势，最终还人民一片健康的沃土。

# 主 要 参 考 文 献

[1]黄昌勇.土壤学[M].北京:中国农业出版社,2000.

[2]张凤荣.土壤地理学[M].北京:中国农业出版社,2002.

[3]鲍士旦.土壤农化分析学[M].北京:中国农业出版社,2000.

[4]李学垣.土壤化学[M].北京:高等教育出版社,2001.

[5]鲁如坤.土壤农业化学分析方法[M].北京:中国农业科学技术出版社,2000.

[6]李天杰.土壤环境学[M].北京:高等教育出版社,1995.

[7]王红旗,刘新会,李国学,等.土壤环境学[M].北京:高等教育出版社,2007.

[8]李学垣.土壤化学及实验指导[M].北京:中国农业出版社,1997.

[9]周启星,宋玉芳.污染土壤修复原理与方法[M].北京:科学出版社,2004.

[10]陈同斌.区域土壤环境质量[M].北京:科学出版社,2015.

[11]洪坚平.土壤污染与防治[M].北京:中国农业出版社,2011.

[12]孙铁珩.土壤污染形成机理与修复技术[M].北京:科学出版社,2005.

[13]崔龙哲,李社峰.污染土壤修复技术与应用[M].北京:化学工业出版社,2016.

[14]张宝杰.典型土壤污染的生物修复理论与技术[M].北京:电子工业出版社,2013.

[15]王红旗.污染土壤植物—微生物联合修复技术及其应用[M].北京:中国环境出版社,2014.

[16]贾建丽,等.环境土壤学[M].北京:化学工业出版社,2016.

[17]张乃明.环境土壤学[M].北京:中国农业大学出版社,2013.

[18]环境保护部自然生态保护司.土壤污染与人体健康[M].北京:中国

环境科学出版社,2012.

[19]环境保护部,国土资源部.全国土壤污染状况调查公报[R].2014.

[20]随红,等.有机污染土壤和地下水修复[M].北京:科学出版社,
2013.

[21]毕润成.土壤污染物概论[M].北京:科学出版社,2014.

[22]郑国章.农业土壤重金属污染研究的理论与实践[M].北京:中国环
境科学出版社,2007.

[23]曲向荣.土壤环境学[M].北京:清华大学出版社,2010.

[24]张辉.土壤环境学[M].北京:化工工业出版社,2006.

[25]骆永明,等.中国土壤环境管理支撑技术体系研究[M].北京:科学
出版社,2015.

[26]贾建丽,等.污染场地修复风险评价与控制[M].北京:化学工业出
版社,2015.

[27]唐景春.石油污染土壤生态修复技术与原理[M].北京:科学出版
社,2014.

[28]龚宇阳.污染场地管理与修复[M].北京:中国环境科学出版社,
2012.

[29]周振民.污水灌溉土壤重金属污染机理与修复技术[M].北京:中国
水利水电出版社,2011.

[30]贾建丽,等.环境土壤学[M].北京:化学工业出版社,2016.4.

[31]骆永明.中国污染场地修复的研究进展、问题与展望[J].环境监测
管理与技术,2011,23(3):1-6.